"十四五"职业教育国家规划教材

微课版

# 计算机网络技术项目化教程

第四版

主　编　周鸿旋　李剑勇

副主编　周　虹　张荣新　李亦珂

主　审　夏笠芹

U0244847

大连理工大学出版社

**图书在版编目(CIP)数据**

计算机网络技术项目化教程／周鸿旋，李剑勇主编
. -- 4 版. -- 大连：大连理工大学出版社，2022.1(2023.9重印)
新世纪高职高专计算机网络技术专业系列规划教材
ISBN 978-7-5685-3679-0

Ⅰ．①计… Ⅱ．①周… ②李… Ⅲ．①计算机网络－
高等职业教育－教材 Ⅳ．①TP393

中国版本图书馆 CIP 数据核字(2022)第 021577 号

大连理工大学出版社出版
地址：大连市软件园路 80 号　邮政编码：116023
发行：0411-84708842　邮购：0411-84708943　传真：0411-84701466
E-mail：dutp@dutp.cn　　URL：https://www.dutp.cn
辽宁虎驰科技传媒有限公司印刷　　大连理工大学出版社发行

幅面尺寸：185mm×260mm　　印张：17　　字数：393 千字
2013 年 2 月第 1 版　　2022 年 1 月第 4 版
2023 年 9 月第 6 次印刷

责任编辑：马　双　　　　　　　　责任校对：李　红
封面设计：张　莹

ISBN 978-7-5685-3679-0　　　　　　定　价：53.80 元

# 前　言

《计算机网络技术项目化教程》(第四版)是"十四五"职业教育国家规划教材、"十三五"职业教育国家规划教材、"十二五"职业教育国家规划教材。

党的二十大报告指出,科技是第一生产力、人才是第一资源、创新是第一动力。大国工匠和高技能人才作为人才强国战略的重要组成部分,在现代化国家建设中起着重要的作用。网络强国是国家的发展战略。要做到网络强国,不但要在网络技术上领先和创新,而且必须贯彻习近平总书记提出的"网络安全为人民,网络安全靠人民"的宗旨,要确保网络不受国内外敌对势力的攻击,保障重大应用系统正常运营。因此,网络技能型人才的培养显得尤为重要。本教材在修订的过程中充分贯彻执行建设"网络强国、数字中国"这一宗旨,既紧扣思想的核心要义,又注重讲项目、讲故事,用案例以小见大、图文并茂,增强情境感、现实感,确保习近平新时代中国特色社会主义思想和党的二十大精神进教材落实到位,提升铸魂育人实效。

本教材在编写形式上采用理论与实际相结合的方式以及师生互动的课程设计,并适当加大实验课的比例,力求做到内容新颖、结构合理、概念清晰、通俗易懂、衔接清楚、实用性强。本教材着重于培养学生对技术的应用能力,以企业搭建网络的过程为主线,循序渐进地导入计算机网络的各项知识,以项目为导向、以任务为驱动引出新的知识点,应用计算机网络相关理论知识解决实际问题,把每个项目中的重点、难点融入案例中加以解决。书中使用网络实验模拟器对网络进行配置,每个项目都附有实训案例供学生使用。

本教材共十个项目,主要包括初识计算机网络、熟悉计算机网络体系结构、组建单子网的小型局域网、架设多子网的中型局域网、组建远程局域网、组建无线网络、广域网及接入技术、搭建网络服务器、构建网络管理平台以及维护网络安全。

本教材具有以下特色:

1. 教与学结合

当今计算机网络已相当普及,网络技术的发展日新月异,学生不再是单纯的知识接受者,因此,教材要积极培养学生的参与意识和自主学习能力,使他们进入社会后还能紧跟网络技术发展的步伐,不断学习。

①转变教学观念。坚持以学生为中心,建立起教师是学生自主学习的"指导者""辅导者""项目管理者"的理念。

②调动学生学习的积极性。打破"一言堂""满堂灌"的传统教学方式,建立系统化的项目教学体系,形成由学生团队参与的、师生互动的教学形式。

2. 学与练结合

学生在校不仅要学习理论知识,而且要走进实验室,走进网络技术实训基地,亲自体验和操作。本教材不仅在每个项目中都有"项目习作",还附有相关的项目实训。

3. 课内课外结合,突出学习过程

课内通过教材进行学习实践,课外成立网络专业工作室,定期聘请行业专家与双师型教师交流。鼓励学生参与学校网络建设和维护,培养学生的团队意识,提高工作能力,突出学习过程。

4. 校企合作,注重双师型教师配备

培养计算机实用型人才是职业教育的办学目标,因此,教材编写要强调校企合作的办学模式,通过双师型教师的教学,培养学生的实际操作能力,让学生在走出课堂后,可以直接融入 IT 企业,缩短岗前培训的时间。在教材编写和课程设置上,注重双师型教师配备,聘请企业有经验的管理者和技术人才作为兼职教师,同时派出部分专业教师到企业实践。

本教材由闽江学院软件学院周鸿旋、成都东软学院李剑勇任主编,由湖南网络工程职业学院周虹、天津职业大学张荣新、山西机电职业技术学院李亦珂任副主编,福州索而达信息系统有限公司陈余实对书中的项目实验、配套资源给予了大量帮助,对教材的编写提出了许多宝贵的意见,参与了部分内容的编写。具体编写分工如下:周鸿旋负责项目1、项目2的编写,李剑勇负责项目9的编写,周虹负责项目7、项目8、项目10的编写,张荣新负责项目3、项目4的编写,李亦珂负责项目5、附录的编写,陈余实负责项目6的编写。夏笠芹老师在教材出版过程中对本教材进行了审稿并提出宝贵的修改意见,再此表示感谢。

本教材是新形态教材,充分利用现代化的教学手段和教学资源辅助教学,图文声像等多媒体并用。本教材重点开发了微课资源,以短小精悍的微视频讲解教材中的重点、难点,使学生充分利用现代二维码技术,随时、主动、反复学习相关内容。除了微课外,还配有课件等配套资源,供学生使用,此类资源可登录职教数字化服务平台进行下载。

本教材既可以作为应用型本科院校和职业院校计算机网络技术、计算机应用技术等相关专业的计算机网络基础、局域网组建课程教材,也可作为各类网络培训班的培训资料或者广大网络爱好者自学网络管理技术的参考书。

在编写本教材的过程中,编者参考、引用和改编了国内外出版物中的相关资料以及网络资源,在此表示深深的谢意!相关著作权人看到本教材后,请与出版社联系,出版社将按照相关法律的规定支付稿酬。

由于编者水平有限,书中难免有疏漏之处,恳请广大读者批评指正。

编　者

所有意见和建议请发往:dutpgz@163.com

欢迎访问职教数字化服务平台:https://www.dutp.cn/sve/

联系电话:0411-84707492　84706104

# 目　录

项目
01

# 初识计算机网络

## ❀ 1.1 项目描述

计算机网络走进我国的时间虽然不长,却已在各个城市突飞猛进地发展起来。它不仅被大多数市民、企业以及政府机关所关注,而且已经成为人们日常生活的一种方式。计算机网络以其高度智能化、高度交互性、高度开放性和一体化的优势,突破了传统的经济活动时空,推动了一个崭新的信息技术革命时代的发展,使企业的活动获得了更大的自由,个人的生活获得了更大的空间。

同德职业技术学院是一所以培养高素质技能型人才为重点的民办大学,经多年的不断升级改造,建成了覆盖整个校区的校园网,如图 1-1 所示。

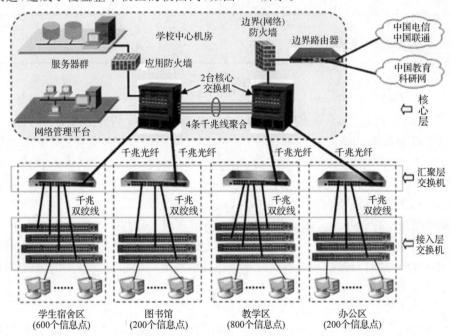

图 1-1　同德职业技术学院校园网拓扑图

整个校区实现千兆主干、百兆桌面(经过三级或四级交换到桌面),学生宿舍区、图书馆、教学区、办公区的所有计算机(1800个信息点)全面联网,校园网出口接入兆百光缆。学校中心机房配备了多台IBM品牌的服务器、模块化双核心路由交换机,采用防火墙和入侵检测联动系统来保护校园网用户安全,通过计费管理软件和网络管理软件进行校园网的用户管理,建成了学院网站,同时可提供DNS、E-mail、WWW和FTP等Internet服务。

校园网的建设为学院人才培养、知识创新、科学管理和后续发展提供了强有力的信息化支持,其应用主要有以下几个方面:

● 资源共享与信息交换:如校园行政管理系统、办公自动化系统、教学管理系统、图书馆资料阅读系统等之间的信息共享与交换,还能同国内外机构的信息进行交流,随时掌握最新的教育资讯和技术,紧跟时代的发展。

● 基于Intranet信息管理系统的应用:实现了网络化的学生管理、教师管理、教学安排、人事考勤管理、财务管理以及校园一卡通等功能。

● 多媒体教学系统应用:采用国际先进的数字监控技术和视频流技术,使每个教室都成为多媒体网络教室,具有视频广播、视频会议、网上课件和BBS等。

本项目对应的工作任务见表1-1。

表1-1                                    项目对应的工作任务

| 工作项目(校园或企业需求) | 教学项目(工作任务) | 参考课时 |
|---|---|---|
| 本校园网是千兆局域网,要认识和描述校园网的基本结构,必须学会使用Visio绘制网络拓扑图来描述校园或企业的网络功能和需求 | 任务1-1:认识校园网的基本结构。通过图1-1认识校园网的基本结构,描述出校园网的一般架构和设备组成 | 1.5 |
| | 任务1-2:使用Visio绘制网络拓扑图。熟悉Visio绘图软件,并能熟练使用Visio绘制网络拓扑图 | 2 |
| 思政融入和项目职业素养要求 | 在概述互联网时,引导学生讨论目前网络的地位,分享实际案例。要求学生合理利用网络,培养学生的爱国情怀,要求学生吃苦耐劳、勇于创新 | |

## 1.2  项目知识准备

### 1.2.1  计算机网络的形成与发展

20世纪50年代初,美国为了自身的安全,在美国本土北部和加拿大境内,建立了一个半自动地面防空系统(Semi-Automatic Ground Environment,SAGE),译成中文叫赛其系统。在SAGE系统中,有美国在加拿大边境带设立的警戒雷达,有在北美防空司令部的信息处理中心的数台大型数字电子计算机。警戒雷达将空中目标飞机的方位、距离和高度等信息通过雷达录取设备自动录取下来,并转换成二进制的数字信号,然后经数据通信设备将它传送到北美防空司令部的信息处理中心,大型计算机自动地接收这些信息,经过加工处理计算出飞机的飞行航向、飞行速度和飞行的瞬时位置,并将这些信息迅速传到空军和高炮部队,使它们有足够的时间做战斗准备。这种将计算机与通信设备结合使用的情况在人类的历史上是第一次,计算机网络从此拉开了序幕。

1. 第一代计算机网络——远程终端联机网络

计算机网络产生于1954年,最初是以单台计算机为中心的联机终端系统,即主机-终端模式。对于远程终端,在线路的两端还必须各自安装一台调制解调器(Modem),其作用是把计算机或终端的数字信号转换成可以在电话线路上传送的模拟信号,同时将从电话线路上接收到的模拟信号转换成计算机或终端可以处理的数字信号。20 世纪 60 年代,随着计算机主机性能的提高,所连接的终端台数也不断增加,系统的问题就凸显出来。作为主机的计算机既要进行数据处理,又要承担与各终端的通信,主机负荷加重,实际工作效率下降;同时,主机与每一台远程终端都用一条专用通信线路连接,线路的利用率较低。为了解决这些问题,人们开始研究如何将数据处理和数据通信进行分工,即在主机前端用一台通信控制处理机 CCP(Communication Control Processor)专门完成通信工作,让计算机主机专门进行数据处理。另外,在终端比较集中的地方设置一个终端集中器 TC(Terminal Concentrator),它的一端用多条低速率线路与各终端相连,另一端则用一条高速率线路与计算机相连,如果一些终端处于闲置状态,终端集中器可以利用由此而产生的空闲时间来传送其他处于工作状态的终端的数据,可明显降低通信线路的费用,提高远程线路的利用率,如图 1-2 所示。

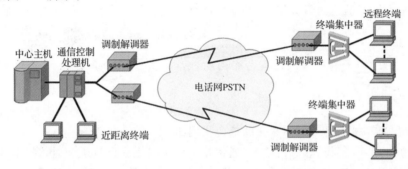

图 1-2　远程终端联机网络

**2. 第二代计算机网络——主机互联网络**

20 世纪 60 年代中期,小型计算机进入一些大公司、企事业单位和军队。在一个单位内部往往有多个这样的计算机系统,为使单位内分布在不同位置的计算机能进行相互通信、数据交换,通常把这些计算机系统通过通信线路和设备连接起来,构成具有通信能力的多机互联计算机网络,这种多机系统被称为多机互联系统,它是现代计算机网络的雏形。典型代表是 1969 年由美国高级研究计划署(Advanced Research Projects Agency,ARPA)组织研制成功的 ARPAnet,它就是现在 Internet 的前身。ARPAnet 中各主机之间不是直接用线路相连,而是由通信控制处理机 CCP 转接后互联。CCP 和通信线路一起负责主机间的通信任务,构成了通信子网。通过通信子网互联的主机负责运行程序,提供资源共享,组成了资源子网,如图 1-3 所示。

**3. 第三代计算机网络——标准化体系架构网络**

第三代计算机网络出现在 20 世纪 70 年代,此前,不同的计算机公司组建网络的硬件、软件和通信协议都各不兼容,难以互相连接。为此,人们迫切希望建立一种开放性的、能够把各种计算机和通信设备在世界范围内互联成网的标准。国际标准化组织(ISO)成立了一个专门机构,提出一个各种计算机都能够在世界范围内互联成网的标准框架,即开放系统互联参考模型 OSI/RM(Open System Interconnection/Reference Model,简称 OSI 参考模型或 OSI/RM 七层协议)。OSI 参考模型的提出使网络系统从"封闭"走向"开放",如图 1-4 所示。

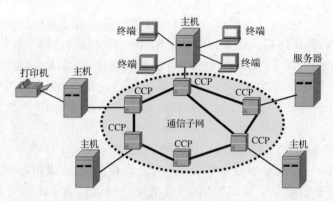

图 1-3　主机互联网络

这个阶段出现的另一个标准协议 TCP/IP(Internet 的骨干协议)推动了 Internet 的高速发展,这是网络标准化的最大体现,并成为网络事实上的标准。

图 1-4　标准化体系架构网络

**4. 第四代计算机网络——高速化和综合化网络**

进入 20 世纪 90 年代,计算机技术、通信技术以及建立在计算机和通信技术基础上的计算机网络技术得到了迅猛的发展,同时带动了计算能力发展以及全球互联网(Internet)的盛行。计算机的发展已经完全与网络融为一体,体现了"网络就是计算机"的口号。目前,计算机网络将多种业务,如语音、数据、图像等综合到一个网络中进行传输。同时,虚拟网络、ATM 技术以及云计算的应用,无线 3G、4G 网的普及和应用,使网络技术蓬勃发展并迅速走向市场,走进平民百姓的生活。

## 1.2.2　计算机网络的分类

计算机网络根据角度的不同有多种分类方法,下面将简要地介绍几种分类方法:

**1. 按地域范围分类**

(1)局域网(Local Area Network,LAN)

- 范围:小,一般<20 km
- 传输技术:基带,10 Mbit/s~1000 Mbit/s,延迟低,出错率低

(2)城域网(Metropolitan Area Network,MAN)

- 范围:中等,一般<100 km
- 传输技术:宽带或基带,传输速率介于广域网和局域网,是一个覆盖整个城市的网络。

(3)广域网(Wide Area Network,WAN)

- 范围:大,一般>100 km
- 传输技术:宽带,1200 bit/s~45 Mbit/s,延迟高,出错率高

**2. 按通信传播方式分类**

(1)点对点传播方式的网络:由机器间多条链路构成,每条链路连接一对计算机,两台没有直接相连的计算机要通信必须通过其他节点的计算机转发数据。这种网络上的转发报文

分组在信源和信宿之间需通过一台或多台中间设备进行传播。

（2）广播方式的网络：仅有一条通道，由网络上所有计算机共享。一般来说，局域网使用广播方式，广域网使用点对点方式。

**3. 按拓扑结构分类**

将网络中各个站点（计算机或设备）相互连接起来的几何排列形式称为网络拓扑。网络拓扑反映了网络的整体结构和布局，网络拓扑的类型主要有总线型、星型、树型、环型、网状型和无线蜂窝型等，如图 1-5 所示。

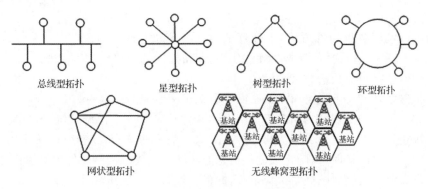

图 1-5　计算机网络的拓扑结构

（1）总线型：所有节点挂接到一条总线上，使用广播式信道，需要有介质访问控制规程以防止冲突。

（2）星型：有一个中心节点，其他节点与其构成点对点连接。

（3）树型：该结构可以看作星型结构的扩展，由一个根节点、多个中间分支节点和叶子节点构成，是一种分层结构。该结构的优点是易于扩展、故障隔离较容易；缺点是各个节点对根节点的依赖性大，如果根节点发生故障，则全网不能正常工作。

（4）环型：所有节点连接成一个闭合的环，节点之间为点对点连接。

（5）网状型：该结构由分布在不同地点、各自独立的节点经链路连接而成，每一个节点至少有一条链路与其他节点相连，每两个节点间的通信链路可能有多条，网状型拓扑广泛用于广域网中。其优点是可靠性高、灵活性好、节点的独立处理能力强、信息传输容量大；缺点是结构复杂、管理难度大、投资费用高。

（6）无线蜂窝型：是一种移动通信硬件架构，构成网络覆盖的各通信基站的信号覆盖呈六边形，整个网络像一个蜂窝，因此而得名。蜂窝网络主要由以下三部分组成：移动站、基站子系统、网络子系统。移动站就是网络终端设备，比如手机或者一些蜂窝工控设备。基站子系统包括移动基站（大铁塔）、无线收发设备、专用网络（一般是光纤）及各种数字设备等。常见的蜂窝网络类型有：GSM、CDMA、3G、4G、FDMA、TDMA、PDC、TACS、AMPS 等。

**4. 按介质访问控制方式分类**

（1）以太网（Ethernet）

（2）令牌网（分为 token ring 和 token bus 两种）

**5. 其他分类方法**

按网络的交换方式分为电路交换、报文交换、分组交换；按信道的带宽方式分为窄带网、宽带网；按网络的应用领域分为政务网、企业网、商业网、校园网等。这些分类在概念上互有交叉，对于一个具体的网络，可能同时具有上面几种分类的特征。

### 1.2.3　计算机网络的组成与功能

**1.计算机网络的定义**

定义：计算机网络是将若干台独立的计算机通过传输介质相互物理连接，并通过网络软件相互联系到一起，从而实现资源共享的计算机系统。

微课1

计算机网络的系统组成

定义要点：

（1）自治：独立的实体，各自能独立运行，不依赖于其他计算机。

（2）互联：利用各种通信方式，把地理分散的计算机从物理和逻辑两个层次互联，物理层次的连接由硬件实现，逻辑层次的连接由软件实现。

（3）共享：包括数据通信、资源共享。

计算机网络从宏观上说是由通信子网和资源子网组成的。从中观上包括：

网络软件——是实现网络功能不可缺少的软件环境。为了协调系统资源，需通过软件对网络资源进行全面的管理、调度和分配，并采取一系列的安全保密措施，防止用户对数据和信息进行不合理的访问，以防止数据和信息的破坏与丢失。网络软件主要包括：网络协议和协议软件、网络通信软件、网络操作系统、网络管理及网络应用软件。

网络硬件——是计算机网络的基础，主要包括线路控制器、通信控制器、通信处理机、前端处理机、集中器、主机、终端、网络互联设备和网络传输介质等网络单元。网络硬件的组合形式决定了计算机网络的类型。

我们可以看出，计算机网络由四个方面组成：

（1）连接介质（传输介质、通信设备）

（2）连接方式与结构（拓扑结构）

（3）控制机制（约定、协议、软件）

（4）连接对象（计算机系统）

所以本书以后各项目都将围绕这四个方面进行任务布置、项目实践和知识阐述。

**2.计算机网络的功能**

（1）数据通信（Communication Medium）

数据通信是计算机网络最基本的功能，也是实现其他功能的基础，主要完成计算机网络中各节点之间的系统通信。用户可以在网上实现文件传输、IP电话、E-mail（收发电子邮件）、视频会议、信息发布、交互式娱乐、听音乐、电子购物、电子贸易和远程教育等功能。

（2）资源共享（Resource Sharing）

计算机网络的主要目的是资源共享。资源共享是指网络用户可以在授权范围内共享网络中各计算机所提供的共享资源，共享的资源有硬件资源、软件资源和数据资源等。这种共享不受实际地理位置的限制。资源共享使得网络中分散的资源能够互通有无，大大提高了资源的利用率。

（3）负载均衡（Load Balance）

由于现有网络的各个核心部分随着业务量的提高、访问量和数据流量的快速增多，其处理能力相应增强，计算强度也相应增大，因此单一的服务器设备根本无法承担过重的负载。在此情况下，如果扔掉现有设备去做大量的硬件升级，就造成现有资源的浪费，并且，如果再次面临业务量的提升，将导致再一次硬件升级的高额成本投入，性能再卓越的设备也有可能不能满足当前业务量增长的需求。

针对此情况衍生出来的一种有效的方法,可以扩展现有网络设备和服务器的带宽、增加吞吐量、加强网络数据处理能力、提高网络的灵活性和可用性,就是负载均衡(Load Balance),通过这种网络负载均衡技术可大量节省客户的投资和实际维护费用。

(4)高可靠性(High Reliability)

在计算机网络环境下,由于是多机工作,相同的资源可以分布在不同的计算机上,计算机网络中的计算机也能够彼此互为备用机,这使得系统的冗余度提高,即使有少数计算机出现故障,故障计算机的任务也可以由其他计算机来完成,不会造成网络整体瘫痪,从而提高了计算机的安全可靠性。

(5)分布式协同处理(Distributed Processing)

大型的综合性问题可按一定的算法将任务通过网络分配给不同的计算机同时进行处理。这种由不同计算机进行分布处理的方式,不仅提高了处理速度,而且有效地利用了设备。计算机网络中分布处理技术的出现,不仅替代了昂贵的大、中型机系统,节省了费用,同时促进了分布式计算环境的发展。

在计算机网络中,分布式信息处理和分布式数据库只有依靠计算机网络才能实现。采用分布式协同处理技术往往能够将多台性能不一定很高的计算机连成具有高性能的计算机网络,利用可替代的资源,提供连续的高可靠性服务,均衡使用了网络资源。例如:网上某台计算机的处理任务过重,可通过网络将部分工作转交给比较"空闲"的计算机来协同完成,这样既均衡了负载,又提高了每台计算机的可用性。

## 1.3　项目实践

### 任务 1-1　认识校园网的基本结构

从图 1-1 可以看出,校园网是为学校师生提供教学、科研和综合信息服务的宽带多媒体网络。首先,校园网应为学校教学、科研提供先进的信息化教学环境。这就要求校园网是一个具有交互功能和专业性很强的宽带局域网。多媒体教学软件开发平台、多媒体演示教室、教师备课系统、电子阅览室以及教学、考试资料库等,都可以在该网络上运行。如果一所学校包括多个专业学科(或多个系),也可以形成多个局域网,并通过有线或无线的方式将它们连接起来。其次,校园网应具有教务、行政和总务管理等功能。

**1.校园网的拓扑结构设计**

(1)互联网接入

校园网分中国公用计算机互联网(ChinaNet)和中国教育和科研计算机网(CERNET)两种接入方式。ChinaNet 由中国电信负责建设与经营管理;CERNET 是非经营性的互联网,由国家投资建设、教育部负责管理,是我国第二大互联网,可提供各种互联服务,可提供各种专用的教育资源、图书馆资源和教育管理资源服务,而其他互联网不具备此功能,CERNET 是一个安全、经过净化的网络,学生可以获取互联网上的各种信息资源而不会受其毒害。所以国家要求教育系统必须接入 CERNET。

（2）多子网分层设计

校园网建设的总体目标是建成一个主干网，其下连接多个子网，使全校的教学、科研、管理等工作都能在网上执行，充分利用这个速度快、功能强的信息传输和处理媒介，共享网上的软、硬件资源。主干网提供校园内主干通信服务，应具有速度快、带宽高、稳定、可靠的特点，目前主要采用千兆以太网。划分子网是一项十分重要的工作，主要可划分为计算中心子网、图书馆子网、教学子网、科研子网、综合办公子网和各系子网，另外还有远程办公网、远程个人接入网。

①核心层：在网络主干部分需要使用性能很好的千兆以太网交换机，如 Cisco 5000 系列，以解决应用中的主干网带宽的瓶颈问题；

②汇聚层：在网络支干部分考虑使用性能低一些的千兆以太网交换机，如 Cisco 4000 系列，以满足实际应用对网络带宽的需要；

③接入层：在楼层或部门一级，选择百兆交换机，如 Cisco 2900 系列。

**2. 校园网的计算机设备**

（1）服务器

服务器（Server）是网络上一种为客户机提供各种服务的高性能计算机。服务器根据其在网络中所执行的任务不同可分为 Web 服务器、数据库服务器、视频服务器、FTP 服务器、E-mail 服务器、打印服务器、网关服务器、域名服务器等。对于小型的校园网，往往把 Web 服务、FTP 服务、数据库服务等集中在一台服务器上。

（2）工作站

在校园网中，工作站（Workstation）是一台客户机，即网络服务的一个用户。但有时也将工作站当作一台面向特殊应用的服务器，如打印机或备份磁带机的专用工作站。工作站一般通过网卡连接网络，并需安装相关的程序与协议才可以访问网络资源。

**3. 网络互联设备**

（1）集线器（HUB）

集线器是计算机网络中连接多台计算机或其他设备的连接设备。HUB 主要提供信号放大和中转的功能，把一个端口接收的信号向所有端口分发出去，有些集线器还可以通过软件对端口进行配置和管理。

（2）交换机（Switch）

交换机的外形与集线器很接近，也是一个多端口的连接设备，主要区别在于：交换机的数据传送速率通常要比集线器高很多，学校网络中心的核心交换机往往还具有路由功能。

（3）路由器（Router）

路由器是连接多个网络或网段的网络设备。通常路由器有两大典型功能，即数据通道功能和控制功能，数据通道功能一般由硬件来实现，控制功能一般由软件来实现。

（4）网关（Gateway）

网关是网络连接设备的重要组成部分，它不仅具有路由的功能，而且能对两个网段中使用不同传输协议的数据进行相互翻译转换，从而使不同的网络之间能进行互联。网关一般是一台专用的计算机，该机器上配置有实现网关功能的软件，这些软件具有网络协议转换、数据格式转换等功能。

（5）防火墙（Firewall）

防火墙是指一种将内部网和公众访问网（如 Internet）分开的硬件或软件技术。

### 4. 常见的网络传输介质

（1）双绞线（Twisted Pair）

双绞线是由两根相互绝缘的铜导线按照一定的规格互相缠绕在一起而形成的网络传输介质。常用的无屏蔽层双绞线由 4 对双绞线和 1 个塑料护套构成。在当前的技术下，传输数据的距离一般限定在 100 m 范围内，双绞线是目前局域网中使用最多的传输介质。

（2）光纤（Fiber）

光纤是以光脉冲的形式传输信号的网络传输介质，其材质以玻璃或有机玻璃为主。它由纤维芯、包层和保护套组成。光纤按其传输方式可分为单模光纤（直线传播）和多模光纤（折射传播）。光纤具有很高的传输带宽，目前技术可以达到 1000 Mbit/s 的传输速率。光纤的衰减很低，抗电磁干扰能力很强，传输距离可达 20 千米，但价格高，安装复杂、精细化。

### 5. 校园网的教学功能

新一代校园网模式："硬件＋软件＋现代教育"。建设校园网的真正目的在于为学校师生提供教学、科研和综合信息服务，一般含有信息发布、教学应用、管理应用、科研应用、数字化图书馆等功能。

### 6. 校园网的基本教学应用

（1）网络教学支持平台

网络教学支持平台是学校开展网络教学活动的支撑系统，它可以包括网络备课、网络授课、网上课程学习、网上练习、在线考试、虚拟实验室、网络教学评价、作业递交与批改、课程辅导答疑、师生交流、教学管理等模块。

（2）教学信息资源库

教学信息资源库是学校进行网络教学的重要组成部分，它包括多媒体素材库、教案库、课件库、试题库、学科资料库等。同时，资源库还为师生提供全文检索、属性检索，提供资源的增减与归类，还可以提供压缩打包下载等功能。

**任务 1-2  使用 Visio 绘制网络拓扑图**

Visio 是一款专业的优秀办公绘图软件。使用 Visio 可以绘制业务流程图、组织结构图、项目管理图、营销图表、办公室布局图、网络图、电子线路图、数据库模型图、工艺管道图、因果图和方向图等，便于 IT 和商务人员就复杂信息、系统和流程进行可视化处理、分析和交流。

Visio 安装包是独立的安装软件，不属于 Office 软件系统，但 Visio 软件安装后会存在于 Office 软件菜单里。

下面就来熟悉一下 Visio 绘图软件，并熟练使用 Visio 绘制网络拓扑图，以图 1-1 为例进行绘制。

**1. 使用 Visio 绘制网络拓扑图**

（1）在 Office 软件菜单下打开 Visio 软件，如图 1-6 所示。

图 1-6 运行 Visio 软件

（2）选择"类别"中的"网络"，如图 1-7 所示。

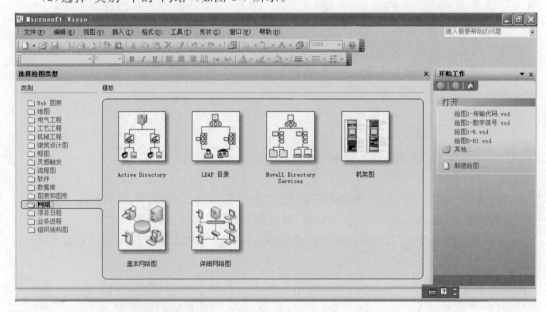

图 1-7 选择"类别"中的"网络"

（3）再选择"基本网络图"或"详细网络图"，进入绘图模式，如图 1-8 所示。

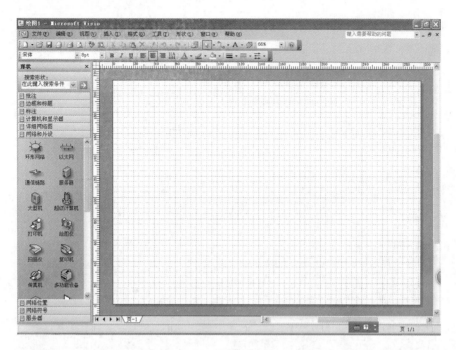

图 1-8  进入绘图模式

（4）左边是网络图库各个抽屉，可单击选择其中的图标拖到右边的网格中，如图 1-9 所示。

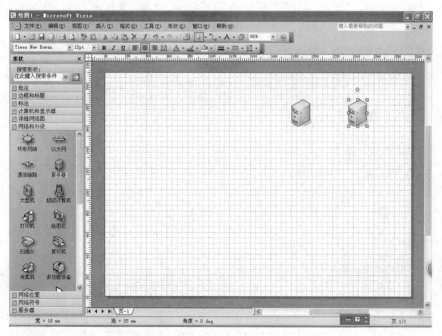

图 1-9  从抽屉中选择图标拖到右边的网格中

（5）由于图库是标准化构件，不会有任何品牌的公司产品，如果需要，可以把各种图形复制进来，但在招标文件中不能体现任何具体的公司产品名称。如果需要增添图库，可在"文件"菜单里选择"形状"，再选择下面子菜单中的形状图，就会在左边新增一个图库抽屉，如

图 1-10 所示。

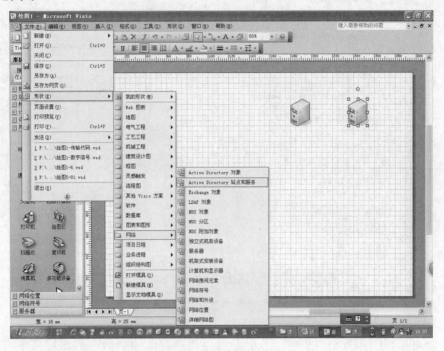

图 1-10　增添图库"形状"抽屉

（6）选择"WAN"和"通信链路"图标并拖到网格中，单击"WAN"云图，在出现的文本框中输入"Internet"，如图 1-11 所示。

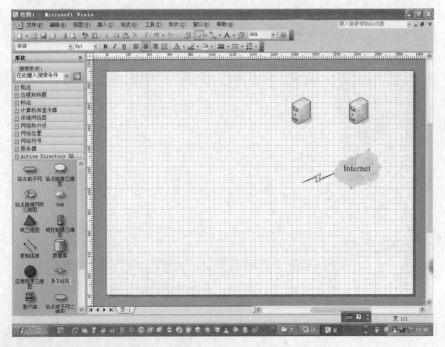

图 1-11　图形文本框编辑

(7)选择连接线工具,可在各图形间连线,这和 Word 中操作相似,在此不再赘述。重复上述步骤就可使用 Visio 绘制出网络拓扑图,如图 1-12 所示。

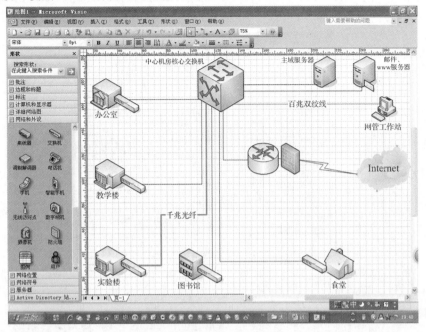

图 1-12　绘制出的网络拓扑图

注意:此类 Word 文档在没有安装 Visio 系统软件的计算机上编辑会出现系统错误。

**2. 在 Word 文档中插入 Visio 文档**

(1)直接插入

将 Visio 文档直接复制、粘贴到 Word 文档中,这样可在 Word 文档中直接修改 Visio 文档,如图 1-13 所示,但这样的 Word 文档较大,且商业上此类文件不安全。

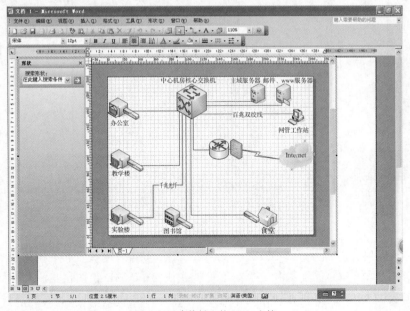

图 1-13　直接插入的 Visio 文档

（2）保存转换格式插入

在 Visio 文档中选择"另存为"，打开"另存为"对话框，在保存类型中选择"JPEG 文件交换格式（＊.jpg）"，出现"JPG 输出选项"对话框，如图 1-14 所示，设置完后单击"确定"按钮。

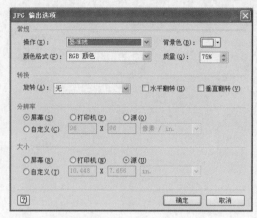

图 1-14　"JPG 输出选项"对话框

可在 Word 文档中插入不可编辑的 JPEG 格式的图片，这样的 Word 文档较小，如图 1-15 所示。

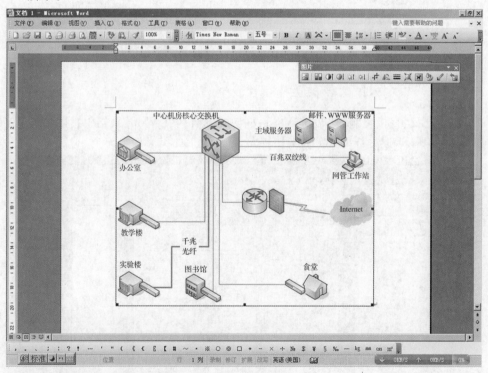

图 1-15　插入 JPEG 格式图片

此外还可在保存类型中选择"XML 绘图（＊.vdx）"，保存成网页发布在网络服务器上。在保存类型中选择"AutoCAD 绘图（＊.dwg）"，可转变成 AutoCAD 绘图格式。若其他计算机安装的是低于 2002 的版本，必须在保存类型中选择"Visio2002 绘图（＊.vsd）"进行转换。

## 1.4　知识拓展

### 1.4.1　数据通信的基本概念

微课 2

数据通信系统模型

**1. 信息**

从哲学的观点看,信息是一种带有普遍性的关系属性,是物质存在方式及其运动规律、特点的外在表现,是对客观世界发生变化的描述或报道。对客观世界的变化,人类常用语言、文字、图像、数字来进行描述。如某地发生地震、世界气候在变暖、人的平均寿命在增加等,这就是信息。

信息在计算机网络中是指传送的内容,它的载体是数字、文字、图形和图像等。一般交换的信息都是由二进制编码表示的字母、数字或控制符号的组合。为了传送信息,必须对信息中所包含的每一个字符进行编码,形成传输数据。因此,用二进制编码来表示信息中的每一个字符就是编码,目前最常用的二进制编码标准为美国标准信息交换码 ASCII 码(American Standard Code for Information Interchange)。

**2. 信号**

信号是信息的携带者,是编码后数据的具体表现形式。信号在形式上是一种具有变化的物理现象。在通信技术中,一般使用电、光信号来传输信息。根据所用实现通信的信号的不同,就形成了不同的通信系统。通信系统中传递的是携带信息的电、光信号。所以说计算机网络中的信号是数据的表现形式,或称数据的电磁或电子编码,它能使数据以适当的形式在介质上传输。通常,信号可以是模拟信号或数字信号,如图 1-16 所示。模拟信号是指表示信息的信号是一种连续变换的电信号,它的取值可以是无限多个,例如:语音信号。数字信号是一种离散信号,它的取值是有限多个。模拟信号可以转换为更适合在通信信道上传输的数字信号,也就是将连续变换的模拟信号转化成离散的数字信号,再进行电编码、电磁编码或光编码从而可以在信道上传输。计算机网络上大多传输数字信号,因为它安全、可靠、效率高、便于加密。

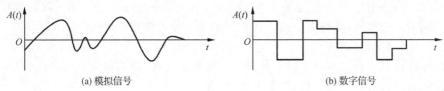

(a) 模拟信号　　　　　　　　　　　(b) 数字信号

图 1-16　模拟信号和数字信号

**3. 信道**

在数据通信系统中,信道是传送信号的通道。按照传输信号的类型划分,信道可分为模拟信道和数字信道。用来传输模拟信号的信道叫作模拟信道,用来传输数字信号的信道叫作数字信道。模拟信道是以连续模拟信号形式传输数据的信道。数字信道是以数字脉冲形式(离散信号)传输数据的信道。

此外,信道还可以按不同的方法分类,如按信道传输媒介可以分为有线信道(如双绞线、同轴电缆、光纤等)和无线信道(如无线电波、红外线等);按使用权可以分为专用信道和公用信道等。对于不同的信道,其特性和使用方法也不同。

**4.信道带宽**

信道带宽是指通信信道的宽度,是信道可以不失真地传输信号的频率范围,是信道频率上界与下界之差,是介质传输能力的度量,在传统的通信工程中通常以赫兹(Hz)为单位计量。

**5.数据传输率**

数据传输率是信道在单位时间内可以传输的最大比特数,所以又称为比特率。是一个表征速率的物理量,以比特/秒(bit/s)形式表示,简记为 bps。

### 1.4.2  数字信号与传输代码

**1.数字信号和模拟信号传输**

不同类型的信号在不同类型的信道上传输有 4 种传输代码情况,如图 1-17 所示。

**2.数字信号传输的编码与调制**

4 种传输代码归类为编码与调制,用数字信号承载数字或模拟数据称为编码,用模拟信号承载数字或模拟数据称为调制,如图 1-18 所示。

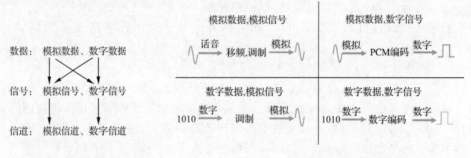

图 1-17   4 种传输代码                        图 1-18   传输代码的编码与调制

**3.传输中的数据报和数据帧**

数据传输时,通常要将较大的数据块分割成较小的数据段,并在每段上附加一些信息,这些信息通常是数据到达目的地后,把数据段恢复成原来的数据块所需的信息(序号、地址等),这些数据段和附加信息被称为数据报。这就好比一块做好的大蛋糕,为了运输方便,把它分割成小块放在包装盒内,并在盒子上编号,以便到达客户那里后容易拼接成原样。

在实际的网络传输中,特别是在互联网上,网络类型不同,信道也不同,数据报有可能进一步分割成更小的单元,这种更小的数据逻辑单元被称为数据帧,如图 1-19 所示。

**4.传输代码的封装和传递**

一台计算机发送数据到另一台计算机的过程称为传递,数据传递首先必须打包,打包的过程称为数据封装或者数据打包,如图 1-20 所示。

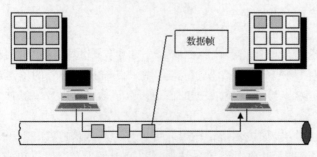

图 1-19   数据帧                        图 1-20   数据打包

数据封装就是在数据前面加上特定的协议头。数据封装就像生活中发送邮件的例子，即将信装入写有源地址和目的地址(协议头)的信封中发送，还要写明是航空信件还是挂号信件。

### 1.4.3 数据通信的传输类型

**1.基带、频带和宽带传输**

（1）基带（Baseband）

基带是指未经处理的原始信号所占据的频率范围(固有的)。这种原始信号称为基带信号，不经调制和编码的数字脉冲信号直接在信道上传输的方式称为基带传输，例如：以太网。

基带传输的优点是信道简单，成本低。缺点是基带传输占据信道的全部带宽，任何时候只能传输一路基带信号，信道利用率低。

（2）频带（Band）

利用模拟信道传输数字信号的方法称为频带传输。数字信号需调制成音频模拟信号后再传送，接收方需要解调。利用调制解调器（Modem）通过电话模拟信道传输是频带传输中最典型的例子。

通信设备调制解调器的作用是：

①在数据的发送端将计算机中的数字信号转换成能在电话线路上传输的模拟信号；

②在接收端将从电话线路上接收到的模拟信号还原成数字信号。

（3）宽带（Broadband）

宽带是通过调制技术将多路基带信号迁移到不同频带上，从而使信道同时传送多路信号。这样的通信称为"宽带传输"。例如：闭路电视的信号传输中数字信号需调制成频带为几十兆赫兹到几百兆赫兹的模拟信号后再传送，接收方收到信道上的调制信号后，还需要再解调回来才能使用。

**2.单工、半双工和全双工通信**

在一条信道上通信一般分成三种方式：单工、半双工和全双工通信。

（1）单工通信（Simplex）

单工通信指的是数据流只向一个方向传递，发送方只负责发送，接收方只负责接收，如图 1-21(a)所示。数据单向传输的典型通信例子是无线电广播。

微课 3

数据通信模式

（2）半双工通信（Half-Duplex）

半双工通信在任一时刻只能向一个方向传输，它实质上是可切换方向的单工通信，通信的每一方既是发送方又是接收方，在任一时刻一方只能执行一个功能，或是发送，或是接收，不能同时执行两个功能。工作方式为一方发送另一方接收，此过程完成后再反过来执行，发送方接收而接收方发送。如图 1-21(b)所示。这样我们就可以在一条信道上执行通信过程而无须另加硬件，也适应了现有的信道。半双工传输的典型通信例子是对讲机。信息可以双向传输，但不能在同一时刻双向传输。

（3）全双工通信（Full-Duplex）

全双工通信允许数据在两个方向上同时传输，它在能力上相当于两个单工通信方式的结合。在这种方式下，收发双方同时工作，接收和发送可同时进行。也可以这样理解，全双工通信的收发双方是对等的，每一方既是发送方又是接收方。由串行通信的要求可知，在这种通信方式下需要两条信道。如图 1-21(c)所示。全双工传输的典型通信例子是电话。信息可同时双向传输,两个方向的信号共享链路带宽。

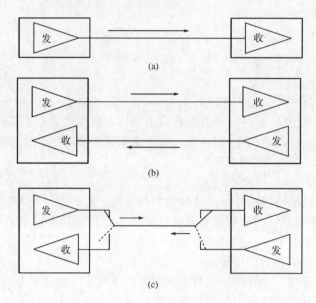

图 1-21   单工、半双工和全双工通信

总之,单工就像单行线,只能在一个方向上行车;半双工好比独木桥;全双工就是来回可对行的高速公路。

### 1.4.4   数据交换技术

交换就是按某种方式动态地分配传输线路资源。例如:电话交换机在用户呼叫时为用户选择一条可用的线路进行接续。用户挂机后则断开该线路,该线路又可分配给其他用户。采用交换技术可节省线路投资,提高线路利用率,实现交换的方法主要有:电路交换、报文交换、分组交换。

微课 4

数据交换技术

**1.电路交换**

电路交换是交换设备在通信双方找出一条实际的物理线路的过程。

(1)特点:数据传输前需要建立一条端到端的通路,称为"面向连接"的交换方式。

(2)过程:建立连接→通信→释放连接。

(3)优点:

①建立连接后,传输延迟小;

②无纠错机制。

(4)缺点:

①建立连接的时间长;

②不适用于计算机通信,因为计算机数据具有突发性的特点,真正传输数据的时间不到 10%;

③一旦建立连接就独占线路,线路利用率低。

**2.报文交换**

(1)整个报文(Message)作为一个整体一起发送。

(2)在交换过程中,交换设备将接收到的报文先存储起来,待信道空闲时再转发出去,一级一级中转,直到目的地。这种数据传输技术称为存储转发。

(3)传输之前不需要建立端到端的连接,仅在相邻节点传输报文时建立节点间的连接,称为"无连接"的交换方式。

(4)缺点:

①报文大小不一,造成存储管理复杂;

②大报文造成存储转发的延迟过大;

③出错后整个报文全部重发。

**3.分组交换**

(1)将报文划分为若干个大小相等的分组(Packet)进行存储转发。

(2)数据传输前不需要建立一条端到端的通路,也是无连接的交换方式。

(3)有强大的纠错机制,具有流量控制和路由选择功能。

(4)优点:

①对转发节点的存储空间要求较低,可以用内存来缓冲分组,速度快;

②转发延迟小,适用于交互式通信;

③某个分组出错后可以仅重发出错的分组,效率高;

④各分组可通过不同路径传输,容错性好。

三种交换方式的比较如图 1-22 所示。

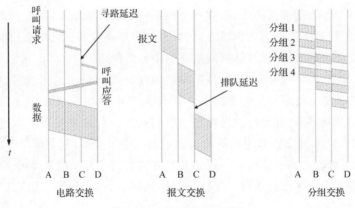

图 1-22　三种交换方式的比较

## 1.4.5　传输控制技术

**1.差错控制**

(1)传输中产生差错的原因

①信号衰减和热噪声;

②信道的电气特性引起信号幅度、频率、相位的畸变;

③信号反射,串扰;

④冲击噪声,闪电、大功率电机的启停等。

数字传输与语音、图像传输不同,计算机通信要求有极低的差错率,所以必须进行差错控制。

（2）差错控制的基本方法

接收方进行差错检测，并向发送方应答，告知是否正确接收。常用的差错检测主要有两种方法：

①奇偶校验（Parity Check）

在原始数据字节的最高位增加一个奇偶校验位，使结果中 1 的个数为奇数（奇校验）或偶数（偶校验）。例如：1100010 增加偶校验位后为 11100010。

若接收方收到的字节奇偶校验结果不正确，就可以知道传输中发生了错误。奇偶校验只能用在面向字符的通信协议中，而且只能检测出奇数个比特位错。

②循环冗余校验（Cyclic Redundancy Check，CRC）

循环冗余校验的原理是将传输的位串看成系数为 0 或 1 的多项式。收发双方约定一个生成多项式 $G(x)$，发送方在帧的末尾加上校验和，使带校验和的帧的多项式能被 $G(x)$ 整除。接收方收到后，用 $G(x)$ 除多项式，若有余数，则传输有错。校验和一般是 16 位或 32 位的位串。循环冗余校验的关键是如何计算校验和。

**2. 流量控制**

互联网是采用传输控制协议（Transmission Control Protocol，TCP）来进行流量控制的，这种协议提供了一种可靠的传输服务。

TCP 在连接建立时，发送方和接收方各分配一块缓冲区用来存储接收到的数据，并将缓冲区的尺寸发送给另一方；而接收方发送的确认信息中也包含了自己剩余的缓冲区尺寸。这个剩余的缓冲区叫作窗口（Window）。

TCP 采用可变发送窗口（又称滑动窗口）的方式进行流量控制。发送窗口在连接建立时由双方商定。但在通信的过程中，接收方可根据自己的资源情况，随时动态地调整自己的接收窗口（可增大或减小），然后告诉对方，使对方的发送窗口和自己的接收窗口一致。这种由接收方控制发送方的做法，在计算机网络通信中经常使用。

实际上，在每个 TCP 报文头中，窗口字段的值就是当前设定的接收窗口的大小。例如在图 1-23 中，表示发送端需要发送的数据总共有 800 字节，分为 8 个报文段。假设事先约定好窗口大小为 500 字节，即允许发送端在未收到确认信息之前最多可以连续发送 500 字节的数据。图 1-23 中，发送窗口当前的位置表示前两个报文段（其字节序号为 1～200）已经发送过，并收到了接收端的确认信息。假如发送方又发送了两个报文段但未收到确认信息，则现在它最多还能发送 3 个报文段。发送端在收到接收方返回的确认信息后，就可以将发送窗口向前滑动。

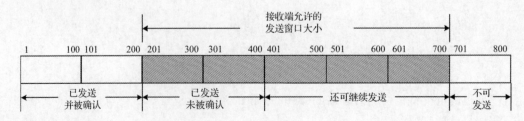

图 1-23　TCP 中的滑动窗口机制

**3.拥塞控制**

实际上实现流量控制并非仅仅为了使接收方来得及接收,还为了控制网络拥塞。比如接收端正处于较空闲的状态,而整个网络的负载却很多,这时如果发送方仍然按照接收方的要求发送数据就会加重网络负荷,由此引起报文段的时延增大,使得主机不能及时地收到确认信息,从而重发更多的报文段,加剧了网络的阻塞,形成恶性循环。为了避免发生这种情况,主机应该及时地调整发送速率。

发送端主机在发送数据时,既要考虑接收方的接收能力,也要考虑网络目前的使用情况,发送方发送窗口的大小应该考虑以下两点:

(1)通知窗口(Advertised Window):这是接收方根据自己的接收能力而确定的接收窗口的大小。

(2)拥塞窗口(Congestion Window):这是发送方根据目前网络的使用情况而得出的窗口值,也就是来自发送方的流量控制。

当中最小的最为适宜,即:发送窗口＝Min[通知窗口,拥塞窗口]

进行拥塞控制,Internet 标准推荐使用三种技术,即慢启动(Slow-Start),加速递减(Multiplicative Decrease)和拥塞避免(Congestion Avoidance)。

### 1.4.6　国产办公软件 WPS 的使用

国产办公软件 WPS,也就是 WPS Office,是中国金山公司开发的一款优秀的国产办公软件套装。它支持文档、表格、演示文稿、PDF 等文件的制作和使用。安装打开 WPS Office之后,就可以根据需要去创建文档、表格、演示文稿等文件。人们如果使用微软 Office,当把计算机上的微软 Office 文件放到手机上时,就会不方便编辑,而 WPS Office 能够解决这个问题。软件具体使用方法如下:

1.打开 WPS Office,如图 1-24 所示。

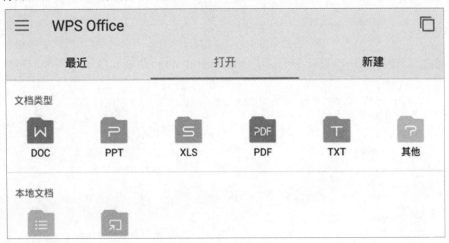

图 1-24　打开 WPS Office

2.选择"浏览目录"选项,可以直接选择手机中的本地文件进行相应格式的编辑。如图 1-25 所示。

图 1-25    浏览 WPS Office 目录

3.单击上方的"最近"选项卡,可以直接找到近期打开过的文件。如图 1-26 所示。

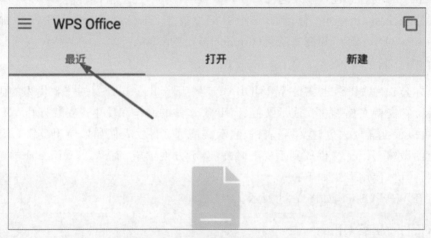

图 1-26    选择"最近"打开文件

4.通过"新建"选项卡,可以在手机中新建和编辑文档、便笺和演示文稿等不同格式的文件。如图 1-27 所示。

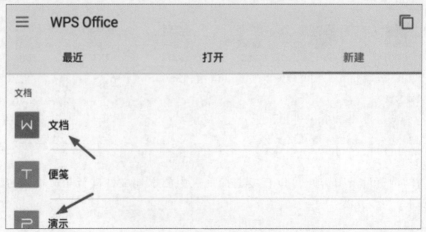

图 1-27    选择新建各种格式的文件

5.单击右上方的按钮,可以在已经打开的不同文件间进行切换。如图 1-28 所示。

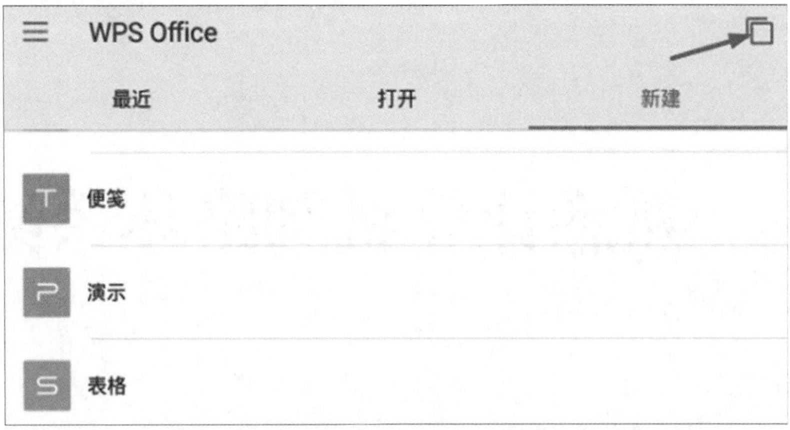

图 1-28　切换已经打开的文件

## 项目实训 1　了解计算机网络

【实训目的】

能够正确地初步认识计算机网络,并能用 Visio 软件绘制出网络拓扑图。

【实训环境】

每人为一组,每人一台装有 Microsoft Office 和 Visio 工具软件的计算机。

【实训内容】

1.根据图 1-1 所示的拓扑图,按任务 1-1 要求,仔细研究其结构,并总结出服务器、工作站、网间互联设备、传输介质等组成部分的关系。要求:

(1)在 Word 文档中准确描述其各组成部分的内容和型号。

(2)在 Word 文档中插入 JPEG 格式的网络拓扑图。

2.用 Visio 工具软件绘制网络拓扑图,并保存绘图和 JPEG 格式文件。

## 项目习作 1

一、填空题

1.按照覆盖的地理范围,计算机网络可以分为_____、_____和_____。

2.建立计算机网络的主要目的是_____。

二、单项选择

1.广域网一般采用的传播方式是(　　):

A.广播方式　　　　B.点对点方式　　　　C.电路交换方式　　　D.远程交换方式

2.面向终端的计算机网络是通过在终端密集的地方设置(　　)来解决通信线路利用率低的问题。

A.集中器　　　　B.前端机　　　　C.HOST　　　　D.CCP

三、问答题

1.什么是基带传输,什么是宽带传输?

2.简单说明数据通信中单工、半双工、全双工通信的区别。

项目
02

# 熟悉计算机网络体系结构

## 2.1 项目描述

由于计算机网络涉及的硬件、软件种类繁多，如果没有标准，很难将它们组织在一起协调一致地工作，因此，网络的标准化是一个极其重要的问题。本项目对应的工作任务见表2-1。

表 2-1 项目对应的工作任务

| 工作项目（企业需求） | 教学项目（工作任务） | 参考课时 |
|---|---|---|
| 本企业部门的网络都在大楼的不同位置，要实现网络的互联互通，必须通过传输介质和网络设备相连，并通过 TCP/IP 参考模型规划和配置网络。一种方案是采用 IPv4 地址方案，这是目前的主流技术；另一种方案是利用 IPv6 地址方案，通过实验网实现网络的互联互通功能，这是未来的发展方向 | 任务 2-1：制作双绞线和信息插座。利用网线制作工具完成双绞线和信息插座的制作 | 2 |
| | 任务 2-2：规划与配置 IPv4 地址<br>　　一个公司的网络管理员从网络管理中心获得一个 C 类 IP 地址 192.168.1.0，需要划分 12 个子网，每个子网至少可容纳 10 台计算机，要求网络管理员规划各子网区间<br>　　需要网络管理员使用 IPv4 地址计算和规划网络地址方案，并手动配置规划好的网络地址、子网掩码、默认网关，使互联的计算机网络实现数据报的转发 | 2 |
| | 任务 2-3：使用 IPv6 协议。采用 IPv6 的地址方案，配置计算机各类地址，通过实验网实现网络的互联互通功能 | |
| 思政融入和项目职业素养要求 | 在讲解网络体系结构时，通过网络层次的分工不同，引导学生要具有团队合作精神；通过生活中寄快递需要的地址引入网络所使用的 IP 地址，对于 IP 地址的规划使用，倡导学生对现有的资源合理利用，不能浪费 | |

## 2.2 项目知识准备

### 2.2.1 网络协议与网络体系结构的概念

#### 1.协议的基本概念

协议（Protocol）是为进行网络中的数据（信息）交换而建立的规则、约定和标准，是计算机网络中实体之间有关通信规则的集合，也称为网络协议或通信协议。

网络协议的三个要素是：语义、语法、同步（定时）。

（1）语义，用于解释比特流的每一部分的意义，即需要发出何种控制信息，完成何种动作以及做出何种响应。规定通信双方彼此要"讲什么"，即确定协议元素的类型。

（2）语法，即数据与控制信息的结构或格式。规定通信双方彼此"如何讲"，即确定协议元素的格式。

（3）同步，即事件实现顺序的详细说明。语法同步规定事件执行的顺序，即确定通信过程中状态的变化，如规定正确的应答关系。

"语义"并不包括"同步"。"语义"指出需要发出何种控制信息、完成何种动作以及做出何种响应。但"语义"并没有说明应当在什么时候做这些动作。而"同步"则详细说明这些事件实现的顺序（例如，若出现某个事件，则接着做某个动作）。

**2. 网络分层次的体系结构**

为了解决不同媒介连接起来的不同设备和网络系统在不同的应用环境下实现互操作的问题，通常采用分层的方法，将网络互联的庞大而复杂的问题，划分为若干个较小而容易解决的问题，计算机网络的各层和层间协议的集合称为"网络体系结构"。协议中采用分层次的方法，使较高层次建立在较低层次基础上，同时又为更高层次提供服务。

**3. 体系结构中分层的原则**

（1）网络中各节点都具有相同的层次。

（2）不同节点的相同层具有相同的功能。

（3）同一节点内各相邻层之间通过接口通信。

（4）每一层可以使用下层提供的服务，并向其上层提供服务。

（5）不同节点的同等层通过协议来实现对等层之间的通信。

体系结构中禁止不同主机的对等层之间的直接通信。实际上，对等通信的实质是每一层必须依靠相邻层提供的服务来与另一台主机的对应层通信。上层使用下层提供的服务，下层向上层提供服务。为了方便理解，我们以生活中不同国籍的人进行信息交流为例加以说明，如图 2-1 所示。

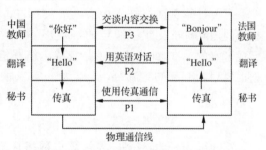

图 2-1　对等通信示例：中法教师之间的对话

**4. 层次结构方法的优点**

（1）使网络变得更简单，把网络操作分成复杂性较低的单元，结构清晰，易于实现和维护。

（2）将网络部件标准化，定义并提供了具有兼容性的标准接口。

（3）有利于模块化设计，使设计人员能专心设计和开发所关心的功能模块。

（4）独立性强，保证不同类型部件的独立性，上层只需了解下层通过层间接口提供什么服务，即黑箱方法。

（5）适应性强，只要服务和接口不变，层内实现方法可任意改变。

（6）互操作性，一个区域网络的变化不会影响另一个区域的网络，因此每个区域的网络可单独升级或改造。

（7）加快了技术发展的速度，简化了教育和学习。

**5.计算机网络协议标准的制定机构**

目前国际上制定计算机网络协议标准的几个权威组织是：

(1)ISO(International Organization for Standardization)：国际标准化组织。

(2)CCITT(Consultative Committee on International Telegraph and Telephone)：国际电报电话咨询委员会(现已改名为 ITU，International Telecommunication Union，国际电信联盟)。

(3)ANSI(American National Standards Institute)：美国国家标准学会。

(4)EIA(Electronic Industries Association)：电子工业协会。

(5)IEEE(Institute of Electrical and Electronics Engineers)：电气与电子工程师协会。

这些组织已经为通信与计算机网络制定了一系列的标准供业界参照执行。

目前有两个常用的体系结构模型和一个局域网标准集，是人们研究网络构件和施工的参照标准：

(1)OSI 参考模型：是从网络理论出发设计出来的标准，层次比较清晰，功能分明，是人们讨论网络问题的基本参照系，它的层次化设计思想被业界普遍接受和采纳，并应用到其他标准和协议的制定中。

(2)TCP/IP 参考模型：TCP/IP 协议是因特网(Internet)的协议标准，经过长期的实践发展起来，已成为事实上的国际标准。

微课 5

OSI 七层模型

(3)局域网标准集 IEEE 802.x：集合了各种局域网技术，是标准化最为规范和成熟的一套协议。

这些网络的标准和模型是学习计算机网络的重点。

目前计算机网络技术中有两大类标准。一类是正式标准，是由权威的国际标准化组织制定的，如 OSI 参考模型。另一类是所谓的已成事实的标准，此类标准不是权威组织制定的，事先也没有做过周密的规划，但已广泛流行，已成为事实上的国际标准，如 TCP/IP 协议。

微课 6

数据传输过程

### 2.2.2　OSI 参考模型

ISO 组织一直为全世界计算机网络标准的制定而努力，然而，ISO 做了大量努力制定的开放系统互联参考模型 OSI/RM(Open System Interconnect/Reference Model)，简称为 OSI 参考模型，并未如愿进入实际应用，但是 OSI 参考模型在理论上的贡献是不可磨灭的，特别是它的网络分层次的结构体系，是计算机网络的经典，为人们所接受，并普遍应用于其他标准和协议的制定当中。

OSI 参考模型共分七层，扩充某一层功能或协议时，不会影响模型的主体结构。每一层使用下层提供的服务，并向其上层提供服务，如图 2-2 所示。OSI 参考模型各层的主要功能如下：

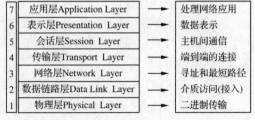

图 2-2　OSI/RM 七层开放系统互联参考模型

**1. 物理层**

物理层是 OSI 参考模型的第一层,对传输方式而言,OSI 参考模型规定物理连接可以是全双工的或半双工的;物理层的任务就是透明地传送比特流。在物理层上传输数据的单位是比特。传递信息所利用的一些物理媒介,如双绞线、同轴电缆、光纤等不在物理层之内而在物理层之下,因此也有人把物理媒介当作第 0 层。

**2. 数据链路层**

数据链路层是 OSI 参考模型的第二层,它控制网络层与物理层之间的通信,并为网络层提供服务。数据链路层的任务是在两个相邻节点间的线路上无差错地传送以帧(Frame)为单位的数据。每一帧包括数据和必要的控制信息。

**3. 网络层**

网络层是 OSI 参考模型的第三层,其主要功能是将网络地址翻译成对应的物理地址,并决定如何将数据从发送方路由到接收方。相互通信的主机之间可能要经过许多个节点和链路,也可能要经过多个由路由器互联的通信子网。在网络层,数据的传送单位是分组或包。网络层的任务就是选择合适的路由。

**4. 传输层**

传输层是整个网络体系结构中的关键部分,它利用通信子网提供的服务,实现数据可靠、顺序、无差错地从源端传输到目的端(End-to-End)。传输层的任务是负责主机中两个进程之间的通信,其数据传输的单位是报文段(Segment)。

**5. 会话层**

会话层的主要任务是在传输连接的基础上提供增值服务,对端用户间的对话进行协调和管理。利用分段技术和拼接技术来提高数据交换的效率。

**6. 表示层**

表示层如同应用程序和网络之间的"翻译官",完成信息格式的转换。

**7. 应用层**

应用层是用户和网络之间的界面,为用户使用网络提供接口或手段。用户的应用进程利用提供的网络服务进行通信,完成信息处理;而应用层则为用户提供许多网络服务所需要的应用协议。

## 2.2.3　TCP/IP 参考模型

TCP/IP 起源于美国国防部高级研究规划署(ARPA)的一项研究计划——实现若干台主机的相互通信,现在 TCP/IP 已成为 Internet 上通信的标准。TCP/IP 参考模型一般包括 4 个概念层次:

(1)应用层(Application Layer)

(2)传输层(Transport Layer)

(3)网络层(Network Layer)

(4)网络接口层(Network Interface Layer)

TCP/IP 的核心思想是将使用不同底层协议的异构网络,在传输层、网络层建成一个统一的虚拟逻辑网络,以此来屏蔽、隔离所有物理网络的硬件差异,从而实现网络的互联。

**1. TCP/IP 参考模型各层的主要功能**

（1）网络接口层（链路层）

网络接口层主要负责接收从 IP 层传来的 IP 数据报并将 IP 数据报通过底层物理网络发送出去，或者从底层物理网络上接收物理帧，抽出 IP 数据报，交给 IP 层。网络接口有两种类型：第一种是设备驱动程序，如网卡的驱动程序；第二种是含自身数据链路协议的复杂子系统。

（2）网络层（网际层）

网络层的主要功能是负责相邻节点之间的数据传送。主要包括三个方面：

①处理来自传输层的分组发送请求，将分组装入 IP 数据报，填充报头，选择去往目的节点的路径，然后将数据报发往适当的网络接口。

②处理输入数据报：首先检查数据报的合法性，然后进行路由选择，假如该数据报已到达目的节点（本机），则去掉报头，将 IP 报文的数据部分交给相应的传输层协议；假如该数据报尚未到达目的节点，则转发该数据报。

③处理 ICMP（Internet Control Message Protocol）报文：即处理网络的路由选择、流量控制和拥塞控制等问题。为了解决拥塞控制问题，ICMP 采取了报文"源站抑制"（Source Quench）技术，向源主机或路由器发送 IP 数据报，请求源主机降低发送 IP 数据报的速度，以达到控制数据流量的目的。

（3）传输层

传输层的主要功能是在源节点和目的节点的两个进程实体之间提供可靠的端到端的数据传输。TCP/IP 参考模型提供了两个传输层协议：传输控制协议 TCP 和用户数据报协议 UDP（User Datagram Protocol）。

①TCP 协议：TCP 协议是一个可靠的面向连接的传输层协议，它将某节点的数据以字节流形式无差错地投递到互联网的任何一台机器上。

②UDP 协议：UDP 协议是一个不可靠的、无连接的传输层协议，UDP 协议将可靠性问题交给应用程序解决。UDP 协议主要面向请求/应答式的交互式应用。

（4）应用层

传输层的上一层是应用层，应用层包括所有的高层协议。如：

①网络终端协议 Telnet；

②文件传输协议 FTP；

③简单邮件传输协议 SMTP；

④域名系统 DNS；

⑤简单网络管理协议 SNMP；

⑥超文本传输协议 HTTP。

**2. OSI 参考模型与 TCP/IP 参考模型的对应关系**

虽然 OSI 参考模型没有在实际中得到广泛应用，但它的提出在计算机网络历史上还是具有里程碑意义的，许多后来的参考模型都以 OSI 参考模型为参照，TCP/IP 参考模型与OSI 参考模型的对应关系是：TCP/IP 参考模型的应用层对应于 OSI 参考模型的应用层、表示层、会话层；TCP/IP 参考模型的传输层对应于 OSI 参考模型的传输层；TCP/IP 参考模型的网络层对应于 OSI 参考模型的网络层；TCP/IP 参考模型的网络接口层对应于 OSI 参考模型的数据链路层、物理层,如图 2-3 所示。

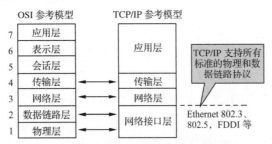

图 2-3  OSI 参考模型与 TCP/IP 参考模型的对应关系

TCP/IP 参考模型之所以能在国际上广泛应用,主要因为以下三点:

(1)TCP/IP 参考模型一开始就考虑到多种异构网(Heterogeneous Network)的互联问题,并将网际协议 IP 作为模型的重要组成部分。而 ISO 和 CCITT 最初只考虑到通过用户标准的公用数据网将各种不同的系统互联在一起。后来,ISO 认识到了网际协议 IP 的重要性,然而已经来不及了,只好在网络层中划分出一个子层来完成类似 TCP/IP 参考模型中 IP 的作用。

(2)TCP/IP 参考模型一开始就面向连接服务和无连接服务,而 OSI 参考模型在开始时只强调连接服务,后来才开始制定无连接服务的有关标准。

(3)TCP/IP 参考模型有较好的网络管理功能,而 OSI 参考模型到后来才开始考虑这个问题,在这方面,两者有所不同。

### 2.2.4  IPv4/ IPv6 地址

在前面对等网的构建中,已经配置过 IP 地址,要使 Internet 上主机间能正常通信,必须给每台计算机一个全球都能接收和识别的唯一标识,它就是 IP 地址,也就是 TCP/IP 协议的网络层使用的地址标识符。

微课 7

IP 地址

**1.IP 地址的作用**

在大型的互联网中需要有一个全局的地址系统,IP 地址能够给每一台主机或路由器分配一个全局唯一的地址。从概念上讲,每个 IP 地址都由两部分构成:网络号和主机号。其中,网络号标识某个网络,主机号标识在该网络上的一台特定的主机。TCP/IP 协议最初使用的是 IPv4,它是一个 32 位的二进制地址,新一代 Internet 使用的协议是 IPv6,它是一个 128 位的二进制地址。

在 Internet 的信息服务中,IP 地址具有以下重要的功能和意义:

(1)唯一的 Internet 网上通信地址。在 Internet 上,每一台计算机都被分配一个 IP 地址,这个 IP 地址在整个 Internet 中是唯一的,在 Internet 中不允许有两个设备具有同样的 IP 地址。

(2)全球认可的通用地址格式。IP 地址是供全球识别的通信地址,要实现在 Internet 上通信,必须采用这种 32 位的通用地址格式,才能保证 Internet 成为向全球开放的互联数据通信系统。它是全球认可的计算机网络标识方法。

(3)工作站、服务器和路由器的端口地址。在 Internet 上,任何一台服务器和路由器的每一个端口都必须有一个 IP 地址。

（4）运行 TCP/IP 协议的唯一标识符。TCP/IP 协议与其他网络通信协议的区别在于，TCP/IP 是上层协议，无论下层是何种拓扑结构的网络，均应统一在上层 IP 地址上。任何网络一旦接入 Internet，均应使用 IP 地址。

（5）若一台主机或路由器连接到两个或多个物理网络，则它可以拥有两个或多个 IP 地址。

**2. IPv4 地址的层次结构和直观表示法**

IP 地址采用分层结构，IP 地址是由网络号（net ID）与主机号（host ID）两部分组成的，如图 2-4 所示。

IPv4 地址由 32 位的二进制数组成，它太长不好记忆，为了方便用户理解记忆，通常采用 4 个十进制数来表示，中间用"."隔开。每个数的取值范围为 0～255，对应二进制数的 8 位，如图 2-5 所示。

用点分十进制数表示　　　　　　用 32 位二进制数表示

129. 8. 16. 25 → 10000001 00001000 00010000 00011001

10. 2. 0. 52 → 00001010 00000010 00000000 00110100

126. 0. 0. 0 → 01111110 00000000 00000000 00000000

192.255. 255. 255 → 11000000 11111111 11111111 11111111

图 2-4　IP 地址采用分层结构　　　　图 2-5　IPv4 地址的直观表示法

（1）IPv4 地址的分类

Internet 将 IPv4 地址分为 5 类（A、B、C、D、E），一般的用户使用 A、B、C 类地址。

①A 类地址：网络地址为 8 位，主机（接口）地址为 24 位，属于大型网络。A 类地址的首位二进制数一定是 0。可分配的 A 类地址共 126 个（全 0 全 1 地址不分配）；每个 A 类地址可容纳主机 16 777 214 台。地址范围是 1.0.0.0～126.255.255.255。10.0.0.0 到 10.255.255.255 是私有地址（所谓的私有地址就是在互联网上不使用，而被用在局域网中的地址）。127.0.0.0 到 127.255.255.255 是保留地址，用来进行循环测试。

②B 类地址：网络地址为 16 位，主机（接口）地址为 16 位，属于中型网络。B 类地址前两位二进制数一定是 10。可分配的 B 类地址共 16 382 个（全 0 全 1 地址不分配）；每个 B 类地址可容纳主机 65 534 台。地址范围是 128.0.0.0～191.255.255.255。172.16.0.0 到 172.31.255.255 是私有地址。

③C 类地址：网络地址为 24 位，主机地址为 8 位，属于小型网络。C 类地址的特征是前三位二进制数一定是 110。可分配的 C 类地址共 2 097 150 个（全 0 全 1 地址不分配）；每个 C 类地址可容纳主机 254 台。地址范围是 192.0.0.0～223.255.255.255。192.168.0.0 到 192.168.255.255 是私有地址。

④D 类地址是组播地址，地址范围是 224.0.0.0～239.255.255.255。

⑤E 类地址保留，用于实验和将来使用，地址范围是 240.0.0.0～247.255.255.255。

IPv4 地址的分类如图 2-6 所示。

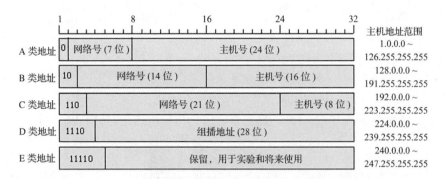

图 2-6　IPv4 地址的分类

IPv4 地址的获取方法如下：

● 最高一级 IP 地址由网络信息中心 NIC(Network Information Center)负责分配。其职责是分配 A 类 IP 地址、授权分配 B 类 IP 地址的组织并有权刷新 IP 地址。

● 分配 B 类 IP 地址的国际组织有三个：InterNIC、APNIC 和 ENIC。ENIC 负责欧洲地区的分配工作，InterNIC 负责北美地区，设在日本东京大学的 APNIC 负责亚太地区。我国的 Internet 地址(B 类地址)由 APNIC 分配，由信息产业部数据通信局或相应网管机构向 APNIC 申请。

● C 类地址由地区网络中心向国家级网络中心(如 CHINANET 的 NIC)申请分配。

(2)特殊 IPv4 地址的分类

①直接广播地址

TCP/IP 协议规定，主机号部分各位全为 1 的 IPv4 地址用于广播。所谓广播地址，是指同时向网上所有的主机发送报文，也就是说，不管物理网络特性如何，Internet 支持广播传输。

● A 类、B 类与 C 类 IP 地址中主机号全 1 的地址为直接广播地址。

● 用来使路由器将一个分组以广播方式发送给特定网络上的所有主机。

● 只能作为分组中的目的地址。

● 物理网络采用的是点对点传输方式，分组广播需要通过软件来实现。

例如：201.1.16.255 就是 C 类地址中的一个广播地址，将信息送到此地址，就是将信息送给网络号为 201.1.16.0 的所有主机，如图 2-7 所示。

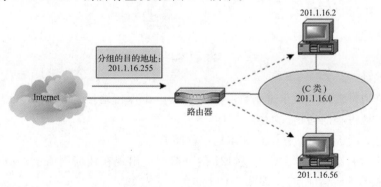

图 2-7　直接广播地址

②有限广播地址

有时需要在本网内广播,但又不知道本网的网络号时,TCP/IP 协议规定 32 位全为 1 的 IP 地址用于本网广播,即 255.255.255.255。

- 网络号与主机号的 32 位全为 1 的地址为有限广播地址。
- 用来将一个分组以广播方式发送给本网的所有主机。
- 分组将被本网的所有主机接收,路由器则阻挡该分组通过,如图 2-8 所示。

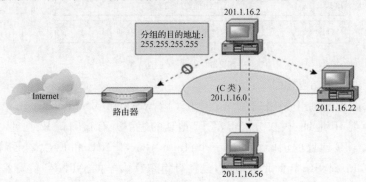

图 2-8  有限广播地址

③本网络上的特定"0"地址

TCP/IP 协议规定,各位全为 0 的网络号被解释成"本网络"。若主机试图在本网内通信,但又不知道本网的网络号,那么,可以利用"0"地址。

- 主机或路由器向本网络上的某台特定的主机发送分组。
- 网络号部分为全 0,主机号为确定的值。
- 这样的分组被限制在本网络内部,如图 2-9 所示。

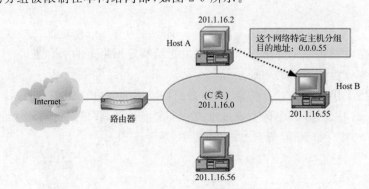

图 2-9  本网络上的特定"0"地址

④回送地址

A 类网络地址的第一段十进制数值为 127,是一个保留地址,如 127.0.0.1 用于网络软件测试以及本地进程间通信。

- 回送地址用于网络软件测试和本地进程间通信。
- TCP/IP 协议规定:含网络号为 127 的分组不能出现在任何网络上;主机和路由器不能为该地址广播任何寻址信息,如图 2-10 所示。

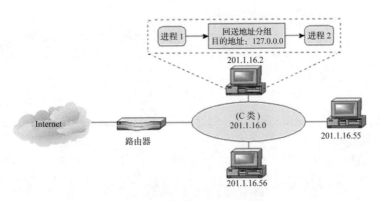

图 2-10　回送地址

### 3. 网络规划

一个网络上的所有主机都必须有相同的网络号。当网络增大时，这种 IP 编址特性会引发问题。所以通常将网络内部分成多个部分，但对外像一个单独网络一样运作，这些网络都称作子网。例如，如果我们原来用的是 B 类地址，当第二个局域网加入时，可将 16 位的主机号分成一个 8 位的子网号和一个 8 位的主机号，如图 2-11 所示。这种分解法可以分出 254 个局域网，每个局域网最多有 254 台主机。

微课 8

子网技术

图 2-11　子网掩码表示方法

在网络外部，子网是不可见的，因此不必与 NIC 联系或改变程序外部数据库，就可以将一个大的网络划分成几个较小的网络，而每一个网络都有自己的子网地址。

当一个 IP 分组到达时，就在路由选择表中查找其目的地址，如果分组是发给远程网络的，它就被转发到表中所提供接口上的下一个路由器；如果是本地主机，它便被直接发送到目的地址。如果目的网络没找到，分组就被转发到有更多扩充表的默认路由器。这一算法意味着每一个路由器仅需要保留其他网络和本地主机的记录，不必记住所有网络、主机地址，从而大大减小了路由表的长度。

（1）子网掩码

子网划分后，如何识别不同的子网？解决办法是采用子网掩码（Subnet Mask）来分离网络号和主机号。子网掩码可用来区分 IP 数据报是否发送到外部网络，每台主机必须设置正确的子网掩码。子网掩码的格式是网络号（包括子网号）部分全为"1"，主机号部分全为"0"。

默认情况下，A、B、C 三类网络的子网掩码见表 2-2。在表中，子网掩码为 1 的位用来定位网络号，为 0 的位用来定位主机号。

表 2-2　　　　　　　　　　　　　默认的子网掩码

| 类型 | 子网掩码位模式 | 子网掩码 |
|---|---|---|
| A | 11111111.00000000.00000000.00000000 | 255.0.0.0 |
| B | 11111111.11111111.00000000.00000000 | 255.255.0.0 |
| C | 11111111.11111111.11111111.00000000 | 255.255.255.0 |

（2）子网编址

子网划分是在原来 IP 地址二级层次结构的基础上，采用三级层次编址方法，如图 2-12 所示。

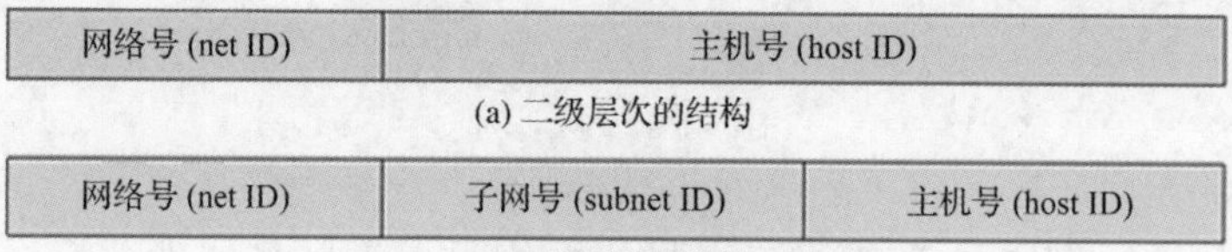

| 网络号 (net ID) | 主机号 (host ID) |
|---|---|

(a) 二级层次的结构

| 网络号 (net ID) | 子网号 (subnet ID) | 主机号 (host ID) |
|---|---|---|

(b) 三级层次的结构

图 2-12　子网划分层次结构图

● 三级层次的 IP 地址是：网络号.子网号.主机号。

● 第一级网络号定义了网点的位置。

● 第二级子网号定义了物理子网。

● 第三级主机号定义了主机和路由器到物理网络的连接。

三级层次的 IP 地址，一个 IP 分组的路由选择的过程分三步：第一步转发给网点，第二步转发给物理子网，第三步转发给主机。

（3）子网规划

我们知道子网编址是采用三级层次编址方法，即将主机号部分"借"位给子网号部分，只要主机号部分能够剩余两位，子网地址可以借用主机号部分的任何位数（但至少应借用两位）。因为 B 类网络的主机号部分只有两个字节，故只能借用 14 位去创建子网。而在 C 类网络中，由于主机号部分只有一个字节，故最多只能借用 6 位去创建子网。

如果选择 C 类网络，可以按照表 2-3 所描述的子网位数、子网掩码、可容纳子网数和主机数对应关系进行子网规划和划分。

表 2-3　　　　　　　　　　　　C 类网络子网划分表

| "借"的子网位数 | 子网掩码 | 可容纳子网数 | 可容纳主机数 |
|---|---|---|---|
| 2 | 255.255.255.192 | 2 | 62 |
| 3 | 255.255.255.224 | 6 | 30 |
| 4 | 255.255.255.240 | 14 | 14 |
| 5 | 255.255.255.248 | 30 | 6 |
| 6 | 255.255.255.252 | 62 | 2 |

如果选择 B 类网络，可以按照表 2-4 所描述的子网位数、子网掩码、可容纳子网数和可容纳主机数对应关系进行子网规划和划分。

表 2-4 B 类网络子网划分表

| "借"的子网位数 | 子网掩码 | 可容纳子网数 | 可容纳主机数 |
|---|---|---|---|
| 2 | 255.255.192.0 | 2 | 16 382 |
| 3 | 255.255.224.0 | 6 | 8 190 |
| 4 | 255.255.240.0 | 14 | 4 094 |
| 5 | 255.255.248.0 | 30 | 2 046 |
| 6 | 255.255.252.0 | 62 | 1 022 |
| 7 | 255.255.254.0 | 126 | 510 |
| 8 | 255.255.255.0 | 254 | 254 |
| 9 | 255.255.255.128 | 510 | 126 |
| 10 | 255.255.255.192 | 1 022 | 62 |
| 11 | 255.255.255.224 | 2 046 | 30 |
| 12 | 255.255.255.240 | 4 094 | 14 |
| 13 | 255.255.255.248 | 8 190 | 6 |
| 14 | 255.255.255.252 | 16 382 | 2 |

**4.变长子网掩码计算**

变长子网掩码 VLSM(Variable Length Subnet Mask)是指不同子网的子网掩码可能有不同的长度,但一旦子网掩码的长度确定了,它们就不变了。这个技术对于高效分配 IP 地址,减小路由表的长度非常有用,但是如果使用不当可能会造成意想不到的错误。

(1)掩码运算

掩码运算是二进制的 IP 地址与子网掩码按位进行"与"运算的过程。例如:将 IP 地址 142.16.2.21 划分子网的"与"运算的过程如图 2-13 和图 2-14 所示。

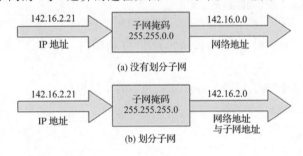

图 2-13　掩码运算的过程

其中 142.16.2.21 划分子网后,网络地址是 142.16.2.0;子网号为 2(换算成十进制数后),主机号为 21。

(2)如何根据主机的 IP 地址判断是否属于同一个子网

在划分子网的情况下,判断两台主机是不是在同一个子网中,看它们的网络号与子网地址是不是相同。

"**实例**"　已知某网络的子网掩码为 255.255.255.192,下面有四台计算机,IP 地址分别是:

①200.200.200.112

②200.200.200.80

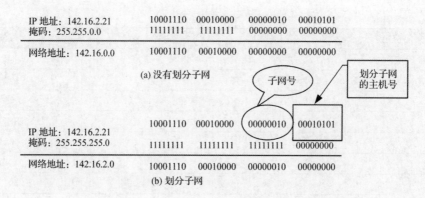

图 2-14　IP 地址与子网掩码按位进行"与"运算

③200.200.200.160

④200.200.200.94

哪些主机的 IP 地址在同一子网？解：先计算出各 IP 地址的子网地址、主机号、子网号：

①200.200.200.112 子网地址是：

11001000 11001000 11001000 01110000　　IP

11111111 11111111 11111111 11000000　　子网掩码

————————————————————————————————

为 11001000 11001000 11001000 01000000　　的子网地址

子网地址为 200.200.200.64

主机号：48

子网号：1

②200.200.200.80 子网地址是：

11001000 11001000 11001000 01010000　　　IP

11111111 11111111 11111111 11000000　　　子网掩码

————————————————————————————————

为 11001000 11001000 11001000 01000000　　的子网地址

子网地址为 200.200.200.64

主机号：16

子网号：1

③200.200.200.160 子网地址是：

11001000 11001000 11001000 10100000　　　IP

11111111 11111111 11111111 11000000　　　子网掩码

————————————————————————————————

为 11001000 11001000 11001000 10000000　　的子网地址

子网地址是 200.200.200.128

主机号：32

子网号：2

④200.200.200.94 子网地址是：

11001000 11001000 11001000 01011110   IP

11111111 11111111 11111111 11000000   子网掩码

———————————————————————————————————————————————————

为 11001000 11001000 11001000 01000000   的子网地址

子网地址是 200.200.200.64

主机号：30

子网号：1

所以，①②④的计算机属于同一子网，而③属于另一子网。

（3）如何利用 VLSM 在局域网上规划子网区间

子网编址是利用 VLSM 计算，它的初衷是避免小型或微型网络浪费 IP 地址，将一个大规模的物理网络划分成几个小规模的子网，各个子网在逻辑上独立，没有路由器的转发，子网之间的主机不能相互通信，有时这种情况是有益的，可避免大面积的广播冲突。

如何利用 VLSM 计算在局域网上规划子区间是网络管理员必须掌握的技能。首先要确定 VLSM，然后再确定各子网地址和 IP 地址的范围。实例见任务 2-2。

**5. IPv6 地址**

目前 Internet 中广泛使用的 IPv4 协议，也就是人们常说的 IP 协议，已经有 40 多年的历史了。随着 Internet 技术的迅猛发展和规模的不断扩大，IPv4 已经暴露出许多问题，而其中最重要的一个问题就是 IP 地址资源的短缺。有预测表明，以目前 Internet 发展的速度来计算，未来所有的 IPv4 地址将分配完毕。尽管目前已经采取了一些措施来确保 IPv4 地址资源的合理利用，如非传统网络区域路由和网络地址翻译，但是都不能从根本上解决问题。

IPv6 是"Internet Protocol Version 6"的缩写，它是 IETF 设计的用于替代现行版本 IP 协议 IPv4 的下一代 IP 协议。IPv6 的主要特点如下：

（1）更大的地址空间：地址长度从 32 位增加到 128 位，使地址空间变成原先的 $2^{96}$ 倍；

（2）简化了头部格式：头部长度变为固定值，取消了头部的检验和字段，加快了路由器处理速度；

（3）协议的灵活性：将选项功能放在可选的扩展头部中，路由器不处理扩展头部，提高了路由器的处理效率；

（4）允许对网络资源预分配：支持实时的视频传输等带宽和时延要求高的应用；

（5）允许协议增加新的功能，使之适应未来技术的发展：可选的扩展头部与数据合起来构成有效载荷。

一个用点分十进制记法的 128 bit 的地址：

104.230.140.100.255.255.255.255.0.0.17.128.150.10.255.255

为了使地址再简洁些，IPv6 使用冒号十六进制记法，它把每个 16 bit 的量用十六进制数表示，各量之间用冒号分隔。

如果前面所给的点分十进制记法的值改为冒号十六进制记法，就变成了：

68:E6:8C64:FFFF:FFFF:0:1180:96A:FFFF

冒号十六进制记法还包含两个使它尤其有用的技术。首先，冒号十六进制记法允许零压缩；其次，冒号十六进制记法可结合有点分十进制记法的后缀。

### 2.2.5 网络中的传输介质

**1. 双绞线**

双绞线是由两根绝缘线按一定的螺距相互绞绕而成的。每根绝缘线由绝缘层和各种颜色的单芯或多芯的金属导线构成；把一根或多根双绞线封装在同一护套内，就成了双绞线电缆；根据护套内有没有屏蔽层，又将双绞线分为非屏蔽双绞线（Unshielded Twisted Pair，UTP）和屏蔽双绞线（Shielded Twisted Pair，STP）。双绞线的绞绕密度越大其抗干扰能力越强。如图 2-15 所示为五类双绞线电缆（非屏蔽）。

图 2-15　五类双绞线电缆（非屏蔽）

双绞线两两缠绕是为了提供更好的电气特性，通过在两根电线之间提供平衡的能量辐射，有效地抑制可能引入的电磁干扰，消除信号的失真。

（1）非屏蔽双绞线 UTP

非屏蔽双绞线（UTP）由 4 对绞绕的铜线所组成，其外部环绕一层塑料外皮，没有屏蔽层，不具有抗外来干扰的能力。但其价格较低，使用率远远大于屏蔽双绞线，我们常见的双绞线大多是非屏蔽双绞线。若无特殊要求，使用非屏蔽双绞线即可。

（2）屏蔽双绞线 STP

屏蔽双绞线（STP）的特征是在双绞线的外部有一层金属层或金属网编制的屏蔽层。金属屏蔽层位于双绞线封套的下面，它的作用是使双绞线在有电磁干扰的环境中也能正常工作，如图 2-16 所示。

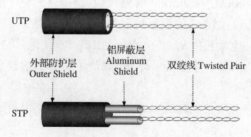

图 2-16　UTP 和 STP 的区别

**2. 同轴电缆**

同轴电缆也是一种常用的传输介质，主要应用于有线电视网、电视天线馈线和局域网。同轴电缆的基本结构为：轴心为一根铜制导线，也可以是多股铜线，轴心被均匀的绝缘层包裹，在绝缘层外边包裹着外导体（通常为网状），最外边为塑料护套。同轴电缆种类较多，各国定义也不同，所以标号各异。

通常的标注方式有两种：以其特性阻抗分类可分为 50 Ω、75 Ω、93 Ω 等，一般 50 Ω 电缆用于传输数字信号，75 Ω 电缆用于传输电视信号；按直径分类可分为粗缆和细缆等。根据绝缘层的材质不同和尺寸精度不同，同轴电缆的最高传输频率差异非常大，选用时一定要慎重。

常用的同轴电缆有以下几种型号：

RG-8 或 RG-11　　　　50 Ω（粗缆，用于计算机网络，如图 2-17 所示）

RG-58　　　　　　　　50 Ω（细缆，用于计算机网络，如图 2-18 所示）

RG-59　　　　　　　　75 Ω（用于电视系统）

RG-62　　　　　　　　93 Ω（用于 ARCnet 网络和 IBM3270 网络）

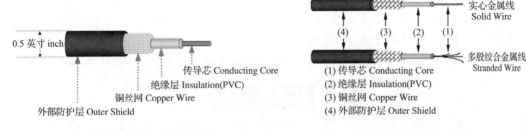

图 2-17　RG-8 或 RG-11 粗缆　　　　　　　　　　图 2-18　RG-58 细缆

粗缆传输距离长，性能高，但成本也高，主要用于大型局域网干线，连接时两端需连终结器。粗缆与外部收发器相连，收发器与网卡之间用 AUI 电缆相连，网卡必须有 AUI 接口，每段 500 m，100 个用户，使用 4 个中继器最长可达 2 500 m，收发器之间电缆最短 2.5 m，最长限制 50 m，如图 2-19 所示。

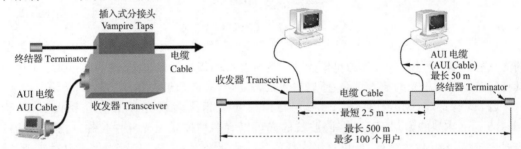

图 2-19　RG-8 或 RG-11 粗缆连接规范

细缆传输距离短，相对便宜，使用 T 型头与有 BNC 接头的网卡相连，两端安装 50 Ω 终端电阻器来削弱信号反射。每段 185 m，可使用 4 个中继器，最长为 925 m，每段 30 个用户，两个 T 型头之间最小距离为 0.5 m，如图 2-20 所示。

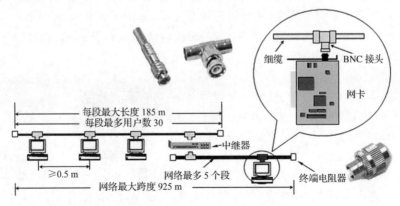

图 2-20　RG-58 细缆连接规范

在同等使用条件下,同轴电缆对高频信号的衰减小,对外辐射小,利于高频信号的传输。由于带宽比较宽,同轴电缆可以进行频分复用,我们现在使用的有线电视网在有限的带宽中可以传输 120 路电视节目。传输距离和传输速率成反比。

**3. 光纤**

光纤是光导纤维的简称,是一种光导体。随着科技的发展,光纤逐渐应用于各个领域,光纤传输依靠光波承载信息,速率高,通信容量大,仅受光电转换器件的限制(传输速率大于 100 Gbit/s),传输损耗小,适合长距离传输,抗干扰性能极好,保密性强,目前遍及全球的互联网主干信道所用的传输介质主要是光纤。

光纤的种类很多,最常用的分类方法为按传输光波模式分类,如图 2-21 所示。

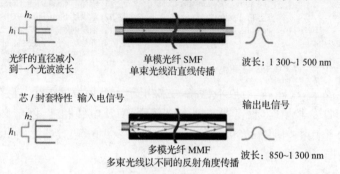

图 2-21　单模光纤、多模光纤传输模式

(1)单模光纤(Single Mode Fiber):单模光纤的纤维直径很小,只有 $4\sim10\ \mu m$,同波长的光只能传输一种模式,故称为单模光纤。这种光纤的传输频带很宽,传输容量大。但因为其直径较小不利于光的输入耦合,所以输入设备复杂,只适合于大容量、长距离传输。

(2)多模光纤(Multi Mode Fiber):与单模光纤相比多模光纤的直径要大得多,为 $50\sim75\ \mu m$(典型的为 $62.5\ \mu m$),同波长的光可以有多种模式在光纤中传输。由于传输的模式比较多,容易发生色散,所以这种光纤的传输频带较窄,传输容量小;由于直径较大,输入耦合容易,设备简单,使用范围较单模光纤更广泛。多模光纤中非均匀光纤的色散较小,使用的范围最广。

**4. 无线传输介质**

无线传输介质一般指的是摸不着、看不到的传输介质,或者不是人为架设的传输介质。一般使用电磁波或光波携带信息,无须物理线路连接,适用于长距离或不便布线的场合,但易受外界干扰。常用的无线传输介质主要有:无线电波(Radio Wave)、微波(Microwave)和卫星、红外线(Infrared Ray)等。

(1)无线电波

无线电波是电磁波的一部分,它指的是频率在 $0\sim300$ MHz 这一频段的电磁波。在这个频段内的电磁波被人为地划分为几个不同的波段,不同的波段有不同的用途,如图 2-22 所示各波段传播的方式各不相同,长波和超长波因为波长很长(超过 1000 m),是以地波的方式进行传播的;中波的波长在百米级,以天波和地波两种方式进行传播;短波和超短波以天波的方式进行传播。

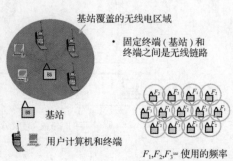

图 2-22　无线电波传输

但无线电波波段很少用来进行数据传输,原因有两个:一个是它们的带宽有限,能传输的数据量有限;另一个是此频段开发较早,大部分频段已经被占用,可利用频段较少。

(2)微波和卫星

微波和卫星其实使用的是同一个频段,也就是 300 MHz～3 000 GHz 这一频段。在这一频段电磁波的波长已经降到分米级,已不能绕开建筑物和其他障碍物。在这一频段电磁波只能以直线的方式进行传播。

这里所说的微波指的是用来传送地面站信息的微波网。微波沿地面直线传播,由于地球具有表面曲率,在一定的距离以后,所发的信号就不再被有效接收,为了解决这一问题,每隔几十千米就要建一个中继站,如图 2-23 所示。这种传播方式投资大,易受干扰,一个或几个中继站出问题就会全线瘫痪。在早期的电视信号传输中就是利用这种方式,其效果非常不好,所以,通常也不利用它来传输计算机信息。

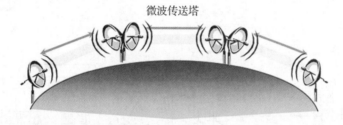

图 2-23　微波的中继站传输

在这一频段里,另一种途径——卫星通信,如图 2-24 所示,卫星位于一个相对固定的位置(一般在赤道上空 22 300 km 的同步轨道上),作为转发器。由卫星的地面站将信息进行处理并发送到卫星上(这一过程称为上传),再由卫星将信号进行放大后发向指定区域(此过程称为转发)。中间电磁波要两次经过电离层,电离层对电磁波有吸收作用。所以在使用卫星进行转发的时候,信号要有足够大的功率和选择受吸收影响最小的频段,才能保证传输的顺利进行。卫星

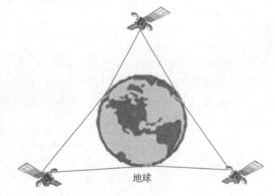

图 2-24　地球同步卫星传输

在这一过程中将信号进行放大,以保证有足够大的功率来穿透电离层。

(3)红外线

红外线传输是指将红外线作为传输手段的信号传输,它使用的频率远高于微波,已接近于可见光的频率,常用于小范围的传输,例如:一间教室或屋子里。而且红外线传输不需要天线,它使用发射器和接收器来完成通信,因此使用时一般要求红外线发射器直接对准接收器。正是因为红外信号要求视距传输,窃听困难,安全性好,对临近区域的类似系统也不会产生干扰。红外线频谱是非常宽的,所以用红外线传输数据可以获得很高的速率,实际应用中红外线无线局域网 LAN 速率可以在 100 Mbit/s 以上。当然红外线无线通信有很多缺点,它受日光、环境照明、雾雨天气等影响较大,一般要求发射功率较高,而且中间不能有障碍物。

## 🧭 2.3 项目实践

 任务 2-1 制作双绞线和信息插座

**1. 直连线**

所谓的直连线是指双绞线两端的发送端口与发送端口直接相连,接收端口与接收端口直接相连。例如:PC 等网络设备连接到HUB,如图 2-25 所示。

微课 9

双绞线的制作与测试

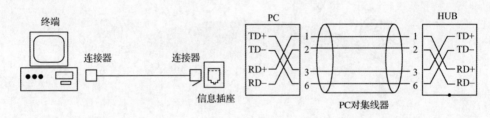

图 2-25 直连线

**2. 交叉线**

所谓的交叉线即指双绞线两端的发送端口与接收端口交叉相连。例如:

(1)集线器(交换机)与集线器(交换机)通过普通 RJ-45 端口进行连接,如图 2-26 所示。

(2)两台计算机间的直接双绞线连接也是用交叉线。

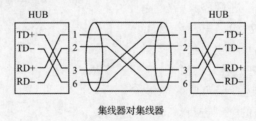

图 2-26 交叉线

**3. 集线器(交换机)级联中 UP-Link 端口的使用**

市场上很多集线器(交换机)配有 UP-Link 端口,如图 2-27 所示,通常集线器(交换机)的 UP-Link 端口与 1 号端口并联,使用某台集线器(交换机)的 UP-Link 端口,该台集线器(交换机)的 1 号端口就不能使用,反之也同样。集线器(交换机)的 UP-Link 端口与集线器(交换机)普通端口进行连接时使用直连线,如图 2-28 所示。

图 2-27 集线器(交换机)的 UP-Link 端口

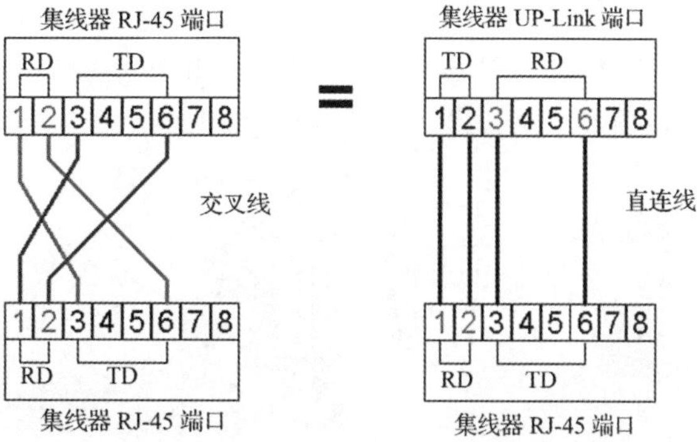

图 2-28 集线器(交换机)级联中 UP-Link 端口的使用

**4. RJ-45 水晶头与网线的制作**

(1)剥线:用剥线工具在离双绞线一端 130 mm 左右的地方把双绞线的外包皮剥去,简易的剥线工具和剥线后的双绞线如图 2-29 所示。

(2)线头排序:对于 RJ-45 水晶头 4 对双绞线的接法在综合布线中主要有两种,一是 T568A 标准,二是 T568B 标准。T568A 中 RJ-45 水晶头接法如图 2-30 所示。T568B 中 RJ-45 水晶头接法如图 2-31 所示,在这里,以 T568B 为例进行演示。

图 2-29 剥线

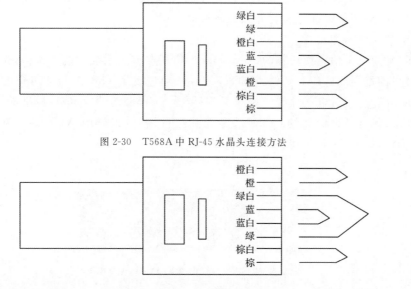

图 2-30 T568A 中 RJ-45 水晶头连接方法

图 2-31 T568B 中 RJ-45 水晶头连接方法

(3)整线按照 T568B 标准中的线序,打开每对双绞线,排列整齐。

(4)剪下多余的线头,剪下的长度以护线套能刚好压入 RJ-45 水晶头内为准。

(5)插入 RJ-45 水晶头中,如图 2-32 所示。

注意:插入 RJ-45 水晶头时,不要弄乱排好的线序。

（6）压线

把插好的 RJ-45 水晶头放入专用压线钳的槽内，注意再检查一下排好的线序和护线套是否插入水晶头内，然后用压线钳压牢，如图 2-33 所示。

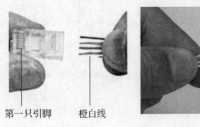
第一只引脚　橙白线
图 2-32　插线

图 2-33　压线

重复（1）～（6）步骤制作线缆的另一头。

（7）双绞线的测试

①把线缆两头分别插入网络测试仪两侧的连接口上。

②按 ON 键，测试仪两排灯会循环显示 1～8 号线的连接情况，如果两排灯亮的顺序不同，表示线序错了；如果出现几号灯不亮的情况，表明几号线不通。

**注意**：一旦测试没有成功，就只能重新制作线缆，因为 RJ-45 水晶头是一次性用品。

**5. 信息模块的安装**

信息模块的安装与线缆制作有所不同，它除了要选择布线标准外，还与布线产品有关。下面以 AMP NetConnect 结构化布线系统产品为例。

（1）信息模块的种类

AMP 的超五类信息模块作为 NetConnect 超五类布线系统中的一部分，是布线子系统连接计算机的重要部件；AMP 的超五类信息模块通过线序 T568A 与 T568B 色序标签同时清晰标注于模块上；其电气性能稳定可靠，只要选择 T568A 或 T568B 标准的线序，按其要求接好线缆，就可通过标准的 110 配线架打线进行端接，也可用 AMP 的超五类紧凑式模块、免打模块，如图 2-34 所示。

T568A 与 T568B
色序标签
图 2-34　RJ-45 普通模块、紧凑式模块、免打模块

（2）信息模块的制作

了解了以上信息模块的线序跳线规则后，就可以利用所介绍的材料和打线工具制作信息模块了。具体的制作步骤如下：

①用剥线工具在离双绞线一端 130 mm 左右的地方把双绞线的外包皮剥去，如图 2-35 所示。

②如果有信息模块打线保护装置，则可将信息模块嵌入保护装置。

**注意**：通常情况下，信息模块上会同时标记有 T568A 和 T568B 两种芯线颜色线序，应当根据布线设计时的规定,与其他连接和设备采用相同的线序,如图 2-36 所示。

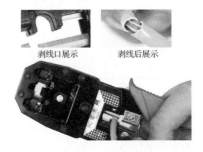

图 2-35　剥线

图 2-36　信息模块两边同时标记有 T568A 和 T568B 线序

③把剥开的 4 对双绞线芯线分开,但为了便于区分,此时最好不要拆开各芯线线对,只是在卡相应芯线时才拆开。按照信息模块上所指示的芯线颜色线序(此例按 T568B),两手平拉上一小段对应的芯线,稍稍用力将芯线一一置入相应的线槽内,如图 2-37 所示。

④全部芯线都嵌入好后即可用打线钳把芯线一根根进一步压入线槽中(也可在第③步操作中完成一根即用打线钳压入一根,但效率低些),确保接触良好,如图 2-38 所示。然后剪掉模块外多余的芯线。

⑤将信息模块的塑料防尘片沿缺口穿入双绞线,并固定于信息模块上,如图 2-39 所示,压紧后即可完成信息模块的制作全过程。然后再把制作好的信息模块放入信息插座中。

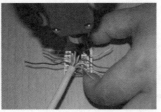

图 2-37　将芯线拉直置入线槽内　　图 2-38　用打线钳将芯线压入线槽　　图 2-39　将信息模块的防尘片穿入双绞线固定在信息模块上

信息模块制作好后当然也可以测试一下连接是否良好,此时可用万用表进行测量。把万用表的挡位打在×10 的电阻挡,使万用表的一个表笔与网线的另一端相应芯线接触,另一表笔接触信息模块上卡入相应颜色芯线的卡线槽边缘(注意:不是接触芯线),如果阻值很小,则证明信息模块连接良好,否则再用打线钳压一下相应芯线,直到通畅为止。

**任务 2-2**　　**规划与配置 IPv4 地址**

“实例”　一个公司的网络管理员从网络管理中心获得一个 C 类 IP 地址 192.168.1.0,需要划分 12 个子网,每个子网至少可容纳 10 台计算机,要求网络管理员规划各子网区间。
步骤:

(1)确定变长子网掩码 VLSM,首先要确定“借”的子网位数,查阅表 2-3 可得出应该“借”4 位。如果实际工作中没法查表可求解 $2^n - 2 \geqslant 12$(全 0 全 1 地址两个子网不分配),得出 $n \geqslant 4$,即“借”4～6 位,但由于每个子网至少可容纳 10 台计算机,借 5 位后子网主机位数余 3 位,$2^3=8$,只能容纳 8 台计算机,不能满足条件,于是只能有一个答案即"借"4 位,所以确定变长子网掩码 VLSM 为 255.255.255.240,如图 2-40 所示。

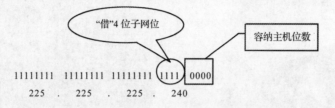

图 2-40 确定变长子网掩码 VLSM

(2)确定变长子网掩码 VLSM 为 255.255.255.240 后,就可分别确定 192.168.1.0 各子网地址和相应的 IP 地址范围。1 号子网的地址是 192.168.1.16,如图 2-41 所示。

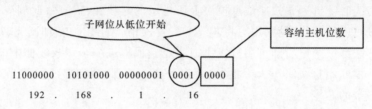

图 2-41 确定子网地址

(3)确定 1 号子网的地址是 192.168.1.16 后,可从低位到高位确定相应的 IP 地址范围,注意全 1 的地址是直接广播地址。如图 2-42 所示。

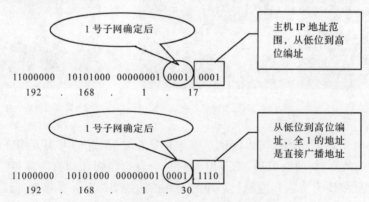

图 2-42 确定 1 号子网相应的 IP 地址范围

(4)以同样的方法就可确定所有的子网地址和相应的 IP 地址范围,见表 2-5。

表 2-5 192.168.1.0 在掩码为 255.255.255.240 时的地址分配表

| 子网 | 子网掩码 | IP 地址范围 | 子网地址 | 直接广播地址 | 有限广播地址 |
| --- | --- | --- | --- | --- | --- |
| 1 | 255.255.255.240 | 192.168.1.17~.30 | 192.168.1.16 | 192.138.1.31 | 255.255.255.255 |
| 2 | 255.255.255.240 | 192.168.1.33~.46 | 192.168.1.32 | 192.138.1.47 | 255.255.255.255 |
| 3 | 255.255.255.240 | 192.168.1.49~.62 | 192.168.1.48 | 192.138.1.63 | 255.255.255.255 |
| 4 | 255.255.255.240 | 192.168.1.65~.78 | 192.168.1.64 | 192.138.1.79 | 255.255.255.255 |
| 5 | 255.255.255.240 | 192.168.1.81~.94 | 192.168.1.80 | 192.138.1.95 | 255.255.255.255 |
| 6 | 255.255.255.240 | 192.168.1.97~.110 | 192.168.1.96 | 192.138.1.111 | 255.255.255.255 |

| 子 网 | 子网掩码 | IP 地址范围 | 子网地址 | 直接广播地址 | 有限广播地址 |
|---|---|---|---|---|---|
| 7 | 255.255.255.240 | 192.168.1.113~.126 | 192.168.1.112 | 192.138.1.127 | 255.255.255.255 |
| 8 | 255.255.255.240 | 192.168.1.129~.142 | 192.168.1.128 | 192.138.1.143 | 255.255.255.255 |
| 9 | 255.255.255.240 | 192.168.1.145~.158 | 192.168.1.144 | 192.138.1.159 | 255.255.255.255 |
| 10 | 255.255.255.240 | 192.168.1.161~.174 | 192.168.1.160 | 192.138.1.175 | 255.255.255.255 |
| 11 | 255.255.255.240 | 192.168.1.177~.190 | 192.168.1.176 | 192.138.1.191 | 255.255.255.255 |
| 12 | 255.255.255.240 | 192.168.1.193~.206 | 192.168.1.192 | 192.138.1.207 | 255.255.255.255 |
| 13 | 255.255.255.240 | 192.168.1.209~.222 | 192.168.1.208 | 192.138.1.223 | 255.255.255.255 |
| 14 | 255.255.255.240 | 192.168.1.225~.238 | 192.168.1.224 | 192.138.1.239 | 255.255.255.255 |

（5）按规划好的子网地址区间配置各台计算机，如图 2-43 所示。

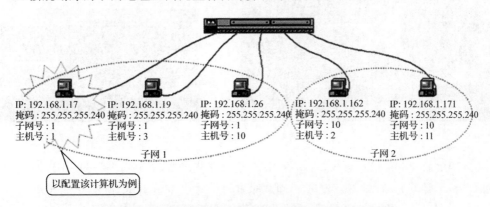

图 2-43　按规划配置计算机

（6）配置计算机的 IP 地址和子网掩码，如图 2-44 所示。

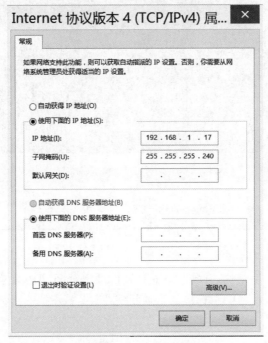

图 2-44　配置 IP 地址和子网掩码

任务 2-3    使用 IPv6 协议

由于 Windows 7 已经集成了 IPv6 协议栈,所以不用下载 IPv6 的协议软件包,可以通过下面方法完成 IPv6 协议的安装。

(1)单击"开始"→"运行",输入"cmd",输入 ipconfig 命令显示当前网卡的配置信息,如图 2-45 所示。

(2)输入"ipv6 install"命令开始安装,系统自动完成 IPv6 的安装,如图 2-46 所示。Windows Vista/7 以上版本的用户默认安装。

图 2-45    打开 cmd 窗口                          图 2-46    安装 IPv6 协议

(3)再次输入 ipconfig 命令,可检查 IPv6 是否安装成功,见到有":"号的 IP 地址就可以访问 IPv6 的资源了,如图 2-47 所示。卸载时可使用 ipv6 uninstall 命令。

图 2-47    检查 IPv6 协议安装情况

## 🧭 项目实训 2    了解计算机网络体系结构

【实训目的】

认识计算机网络体系结构,并能用 Visio 软件画出 TCP/IP 参考模型与 OSI 参考模型的对应关系,并制作一根 T568A 标准的直通线网线。

【实训环境】

每人为一组，每人一台装有 Microsoft Office 和 Visio 工具软件的计算机，一把剥线钳、一把压线钳、网线 1 m、水晶头两个。

【实训内容】

1. 根据你对计算机网络体系结构的认识，使用 Visio 软件画出 TCP/IP 参考模型与 OSI 参考模型的对应关系。

2. 阐述 TCP/IP 参考模型与 OSI 参考模型相同和不同的特点。

3. 制作一根两端符合 T568A 标准的直通线网线。

## 项目习作 2

一、填空题

1. OSI 参考模型将网络分为 _____ 层、_____ 层、_____ 层、_____ 层、_____ 层、_____ 层和 _____ 层。

二、单项选择题

1. 在 TCP/IP 参考模型中，与 OSI 参考模型的网络层对应的是(    )。

A. 主机-网络层　　　　B. 互联层　　　　　　C. 传输层　　　　　　D. 应用层

2. 在 OSI 参考模型中，保证端-端的可靠性是在哪个层上完成的？(    )

A. 数据链路层　　　　B. 网络层　　　　　　C. 传输层　　　　　　D. 会话层

三、问答题

1. 计算机网络为什么采用层次化的体系结构？

2. 一个主机的 IP 地址为 192.168.5.121，子网掩码为 255.255.255.248，该主机的子网地址、主机号和子网号是多少？写出计算过程。

项目
03

# 组建单子网的小型局域网

🧭 **3.1 项目描述**

局域网(Local Area Network,LAN)是社会中使用最多的网络。单子网的小型局域网更是企业和家庭最常见的组网形式。利用 Cisco 的模拟器组建小型办公/家庭网络,可以根据网络互联的规模、管理的成本等方面需求,选择使用各类 HUB、交换机等设备进行组网。

本项目对应的工作任务见表 3-1。

表 3-1　　　　　　　　　　　　　　项目对应的工作任务

| 工作项目(企业需求) | 教学项目(工作任务) | 参考课时 |
|---|---|---|
| 在计算机上,搭建 Cisco 模拟器环境,为今后的组网实验搭建平台;在此环境上组建小型办公/家庭网络;并利用 ping 和 ipconfig 命令检查网络的可用性 | 任务 3-1:使用 Cisco Packet Tracer 8.0 软件。在计算机上安装 Cisco Packet Tracer 8.0 软件,并对它进行汉化,搭建 Cisco 模拟器环境,为今后的组网实验搭建平台 | 1.5 |
| | 任务 3-2:组建小型办公/家庭网络。在 Cisco Packet Tracer 8.0 平台上组建小型办公/家庭网络,并熟悉 IP 地址的配置和保存 | 1.5 |
| | 任务 3-3:使用 ping 和 ipconfig 命令。在 Cisco Packet Tracer 8.0 平台上组建小型办公/家庭网络后,使用 ping 和 ipconfig 命令检查网络的可用性 | 1 |
| 思政融入和项目职业素养要求 | 在讲解以太网发展时,可以事先留下问题,学生分组查阅资料,了解局域网的组建方式、使用的传输介质。学生根据目前网络的发展提出设想,通过何种技术能够快速地提升网络速率、满足用户需求。号召学生勇于思考,勇于创新,使我国的网络技术能够赶超发达国家,培养学生树立国家荣誉感 | |

🧭 **3.2 项目知识准备**

### 3.2.1 局域网的特点

局域网(LAN)是将较小地理范围内的各种数据通信设备连接在一起的通信网络。其特点是地理范围有限、传输速率高、延迟小、误码率低、易于管理和控制。适用于企业、学校、楼宇等。

LAN 不是单纯的计算机网络,从广义上讲,计算机化的电话交换机也属于 LAN。LAN 支持多对多的通信,即连在 LAN 中的任何一个设备都能与网上的任何其他设备直接进行通信。LAN 中的“设备”是广义的,它包括连在传输介质上的任何设备。LAN 地域范围适中,通常在 20 km 之内。LAN 是通过物理信道通信的,常用介质有同轴电缆、双绞线和光纤等。LAN 的信道通常以适中的数据速率传输信息。

局域网是一个通信网络,它仅提供通信功能。从 OSI/RM 看,它仅包含了最低两层(物理层和数据链路层)的功能,所以连到局域网的数据通信设备必须加上高层协议和网络软件才能组成计算机网络。

局域网连接的是数据通信设备,包括:微型计算机、高档工作站、服务器等大、中、小型计算机、终端设备和各种计算机外围设备。

局域网传输距离有限,网络覆盖的范围小。主要特点如下:

1. 局域网覆盖的地理范围比较小;

2. 数据传输速率高;

3. 传输延时小;

4. 出错率低;

5. 局域网属单一组织拥有。

### 3.2.2　局域网的参考模型

20 世纪 80 年代初,美国电气和电子工程师学会 IEEE 802 委员会结合局域网自身的特点,参考 OSI 参考模型提出了局域网的参考模型(LAN/RM),制定出局域网体系结构,IEEE 802 标准诞生于 1980 年 2 月,故称为 802 标准。

由于计算机网络的体系结构和国际标准化组织(ISO)提出的开放系统互联参考模型(OSI/RM)已得到广泛认同,并提供了一个便于理解、易于开发和加强标准化的统一的计算机网络体系结构,因此,局域网参考模型参考了 OSI 参考模型。根据局域网的特征,局域网的体系结构一般仅包含 OSI 参考模型的最低两层:物理层和数据链路层,如图 3-1 所示。

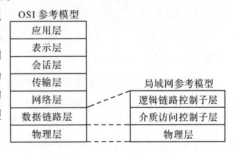

图 3-1　局域网的参考模型

**1. 物理层**

物理层的主要作用是处理机械、电气、功能和规程等方面的特性,确保在通信信道上二进制位信号的正确传输。其主要功能包括信号的编码与解码,同步前导码的生成与去除,二进制位信号的发送与接收,错误校验(CRC 校验),提供建立、维护和断开物理连接的物理设施等。

**2. 数据链路层**

在 OSI 参考模型中,数据链路层的功能简单,它只负责把数据从一个节点可靠地传输到相邻的节点。在局域网中,多个站点共享传输介质,在节点间传输数据之前必须首先决定由哪个设备使用传输介质,因此数据链路层要有介质访问控制功能。由于介质的多样性,必须提供多种介质访问控制方法。为此,IEEE 802 标准把数据链路层划分为两个子层:逻辑链路控制(Logical Link Control,LLC)子层和介质访问控制(Media Access Control,MAC)子层。LLC 子层负责向网络层提供服务,它提供的主要功能是寻址、差错控制和流量控制等;MAC 子层的主要功能是控制对传输介质的访问,不同类型的 LAN,需要采用不同的控制方法,并且在发送数据时负责把数据组装成带有地址和差错校验段的帧,在接收数据时负责把帧拆封,执行地址识别和差错校验。

尽管将局域网的数据链路层分成了 LLC 和 MAC 两个子层,但这两个子层都是要参与数据的封装和拆封过程的,不是只由其中某一个子层来完成数据链路层帧的封装及拆封。在发送方,网络层下来的数据分组首先要加上 DSAP(Destination Service Access Point)和 SSAP(Source Service Access Point)等控制信息,在 LLC 子层被封装成 LLC 帧,然后由 LLC 子层将其交给 MAC 子层,加上 MAC 子层相关的控制信息后被封装成 MAC 帧,最后由 MAC 子层交局域网的物理层完成物理传输;在接收方,则首先将原始比特流还原成 MAC 帧,在 MAC 子层完成帧检验和拆封后变成 LLC 帧交给 LLC 子层,LLC 子层完成相应的帧检验和拆封工作,将其还原成网络层的分组上交给网络层。

### 3.2.3 局域网的分类

**1. 以太网(Ethernet)**

以太网以其高度灵活、技术简单、易于实现的特点,成为当今最重要的一种局域网。虽然其他网络技术也曾经被认为可以取代以太网技术的地位,但是绝大多数的网络管理人员仍然将以太网作为网络解决方案的首选。为了使以太网更加完善,就必须解决以太网目前所面临的各种问题和局限,一些业界主导厂商和标准制定组织不断地对以太网规范做出修订和改进。也许,有的人会认为以太网的扩展性能相对较差,但是以太网所采用的传输机制仍然是目前网络数据传输的重要基础。

以太网主要有三种不同的局域网技术,以太网是一种多点共享公共传输介质的网络,使用的是 IEEE 委员会在 1985 年颁布的 IEEE 802.3 以太网标准,它包括:

(1)10 Mbit/s 以太网:又称为传统以太网,采用同轴电缆或双绞线作为网络传输介质,传输速率达到 10 Mbit/s。

IEEE 802.3 定义的传统以太网线缆标准如下:

- IEEE 802.3 ——同轴电缆
- IEEE 802.3a ——细缆
- IEEE 802.3i ——双绞线
- IEEE 802.3j ——光纤

(2)100 Mbit/s 以太网:又称为快速以太网,采用双绞线作为网络传输介质,传输速率达到 100 Mbit/s。

IEEE 802.3 定义的快速以太网(FE)线缆标准如下:

IEEE 802.3u ——双绞线,光纤

(3)1 000 Mbit/s 以太网:又称为千兆以太网,采用光缆或双绞线作为网络传输介质,传输速率达到 1 000 Mbit/s(1 Gbit/s)。IEEE 802.3 定义的千兆以太网(GE)线缆标准如下:

- IEEE 802.3z —— 屏蔽短双绞线、光纤
- IEEE 802.3ab —— 双绞线

以太网是由 Xeros 公司开发的一种基带局域网技术,早期使用同轴电缆作为网络传输介质,采用带冲突检测的载波监听多路访问技术(CSMA/CD),数据传输速率达到 10 Mbit/s。虽然以太网是由 Xeros 公司早在 20 世纪 70 年代最先研制成功的,但是如今以太网一词更多地被用来指各种采用 CSMA/CD 技术的局域网,以太网被设计成用来满足非持续性网络数据传输的需要。1980 年 Xeros、DEC 与 Intel 联合宣布 Ethernet V 2.0 规范,这个 20 世纪 80 年代制定的 10Base-T 标准使得 Ethernet 性价比大大提高;而 IEEE 802.3 规范则是基于最初的以太网技术于后来制定的,但 Ethernet V 2.0 规范与 IEEE 802.3 规范相互兼容。

由于以太网是一种多点共享公共传输介质的网络,必须采用 CSMA/CD 介质访问控制方法,它是 Ethernet 的核心技术。目前,交换式 Ethernet 与最高速率为 10 Gbit/s 的高速 Ethernet 的出现,更确立了它在局域网中的主流地位。

**2. 令牌环网(Token Ring)**

令牌环网(Token Ring)是通过传输介质将所有站点串联起来形成的环状网络,它最早是由 IBM 公司开发的,现在一般也只在有 IBM 主机的网络中使用,在其他网络中用得很少。

环网的拓扑结构是所有节点依次相连而形成的一个封闭环路。信息传输是单向和逐点传送的。环网中设置一个令牌,只有持有令牌的节点才能发送信息。令牌有两种状态:"空"(Free)、"忙"(Busy)。当空令牌传递到待发送信息的站点时,会立即在令牌后附加需发送的数据和目的地址,并将令牌的状态标记为"忙",数据报绕环传输,只有地址相同的节点才能接收(复制)该信息,当数据报回到发送站时,发送站将数据报移去,并将忙令牌置为空令牌。

令牌环是一种适用于环型网络的分布式介质访问控制方式,已由 IEEE 802 委员会建议成为局域网控制协议标准之一,即 IEEE 802.5 标准。在令牌环网中,令牌也叫通行证,它具有特殊的格式和标记。具有广播特性的令牌环访问控制方式,还能使多个站点接收同一个信息帧,同时具有对发送站点自动应答的功能。其访问控制过程如图 3-2 所示。

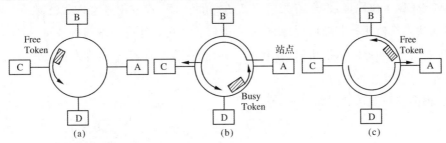

图 3-2 令牌环网工作图

### 3.2.4 局域网介质的访问控制方法

CSMA/CD 是带冲突检测的载波监听多路访问技术(Carrier Sense Multiple Access with Collision Detection)。在以太网(Ethernet)中,任何节点都不能事先预约发送,所有节点发送都是随机的,而且网络中没有集中的管理控制,所有节点平等地竞争发送时间,这种随机竞争的控制方式正是 CSMA/CD 的精髓,如图 3-3 所示。

微课10

介质访问控制方法——
CSMA 或 CD 技术

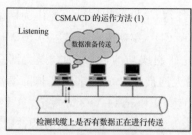
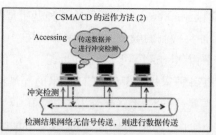
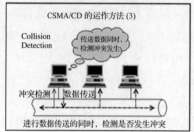
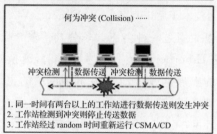

图 3-3　CSMA/CD 是带冲突检测的载波监听多路访问技术

　　传统局域网的介质访问控制方法采用的是"共享介质"方式,所有节点都通过公共传输介质传输和接收数据,但不允许两个以上的节点同时发送数据,就像前面提到的"半双工"传输。正因为这种"共享"式局域网,所有节点都是半双工的,发送或接收数据是通过共享传输介质以"广播"方式传送,因此出现"冲突(Collision)"是不可避免的,"冲突"会造成传输失败,必须解决多个节点访问总线的介质访问控制(Medium Access Control,MAC)问题,如图 3-4 所示。

　　目前最流行的局域网——以太网(Ethernet)就是使用 CSMA/CD 介质访问控制来解决上述冲突问题的。

　　CSMA/CD 工作原理:发送前先监听信道是否空闲,若空闲则立即发送数据。在发送时,边发送边继续监听。若监听到冲突,则立即停止发送。等待一段随机时间(又称为退避)以后再重新尝试。总体来说,可以归结为 4 句话:"发前先侦听,空闲即发送,边发边检测,冲突时退避。"

　　用流程图实现发送流程如图 3-5 所示。

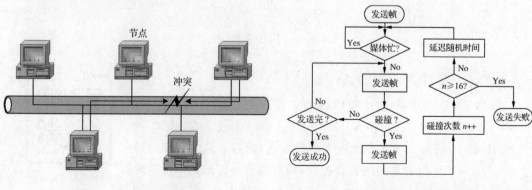

图 3-4　传统局域网的冲突　　　　　　　　图 3-5　CSMA/CD 的发送流程

**3.3　项目实践**

 任务 3-1　**使用 Cisco Packet Tracer 8.0 软件**

　　Cisco Packet Tracer 是一款功能强大的网络模拟器,是专门为网络初学者去完成设计、配置、排除网络故障等而提供网络模拟环境的辅助学习工具,有很多特色的功能,能够有效地帮助学习 CCNA 课程的网络初学者,适用于 CCNA TM 和 CCNP TM 认证考试培训,使学生能够创建具有几乎无限数量的设备的网络,非常实用。Cisco Packet Tracer 8.0 的新功能是 SDN 网络控制器以及 API 编程功能,可以使用实际的编程工具(卷曲、Python 请求、VS 代码等)从主 PC 上访问它,引入了新的 GUI 外观以及新的 Packet Tracer 初始屏幕,具有一系列模拟的路由和交换协议,可以培养学生获得创造性和批判性思维,有利于教学和复杂技术概念的学习,它向用户提供更好的仿真、可视化、编辑、评估和协作能力。

　　**1. Cisco Packet Tracer 8.0 的安装**

　　(1)首先双击运行"PacketTracer800_Build212_64bit_setup-signed.exe"程序,接受安装许可协议,如图 3-6 所示。

　　(2)按默认目录进行安装,当然用户也可自行安装,填写安装目录,如图 3-7 所示。

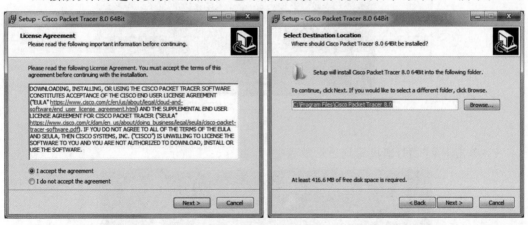

图 3-6　接受协议约定　　　　　　　　　　图 3-7　填写安装目录

　　(3)软件正在安装,需要用户耐心等待,如图 3-8 所示。

　　(4)直到安装完成,取消勾选,先不要运行软件,如图 3-9 所示。

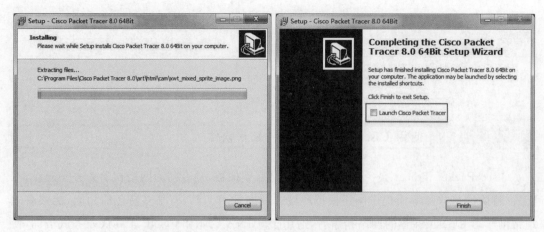

图 3-8 安装进度                              图 3-9 结束安装

**2. 注册和汉化 Cisco Packet Tracer 8.0**

(1)双击运行 Crack 文件夹中的"Patch. exe"程序,如图 3-10 所示。

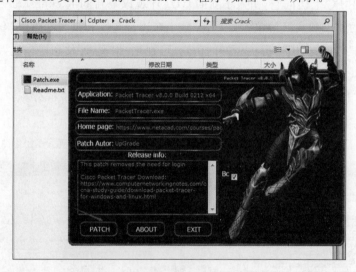

图 3-10 注册程序

(2)单击 PATCH,即可看到显示激活成功,如图 3-11 所示。

图 3-11 注册成功

（3）打开软件，发现软件默认是英文界面，不方便使用，如图 3-12 所示。

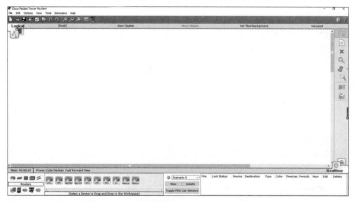

图 3-12 英文软件界面

（4）将 Chinese. ptl 文件复制到安装目录中的 languages 文件夹中，默认目录"C：\ Program Files\Cisco Packet Tracer 8.0\languages"，如图 3-13 所示。

图 3-13 复制中文语言包到默认目录

（5）打开软件，依次单击 Options-Preferences 进入设置页面，如图 3-14 所示。

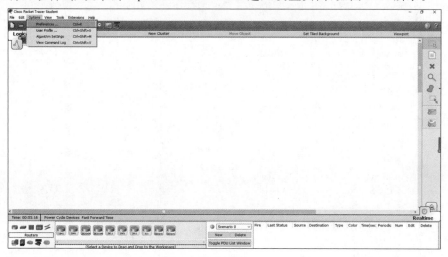

图 3-14 打开设置选项

（6）在 Interface 界面中，选择 Chinese. ptl，单击 Change Language，如图 3-15 所示。

图 3-15　选择改变语言

（7）弹出弹框，选择确定，最后关闭软件，然后重新打开软件，即可看到软件已经成功汉化。默认的字体太小了，需要调整字体大小，打开"字体"选项，选择第一项首选项，字体如图 3-16 所示。

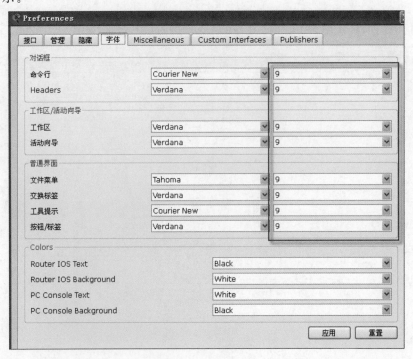

图 3-16　选择字体大小

**3. 认识 Cisco Packet Tracer 8.0 的基本界面**

如图 3-17 所示对应表 3-2、表 3-3,熟悉和掌握 Cisco Packet Tracer 8.0 基本界面的各项区域功能和线缆配置后两端亮点的含义。

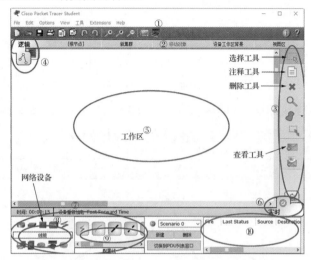

图 3-17　Cisco Packet Tracer 8.0 基本界面

表 3-2　　　　　　　　　　　　Cisco Packet Tracer 8.0 基本界面介绍

| 区号 | 区域名称 | 区域功能 |
|---|---|---|
| 1 | 菜单栏 | 此栏中有"文件""选项""帮助"等菜单项,在此可以找到一些基本的命令,如打开、保存、打印和选项设置,还可以访问活动向导 |
| 2 | 主工具栏 | 此栏提供了文件菜单中命令的快捷方式,还可以单击右边的网络信息按钮,为当前网络添加说明信息 |
| 3 | 常用工具栏 | 此栏提供了常用的工作区工具,包括选择工具、移动工具、注释工具、删除工具、查看工具、添加简单数据报工具和添加复杂数据报工具等 |
| 4 | 逻辑/物理工作区转换栏 | 可以通过此栏中的按钮完成逻辑工作区和物理工作区之间的转换 |
| 5 | 工作区 | 此区域中可以创建网络拓扑,监视模拟过程,查看各种信息和统计数据 |
| 6 | 实时/模拟转换栏 | 可以通过此栏中的按钮完成实时模式和模拟模式之间的转换 |
| 7 | 网络设备库 | 该库包括设备类型库和特定设备库 |
| 8 | 设备类型库 | 此库包含不同类型的设备,如:路由器、交换机、HUB、无线设备、连线、终端设备和网云等 |
| 9 | 特定设备库 | 此库包含不同设备类型中不同型号的设备,它随着设备类型库的选择级联显示 |
| 10 | 用户数据报窗口 | 此窗口管理用户添加的数据报 |

表 3-3　　　　　　　　　　　　线缆两端亮点含义

| 链路圆点的状态 | 含义 |
|---|---|
| 亮绿色 | 物理连接准备就绪,还没有 Line Protocol Status 的指示 |
| 闪烁的绿色 | 连接激活 |
| 橘红色 | 物理连接不通,没有信号 |
| 黄色 | 交换机端口处于"阻塞"状态 |

任务 3-2　组建小型办公/家庭网络

"案例"　在一个小型办公室内有四台电脑分别在不同的区域,需要互联,IP 地址必须在同一网段。现在要在 Cisco Packet Tracer 8.0 平台上组建小型办公/家庭网络。

1.首先打开 PT6 选择交换机 2950 拖入工作区,再分别选择四台计算机 PC0~PC3 拖入工作区,用直通线连接计算机和交换机 2950 的 1~4 号端口,如图 3-18 所示。

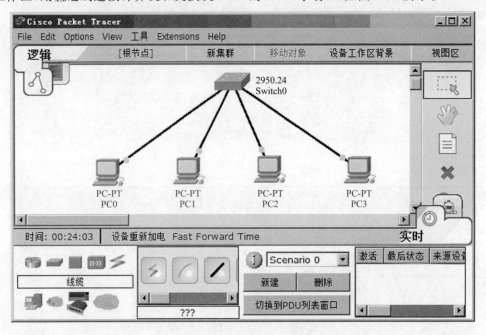

图 3-18　逻辑连接小型办公/家庭网络

注意:连接时使用黑色的直通线。刚开始只有计算机一端是绿色的,而交换机一端显示不通的橘红色。

2.双击计算机 PC0,依次选择"配置"→"接口配置"→"FastEthernet0",在 IP 地址、子网掩码框中分别输入 192.16.1.2 和 255.255.255.0,如图 3-19 所示。

3.重复上述步骤,分别配置 PC1~PC3 电脑,IP 地址从 192.16.1.3~192.16.1.5,子网掩码均为 255.255.255.0,这里子网地址规划可参见任务 2-2,IP 地址 192.16.1.1 一般留给本网段的网关。

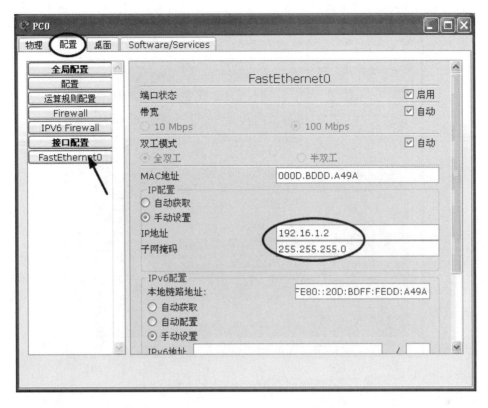

图 3-19　配置以太网端口

4. 可以在四台电脑上测试是否组网成功,以 PC3 为例,选择 PC3 的"桌面"选项卡中的 "命令提示符",如图 3-20 所示。

图 3-20　选择 PC3 命令提示符

5. 分别 ping 电脑 PC0~PC3 的 IP 地址 192.16.1.2~192.16.1.5,如图 3-21 所示。

图 3-21   ping PC0 和 PC1 提示联通

6. ping 192.16.1.6 的地址,没有物理连接的电脑 IP 地址不通,如图 3-22 所示。

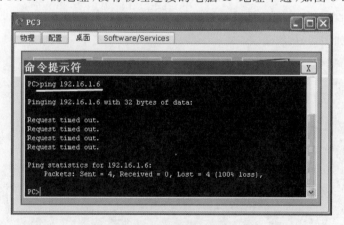

图 3-22   ping 不通的显示

 **任务 3-3**   **使用 ping 和 ipconfig 命令**

在以往的任务中 ping 和 ipconfig 命令我们已经有所接触,下面的任务就是使用 ping 和 ipconfig 命令来检测和配置网络。

**1. ping 命令的使用**

在网络配置调试中 ping 是最常用的命令,UNIX、Linux、Windows 等网络操作系统都集成支持 ping 命令。实际上,我们常用 ping 命令来测试网络的连通性和可达性,如果 ping 运行正确,基本上就可以排除网络层、网卡、Modem 的输入输出线路、电缆和路由器等存在的故障。

上一个任务我们介绍了使用 ping 命令对网络进行测试。不同网络操作系统对 ping 命令的实现稍有不同,下面我们以 Windows 为例来介绍 ping 命令的一些使用方法。

(1)ping 命令格式

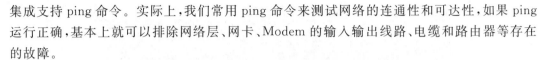

ping [-t] [-a] [-n count] [-l size] [-f] [-i TTL] [-v TOS] [-r count] [-s count] [[-j host-list] | [-k host-list]] [-w timeout] 目的 IP 地址

ping 命令的参数详解如下:

①-t:若使用者不人为中断,ping 指令一直运行下去,强迫停止按 Ctrl+C,查看统计信息按 Ctrl+Break。

②-a:将目标的机器标识转换为 IP 地址。

③-n count:发送 count 指定的 ECHO 数据报数,默认值为 4。

④-l size:使用户自由定义要发送数据报的字节数。

⑤-f:不允许分段标志。默认值为允许分段。

⑥-i TTL:将"生存时间"字段设置为 TTL 指定的数值。

⑦-v TOS:将"服务类型"字段设置为 TOS 指定的值。

⑧-r count:在"记录路由"字段中记录传出和返回数据报的路由。

⑨-s count:利用 count 指定跃点数的时间戳。

⑩-j host-list:利用 host-list 指定的计算机列表路由数据报,使用松散源路由选项。

⑪-k host-list:利用 host-list 指定的计算机列表路由数据报,使用严格源路由选项。

⑫-w timeout:指定超时间隔,单位为 ms。

(2)缺省 ping 命令估算途径路由

网段缺省情况下,可以简单使用"ping 目的 IP 地址"形式,ping 命令只发送 4 个 ICMP 请求/响应报文并且显示返回的统计信息,以校验与远程计算机或本地计算机的连接。途径时间以 ms 为单位,显示统计时间越短,表示数据报通过的路由器越少或被接收的网络连接速度越快。ping 还能显示存在时间(Time To Live,TTL)值,通过 TTL 值可以大致推算数据报已经通过路由器的数量。

估算公式=源地点 TTL 起始值(就是比返回 TTL 略大的一个 2 的乘方数)-返回时 TTL 值

"例" 返回 TTL 值为 119,那么可以推算数据报离开源地址的 TTL 起始值为 128,而源地点到目标地点要通过 9 个路由器网段(128~119);如果返回 TTL 值为 246,TTL 起始值就是 255(因为 TTL 的最大值是 255),所以源地点到目标地点要通过 9 个路由器网段。

(3)发送指定长度和次数的 ping 探测报文

"例"　ping　-n 50　-l 1000 目的 IP 地址

在默认情况下,一般都只发送四个数据报,通过 ping 命令-n 参数可以自己定义发送的数据报个数,比如想测试发送 50 个数据报返回的平均时间为多少,最快时间为多少,最慢时间为多少,可以从屏幕上提示的状态信息中直接获得。同时还可指定 ping 命令中的数据长度为 1 000 B,利用它可以衡量网络速度。显示过程中可利用 Ctrl+Break 查看统计信息,用户也可以按 Ctrl+C 中断运行,如图 3-23 所示。

```
命令提示符 - ping -n 50 -l 1000 172.26.1.5                    _ □ ×
Microsoft Windows [版本 5.2.3790]
<C> 版权所有 1985-2003 Microsoft Corp.

C:\Documents and Settings\Administrator>ver

Microsoft Windows [版本 5.2.3790]

C:\Documents and Settings\Administrator>ping -n 50 -l 1000 172.26.1.5

Pinging 172.26.1.5 with 1000 bytes of data:

Reply from 172.26.1.5: bytes=1000 time<1ms TTL=128
Reply from 172.26.1.5: bytes=1000 time<1ms TTL=128
Reply from 172.26.1.5: bytes=1000 time<1ms TTL=128
Reply from 172.26.1.5: bytes=1000 time<1ms TTL=128
Reply from 172.26.1.5: bytes=1000 time<1ms TTL=128

Ping statistics for 172.26.1.5:
    Packets: Sent = 5, Received = 5, Lost = 0 (0% loss),
Approximate round trip times in milli-seconds:
    Minimum = 0ms, Maximum = 0ms, Average = 0ms
Control-Break
Reply from 172.26.1.5: bytes=1000 time<1ms TTL=128
Reply from 172.26.1.5: bytes=1000 time<1ms TTL=128
```

图 3-23　发送指定长度和次数的 ping 探测报文

（4）不允许分段的 ping 探测报文

"例"　ping　-f　目的 IP 地址

一般情况下，所发送的数据报都会通过路由分段再发送给对方，加上此参数以后路由就不会再分段处理，使得 ping 输出数据报的速度和数据报从远程主机返回一样快，有时甚至达到每秒 100 次。

此参数的另一个用途就是探测途经网络的最小 MTU 值。如果指定的探测报文太长，同时又不允许分段，在途中路由器上当探测报文太长大于当前网络的 MTU 值时，报文就会被抛弃并回送 ICMP 目的不可达报文。例如：在以太网中 MTU＝1500 B，如果指定不允许分段的 ping 探测报文长度为 2000 B，那么系统将给出目的不可达报告，如图 3-24 所示。同时使用 -f 和 -l 选项，可以对探测报文途经网络的最小 MTU 值进行估计。

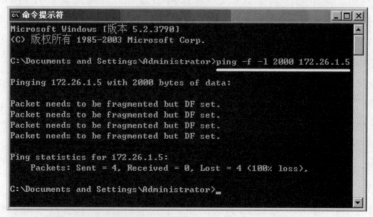

```
命令提示符                                                   _ □ ×
Microsoft Windows [版本 5.2.3790]
<C> 版权所有 1985-2003 Microsoft Corp.

C:\Documents and Settings\Administrator>ping -f -l 2000 172.26.1.5

Pinging 172.26.1.5 with 2000 bytes of data:

Packet needs to be fragmented but DF set.
Packet needs to be fragmented but DF set.
Packet needs to be fragmented but DF set.
Packet needs to be fragmented but DF set.

Ping statistics for 172.26.1.5:
    Packets: Sent = 4, Received = 0, Lost = 4 (100% loss),

C:\Documents and Settings\Administrator>
```

图 3-24　在禁止分段下，ping 探测报文长度大于 MTU 造成目的不可达

（5）ping 帮助分析网络故障

①测试本机网卡是否工作正常

输入"ping 127.0.0.1"可以出现 4 行类似于图 3-23 中的正确提示，如果出现的是 4 行

"Request timed out."的提示,则说明网卡工作不正常,或者是本机的网络设置有问题。

ping localhost:localhost 是系统的网络保留名,它是 127.0.0.1 的别名,每台计算机都应该能够将 localhost 转换成 127.0.0.1。如果没有做到这一点,则表示主机文件(/Windows/host)中存在问题。

ping 本机 IP:这个命令被送到本地计算机所配置的 IP 地址,本地计算机应始终对该 ping 命令做出应答,如果没有,则表示本地配置或安装存在问题。出现此问题时,局域网用户可断开网络电缆,然后重新发送该命令。如果断开网络电缆后本命令正确,则表示另一台计算机可能配置了相同的 IP 地址。

②ping 局域网内其他 IP

这个命令应该离开本地计算机,经过网卡及网络电缆到达其他计算机后再返回。收到回送应答表明本地网络中的网卡和载体运行正常。如果未收到回送应答,那么表示子网掩码不正确、网卡配置错误或电缆系统有问题。

③ping 网关 IP 检验网关配置

用 ping 域外主机 IP 的方法可以检验网关的配置是否正确,通过查看从网络内主机向域外主机发送 IP 包能否送出来判断结果。如出现 4 行"Request timed out."的提示说明网关设置有错,网关配置正确则会返回传输时间和 TTL 等信息。这个命令如果应答正确,表示局域网中的网关路由器正在运行并能够做出应答。

如果上网浏览网页总是收到"找不到该页"或者"该页无法显示"等提示信息,一般应检查 DNS 是否有问题,除了测试 DNS 服务器是否能够 ping 通外,还要测试 DNS 设置是否有错误。

④测试 DNS 服务器是否能够 ping 通

在命令行窗口中输入"ping DNS 服务器 IP 地址",如果成功就表明 DNS 服务器工作正常。如:ping 61.139.2.69(这是笔者所在地的一台 DNS 服务器的地址),如果返回测试时间和 TTL 值等信息就表明正常,如果出现"Request timed out."错误,那么很明显在浏览器中输入域名将不能访问网站。

我们可以用 ping 任一域名的方法来查看 DNS 服务器配置是否正确,如果可以将该域名解析成一个 IP 地址并返回测试信息说明配置无误,如出现"unknown Host Name"的提示,则说明 DNS 配置出错。

⑤测试某主机域名所对应的 IP

ping 远程 IP,如果收到 4 个应答,表示成功使用了缺省网关。对于拨号上网用户则表示能够成功访问 Internet,但不排除 ISP 的 DNS 会有问题。

在收发电子邮件时一般会将域名解析为 IP,然后再连接,如果想加快收发速度,可以先将邮件服务器的域名转换为 IP,然后保存在本机上。例如:要测试 21cn.com 的邮件发送服务器的 IP,则输入"Ping smtp.21cn.com",会得到其 IP 地址为"202.104.32.230",将此地址填写到邮件客户机软件的服务器设置中。如在 Foxmail 中,则在账户属性的邮件服务器中填入。

对某个知名网络域名执行 ping 命令,如:ping www.sohu.com,如果这里出现故障,则表示 DNS 服务器的 IP 地址配置不正确或 DNS 服务器有故障。也可以利用该命令实现域名对 IP 地址的转换功能。

**提示：**(1)返回"unknown Host Name"这个信息也可能是对方的主机有问题。(2)另一种检验方法是：直接在浏览器地址栏中输入网站服务器的 IP 地址，若可以连接说明网络通畅，但输入域名时不能连接就证明是 DNS 服务器设置不对或者是服务器出了问题。

如果上面所列出的所有 ping 命令都能正常运行，那么对计算机进行本地和远程通信的功能基本上就可以放心了。但是，这些命令的成功并不表示所有的网络配置都没有问题，例如，某些子网掩码错误就可能无法用这些方法检测到。

**2. ipconfig 命令的使用**

ipconfig 实用程序的主要功能也是显示或改变用户所在主机内部的 IP 协议的配置信息，如 IP 地址、默认网关、子网掩码等。只是 ipconfig 是以 DOS 的字符形式显示的。在 Windows NT 中仅能使用 ipconfig 工具。这些信息一般用来检验人工配置的 TCP/IP 设置是否正确。如果计算机和所在的局域网使用了动态主机配置协议（Dynamic Host Configuration Protocol，DHCP），这个程序所显示的信息就会更加实用。

（1）使用格式

ipconfig ［/参数 1］［/参数 2］ …

总的参数简介（也可以在 DOS 方式下输入 ipconfig /? 进行参数查询）：

/all：显示本机 TCP/IP 配置的详细信息。

/release：DHCP 客户机手工释放 IP 地址。

/renew：DHCP 客户机手工向服务器刷新请求。

/flushdns：清除本地 DNS 缓存内容。

/displaydns：显示本地 DNS 缓存内容。

/registerdns：DNS 客户机手工向服务器进行注册。

/showclassid：显示网络适配器的 DHCP 类别信息。

/setclassid：设置网络适配器的 DHCP 类别。

（2）最常用选项的使用

/? ：显示 ipconfig 的格式和参数的英文说明

缺省：当使用 ipconfig 时不带任何参数选项，那么它为每个已经配置了的接口显示 IP 地址、子网掩码和缺省网关值。

ipconfig /all：当使用 all 选项时，ipconfig 能为 DNS 和 WINS 服务器显示它已配置且所要使用的附加信息（如 IP 地址等），并且显示内置于本地网卡中的物理地址（MAC）、默认网关等。如果 IP 地址是从 DHCP 服务器租用的，ipconfig 将显示 DHCP 服务器的 IP 地址和租用地址预计失效的日期（有关 DHCP 服务器的相关内容详见任务 8-2）。

ipconfig /release 和 ipconfig /renew：这是两个附加选项，只能在向 DHCP 服务器租用其 IP 地址的计算机上起作用。如果输入 ipconfig /release，那么所有接口的租用 IP 地址便重新交付给 DHCP 服务器（归还 IP 地址）。如果输入 ipconfig /renew，那么本地计算机便设法与 DHCP 服务器取得联系，并租用一个 IP 地址。请注意，大多数情况下网卡将被重新赋予和以前被赋予的相同的 IP 地址。

## ✥ 3.4　知识拓展

### 光纤分布式数据接口

光纤分布式数据接口(Fiber Distributed Data Interface,FDDI)标准于 20 世纪 80 年代中期发展起来,它提供的高速数据通信能力要高于传统以太网(10 Mbit/s)和令牌环网(4 Mbit/s 或 16 Mbit/s)的能力。它的传输速率为 100 Mbit/s,网络覆盖的最大距离可达200 km,最多可连接 1 000 个站点。FDDI 标准由 ANSI X3T9.5 标准委员会制定。为网络上的高容量输入/输出提供了一种访问方法。

FDDI 是应用光纤作为传输介质来传输数据的高性能令牌环局域网,它采用双环结构,FDDI 的访问控制方法与令牌环网类似,都采用令牌传递,但它与标准的令牌传递又有所不同。FDDI 的独到之处是双环结构,它用四束光纤芯组成两个环,一个环顺时针发送,一个环逆时针发送,如图 3-25(a)所示,当其中一个环发生故障时,另一个环可代替它运行,如果两个环同时在一个点断路,则两个环连成一个单环,如图 3-25(b)所示,从而保证通信不断。一般情况下 FDDI 的两个环被称为主环(Primary Ring)和副环(Secondary Ring),主环用于传输数据,副环作为备份。

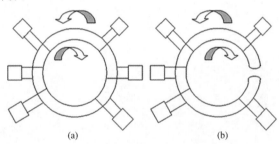

图 3-25　FDDI 双环结构和故障时双环连成单环

FDDI 使用的传输介质是光纤,而且是双环网,成本较高。随着快速以太网的兴起,FDDI 的使用也越来越少了。最常见的应用就是对服务器的快速访问。

## ✥ 项目实训 3　组建小型局域网

【实训目的】

在 Cisco Packet Tracer 8.0 平台上组建小型办公/家庭网络,并熟悉 IP 地址的配置和保存。

【实训环境】

每人为一组,每人一台装有 Cisco Packet Tracer 8.0 平台工具软件的计算机。

【实训内容】

在 Cisco Packet Tracer 8.0 平台上组建小型办公/家庭网络,一台交换机和几台计算机,要求使用 ping 命令来进行网络测试,要求掌握 ping 命令的格式和参数使用方法。

【技能拓展】

你知道当地电信的 IP 地址是多少吗？利用 ping 命令对当地电信的 IP 地址进行测试，并通过 TTL 的值推算出数据报已经通过路由器的数量估算值。

## 项目习作 3

一、填空题

1. IP 地址由网络号和主机号两部分组成，其中网络号表示 _____，主机号表示 _____。

2. IPv4 地址由 _____ 位二进制数组成，IPv6 地址由 _____ 位二进制数组成。

二、单项选择题

1. IP 地址 205.140.36.88 的（　　）部分表示主机号。

A. 205　　　　　　B. 205.140　　　　　　C. 88　　　　　　D. 36.88

2. IP 地址 129.66.51.37 的（　　）部分表示网络号。

A. 129.66　　　　B. 129　　　　　　C. 129.66.51　　　　D. 37

三、计算题

如何测试一个网络的 MTU 值？

# 架设多子网的中型局域网

## 4.1 项目描述

项目 3 完成了单子网的小型局域网的架设。然而实际社会上很多企业网络是多子网的中型局域网,需要根据网络互联的规模、管理的成本、子网的划分等方面需求,选择各类交换机等设备,使用跨类子网的划分、虚拟局域网(VLAN)技术进行组网。

本项目对应的工作任务见表 4-1。

表 4-1 项目对应的工作任务

| 工作项目(企业需求) | 教学项目(工作任务) | 参考课时 |
|---|---|---|
| 在跨类的 IP 地址上,组建企业级的多子网的中型局域网,需要在 Cisco 模拟器环境中,实现交换机的配置和管理;并使用 VLAN 技术搭建交换机上的虚拟局域网 | 任务 4-1:配置与管理交换机。学习连接管理交换机,掌握 Cisco 交换机各类基本配置与管理命令 | 1 |
| | 任务 4-2:在交换机上划分 VLAN。在 Cisco Packet Tracer 8.0 平台上,在任务 2-3 的环境下,组建交换式局域网,使用 VLAN 技术搭建交换机上的虚拟局域网,组建企业级的多子网的中型局域网 | 2 |
| 思政融入和项目职业素养要求 | 用生活中快递的投递中转方式与数据包在网络中的传递方式进行比较,让学生体会数据包传递的过程;通过路由配置实验,分组进行,让学生体会团队合作的重要性以及工匠精神;通过分析网络现状,发现 IP 地址紧缺,引导学生思考如何解决问题,进而分析 VLAN 技术,培养学生分析问题、解决问题的能力 | |

## 4.2 项目知识准备

### 4.2.1 局域网的扩展和子网的划分

在一些正在发展的网络中,10Base-5 要限制在 500 m 之内,而 10Base-2 要限制在 185 m 之内,这种限制对于在一段网络中连接所有的节点来说就太严格了。转发器是运作在 OSI 模型物理层的一种廉价的解决方案,可使网络到达远方的用户,距离可以超出 IEEE 规范要求的一条电缆敷设路线的长度。集线器连接两个或多个电缆段并将进入的所有信号重新传输到其他段上。

集线器执行的功能如下：放大输入信号，调整信号时间，在所有电缆敷设路线上重新产生信号。

集线器的英文名称就是我们通常见到的"HUB"，英文"HUB"是"中心"的意思，它工作于 OSI 参考模型第一层，即"物理层"。集线器是中继器的一种，其区别仅在于集线器能够提供更多的端口服务，所以集线器又叫多口中继器。

常见的集线器如图 4-1 所示，其外部结构比较简单。集线器在网络中的主要功能是同时把所有节点集中在以它为中心的节点上，概括为以下三种功能：

(1)对接收到的信号进行再生整形放大，以扩大网络的传输距离，如图 4-2 所示。

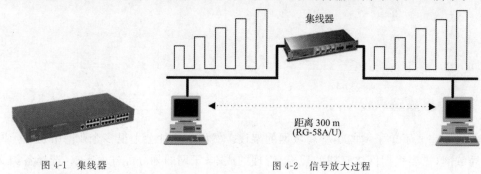

图 4-1　集线器　　　　　　　　　　图 4-2　信号放大过程

(2)增加网络节点，即局域网的计算机数量，如图 4-3 所示。

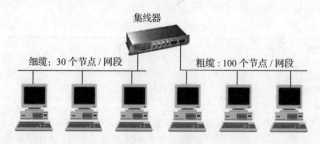

图 4-3　增加网络节点

(3)连接用于不同介质转换的接口转换器，图 4-3 中除增加了网络节点数，同时也进行了细缆到粗缆的转换。

集线器可以优化网络布线结构和简化网络管理。集线器是对网络进行集中管理的最小单元，像树的主干一样，起到汇集各分枝的作用。

以集线器为节点中心的优点：当网络系统中某条线路或某节点出现故障时，不会影响网上其他节点的正常工作，这点是与传统总线型网络的最大区别，因为它提供了多通道通信，大大提高了网络通信速度。IEEE 802.3 的部分介质与网络拓扑规范如下：

| | |
|---|---|
| 10Base-5 | 粗同轴电缆 |
| 10Base-2 | 细同轴电缆 |
| 10Base-T | 双绞线 |
| 10Base-F | MMF |
| 100Base-T | 双绞线 |
| 100Base-F | MMF/SMF |

1000Base-X　　屏蔽短双绞线/MMF/SMF

1000Base-T　　双绞线

IEEE 802.3 的介质与网络拓扑规范比较多，不容易记忆，可总结为如图 4-4 所示。

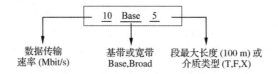

图 4-4　IEEE 802.3 的介质与网络拓扑规范

但是，集线器并不能无限制地进行连接，IEEE 802 标准规定，传统以太网任意两个节点（如计算机）最多连接 4 个中继器，最多经过 5 个网段，而且连接中不能形成回路。如图 4-5、图 4-6、图 4-7 分别是 10Base-5、10Base-2 和 10Base-T 连接示意图。

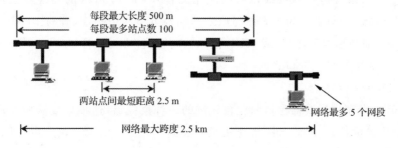

图 4-5　10Base-5 连接示意图

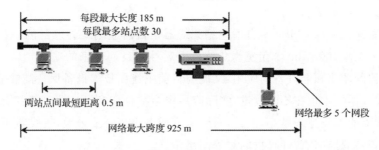

图 4-6　10Base-2 连接示意图

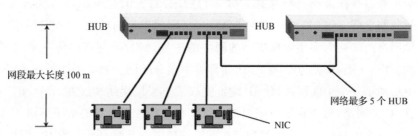

图 4-7　10Base-T 连接示意图

集线器的种类有几种划分标准：

**1. 按端口数量划分**

按端口数量划分是最基本的分类标准之一。通常所说的 16 口或 24 口集线器中的 16、24 是指集线器的端口数。如果按照集线器能提供的端口数划分，目前主流集线器主要可分为 8 口、16 口和 24 口三大类。

**2. 按带宽划分**

集线器带宽也有所不同,如果按照集线器所支持的带宽的不同,通常可分为 10 Mbit/s 带宽型、100 Mbit/s 带宽型、10/100 Mbit/s 自适应型三种,这里的带宽是指整个集线器所能提供的总带宽,而非每个端口所能提供的带宽。在集线器中所有端口都是共享集线器背板带宽的,也就是说如果集线器带宽为 10 Mbit/s,总共有 16 个端口,16 个端口同时使用时则每个端口的带宽只有10÷16＝0.625 Mbit/s。当然,连接的节点数越少,每个端口所分得的带宽就会越宽。

(1)10 Mbit/s 带宽型

这种集线器属于低档集线器产品,这种类型的集线器原来在同轴电缆接口总线型网络中应用较多。不过现在随着双绞线以太网应用的普及,10 Mbit/s 的集线器也都普遍采用双绞线的 RJ-45 端口,只不过为了方便与原来的同轴电缆网络相连,有的 10 Mbit/s 集线器还提供了 BNC(细同轴电缆接口)或 AUI(粗同轴电缆接口)。尽管如此,这种带宽的集线器还是比较少见,通常端口在 8 口之内。

(2)100 Mbit/s 带宽型

100 Mbit/s 带宽型集线器是目前比较先进的一种集线器,这种集线器一般用于中型网络,它的网络传输量较大,但要求网络连接设备支持 IEEE 802.3U(快速以太网协议)。这种带宽的集线器在实际中应用较多。

(3)10/100 Mbit/s 自适应型

与网卡一样,10/100 Mbit/s 自适应型集线器是目前应用最为广泛的一种,它克服了单纯 10 Mbit/s 或者 100 Mbit/s 带宽型集线器兼容性不良而带来的缺点。10/100 Mbit/s 自适应型集线器既能兼顾老设备的应用,又能与目前主流新技术设备保持高性能连接。

当然,集线器技术也在不断改进,实际应用中会结合交换机技术。随着交换机价格的不断下降,集线器的市场越来越小,但是,对于家庭或者小型企业来说,集线器还是一种性价比较高的产品,特别是在几台计算机的对等网络中。

局域网扩展后往往会超过 C 类地址 254 台的限制,有的甚至超过 B 类地址的限制,同时网络性能急剧下降,所以需要把网络划分成多子网的中型局域网,也就是网络子网化。子网化是把单网络类细化为多个规模更小的网络的过程,划分子网可以将一个大网分成几个较小跨类的网络,A 类、B 类与 C 类 IP 地址都可以划分子网。划分子网是在 IP 地址编址的层次结构中增加了一个中间层次,使 IP 地址变成了三级层次结构。在 InterNIC 看来,仍旧在使用 A、B、C 类网络;然而在本组织内部,LAN 被组织成多个跨类的子网络。

"案例" 一个大型跨国公司的管理者从网络管理中心获得一个 A 类 IP 地址 121.0.0.0,需要划分 1 000 个子网。

分析:该公司需要 1 000 个物理网络,加上主机号全 0 和全 1 的两种特殊地址,子网数量至少为 1 002,选择子网号的位长为 10,可以用来分配的子网最多为 1 024,满足用户要求。求解 $2^n \geqslant 1\ 024$,得 $n \geqslant 10$,也就是必须在 A 类地址编址的层次结构中利用子网掩码增加一个大于 10 位的中间层次,选择 10 位最佳(每个子网容纳的计算机最多),即子网掩码为

255.255.192.0,如图 4-8 所示。

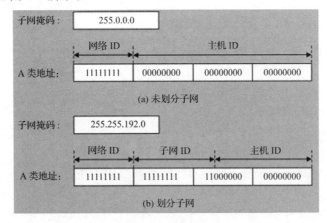

图 4-8　划分子网前后

　　划分后各子网区间的分布同任务 2-2"规划与配置 IPv4 地址"中的计算类似,结果如图 4-9 所示。

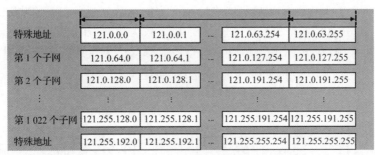

图 4-9　划分后各子网区间

　　A 类局域网通过子网化形成了多子网的中型局域网,如图 4-10 所示。

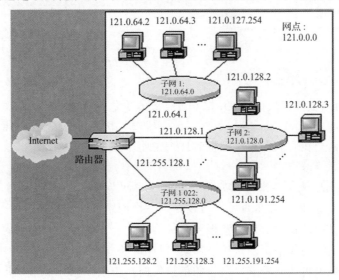

图 4-10　多子网的中型局域网架构

### 4.2.2 交换机的工作原理与分类

随着网络技术的发展,交换机(Switch)技术越来越先进,已经逐渐取代了部分集线器的高端应用。

**1.交换的提出**

集线器的主要不足体现在如下几个方面:

(1)用户带宽共享,带宽受限

集线器的每个端口并没有独立的带宽,所有的端口都共享总的背板带宽,用户端口带宽较窄,且随着集线器所接用户的增多,用户的平均带宽会不断减少,这样就不能满足那些对网络带宽有严格要求的网络应用,如多媒体、流媒体应用等环境。

(2)广播方式,易造成网络广播风暴

集线器是一个共享设备,它的主要功能只是充当一个信号放大和中转的设备,不具备自动寻址能力,即不具备交换作用,如图 4-11 所示,所有传到集线器的数据均被广播到与之相连的各个端口,这样容易形成网络广播风暴,造成网络堵塞。

(3)非双工传输,网络通信效率低

集线器的同一时刻每一个端口只能进行一个方向的数据通信,而不能像交换机那样进行双向全双工传输,这样网络执行效率低,不能满足较大型网络的通信需求。

下面来看个实例:有一个 10/100 Mbit/s 自适应型双速集线器,它连接了 1 台 10 Mbit/s 和 1 台 100 Mbit/s 工作站,如图 4-11 所示。那么这两台计算机能通信吗？答案是 10 Mbit/s 和 100 Mbit/s 计算机是不能通信的,如图 4-12 所示。

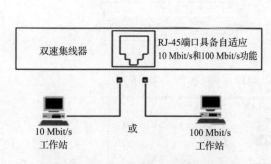

图 4-11 10/100 Mbit/s 自适应型双速集线器

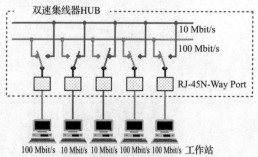

图 4-12 不带交换模块双速集线器

为此,我们引入交换模块(Switch Module)来解决这一问题,如图 4-13 所示,它是具有交换功能的集线器(Switch HUB)。虽然目前集线器与交换机的区别越来越模糊,但是它们之间的根本区别将会在后面介绍交换机时详细说明。

**2.交换机的工作原理**

交换机工作在 OSI 参考模型的数据链路层上。可以截取所有的网络信息流并读取每一帧上的目的地址,以确定帧是否可以转发给下一个网络段。交换机由四个基本元素组成:端口、缓冲区、信息帧的转发机构和背板体系结构。

交换机可以同时接收多个端口信息,并可以同时将这些信息发向多个目的地址对应的端口。交换机还可以将从一个端口接收的信息发向多个端口,如图 4-14 所示。由于每个端口都有其专用的转发通道,从而避免了共享式集线器中因共享传输通道所造成的冲突。但是,交换机中冲突依然存在,如果两个接收端口都要向同一个输出端口转发就形成了冲突。

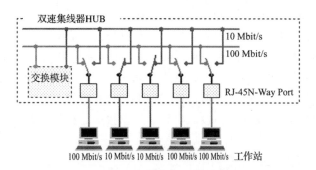

图 4-13  带交换模块双速集线器

但是,这个冲突相对于共享式集线器来说,无论是冲突的概率,还是冲突的范围,都要小得多。实际上,交换机端口之间的冲突可以通过其内部的功能来协调。

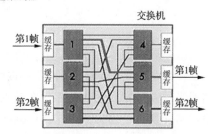

图 4-14  交换机将从一个端口接收的
信息发向多个端口

交换机的每个端口都能存储网络地址,由于每一端口都像一个进行数据转发的网桥,所以交换机本身要保存一张该端口外的所有节点的地址表。这张表可能很长,要占用大量的存储器空间,因此许多厂商只允许每端口有少量的地址。

### 3.交换机的转发机制

交换机有交换的功能,因此它必须知道要转发的信息帧的类型。信息帧的转发机制包括存储转发式、切入式和改进型切入式。在交换机中,帧转发机构将在帧的延迟等待和错误校验的可靠性之间做出折中选择。三种转发机制分别如下:

(1)存储转发式(Store And Forward)

存储转发式将发来的帧在发送到一个端口之前先全部存储在内部存储器中,如图 4-15 所示。此时,交换机的延迟等待时间至少等于整个帧的传输时间。这样一来,如果交换机的级联数较大,就可能导致性能恶化。但是,此种方式可以对帧进行 CRC(Cyclic Redundancy Check,循环冗余校验)校验,从而滤掉不正确的或有冲突的帧。

(2)切入式(Cut_Through)

切入式只查看信息帧的目的地址(位于帧头部分),然后立即进行信息帧的转发,从而使得帧的延迟大为降低,如图 4-16 所示。此种方法实际上将目的地址有效的所有信息帧全部进行转发,这样就有可能将有错误的帧、有冲突的帧也转发了出去。相对于主干网而言,切入式的方法适合于工作组级别的交换机。

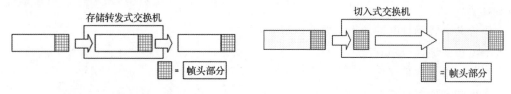

图 4-15  存储转发式交换机                        图 4-16  切入式交换机

（3）改进型切入式（Modified Cut_Through）

这种方式综合了以上两种方式的优点。其方法是先保存帧的前 64 个字节,如图 4-17 所示,如果帧不正确,则立即丢弃,因为通过帧的前 64 个字节就可以判断出包的好坏,所以这种方式是以上两种方式的折中。不过,改进型切入式在短帧(一般是控制帧)时与存储转发式相似,在长帧(一般是数据帧)时与切入式相似。这是改进型切入式的一个缺点,因为控制帧一般要求短的延迟,而数据帧一般需要好的错误校验,这是一对矛盾。

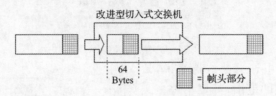

图 4-17　改进型切入式交换机

交换机是网络中的常见设备,可以将端到端的局域网各段及独立的站点连接起来,同时提高网络的总带宽。它通常工作在数据链路层,随着网络技术的不断发展,也出现了工作在网络层的交换机。通常把工作在数据链路层的交换机称为二层交换机,把工作在网络层的交换机称为三层交换机,这种三层交换机已经具有路由的功能。

三层交换机工作于 OSI 参考模型中的第三层,利用三层协议中的 IP 包包头信息对后续数据流进行标记,进行帧头重组,将具有同一标记的数据流的报文交换到数据链路层,即在目的地址与源地址之间提供一条数据通道。因此,三层交换机不必拆包便可判断路由,从而将数据报直接转发,进行数据交换,实现不同子网间 IP 包的交换。三层交换机可获得二层交换机的高速背板总线速率,其速率可达 Gbit/s 级。

**4. 共享式和交换式以太网**

MAC 地址是固化在网卡上串行 EEPROM 中的物理地址,通常有 48 位长。IEEE 802 标准为每块网卡规定了一个 48 位的全局地址,它是站点的全球唯一的标识符,与其物理位置无关,即 MAC 地址,也叫物理地址。MAC 地址为 6 Bytes(48 位)。其中 MAC 地址的前 3 个字节(高 24 位)由 IEEE 统一分配给厂商,低 24 位由厂商分配给每一块网卡。网卡的 MAC 地址可以认为就是该网卡所在站点的 MAC 地址。以太网交换机根据某条信息包头中的 MAC 源地址和 MAC 目的地址实现包的交换和传递。

（1）传统共享式局域网的缺点

传统的局域网技术是建立在共享介质的基础上的,典型的介质访问控制方法包括 CSMA/CD、Token-Ring、Token-Bus 等,它们用来保证每个节点都能公平地使用公共传输介质以及为每个节点平均分配带宽,但随着节点数的不断增加,网络通信负荷不断加重,冲突和重发现象大量发生,从而导致网络效率下降,网络传输延迟增加,网络服务质量下降,如图 4-18 所示。

传统共享式局域网的缺点主要有以下三点:

①覆盖的地理范围有限。

②网络带宽容量固定。

③不能支持多种速率。

针对上述缺点,业界提出了高速局域网的三种解决方案,具体如下:

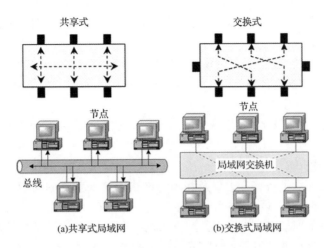

图 4-18  共享式和交换式的比较

①第一种方案：提高 Ethernet 的数据传输速率，10 Mbit/s→100 Mbit/s→1 000 Mbit/s→10 Gbit/s，这样有助于网络设备的高速发展和提高。

②第二种方案：将一个大型局域网划分成多个用交换机或路由器互联的子网，有助于局域网互联技术的发展。（具体划分方法见划分子网一节）

③第三种方案：将"共享介质方式"改为"交换方式"，有助于交换式局域网技术的发展。

（2）交换式局域网

交换式局域网采用交换技术来增加数据的输入/输出总和和安装介质的带宽。一般交换机转发延迟很小，能经济地将网络分成小的冲突网域，为每个工作站提供更高的带宽，如图 4-19 所示。

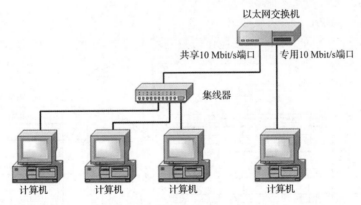

图 4-19  交换式局域网的基本结构

交换式局域网主要有如下几个特点：

①独占传输通道，独占带宽。网络的总带宽通常为各个交换端口带宽之和。

②灵活的接口速度。在交换机上可以配置 10 Mbit/s、100 Mbit/s 或者 10/100 Mbit/s 的接口速度。

③高可扩充性和网络延展性，易于管理且便于调整网络负载的分布，有效地利用网络带宽。

④交换网可以构造"虚拟网"，通过网络管理功能或其他软件可以按业务分类或其他规

则把网络站点分为若干个逻辑工作组,每一个工作组就是一个虚拟网。虚拟网的构成与站点所在的物理位置无关。

⑤支持不同工作模式,交换式局域网可以与现有网络兼容——局域网交换机具有自动转换帧格式的功能,因此它能够互联不同标准的局域网。如在一台交换机上能集成以太网、FDDI 和 ATM。

⑥低交换延迟,允许多对站点同时通信,所以交换式局域网大大地提高了网络的利用率。

(3)以太网交换机工作过程

以太网交换机提供了桥接能力以及在现存网络上增加带宽的功能。用于 LAN 上的交换机都运作在数据链路层(OSI 参考模型的第二层)的 MAC 子层上,它们负责检验所有进入网络的流量的设备地址(MAC 地址)。交换机保存一张有关设备地址的信息表,并用该信息表来决定如何过滤并转发局域网流量。

以太网交换机执行三种重要的功能:学习、过滤和转发。

交换机开启后,就可以了解网络的拓扑结构、保存所有连接网络的设备的地址了。这样通过检查其接收到的帧的源地址和目的地址,就可以知道在网络上有什么,并利用这些信息创建桥接表以保存各个网络节点的地址。绝大多数交换机可以在桥接表中存储大量的地址,这个表将成为转发信息流的基础。

例如,交换机中有一个地址表,内容为:

| MAC 地址 | 端口 |
|---|---|
| 00-01-0C-12-D1-28 | 1 |
| 06-21-0A-12-61-20 | 4 |
| 30-61-2C-61-02-16 | 5 |
| 01-31-00-0C-12-D1 | 6 |

该地址表记录了目的 MAC 地址应该转发到哪个端口,如图 4-20 所示。

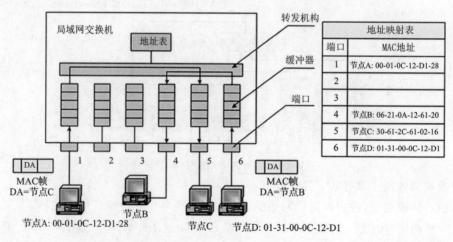

图 4-20　交换机工作过程设置

图 4-20 中的地址表可以让指定的 MAC 地址的网卡只能连接到特定端口,提供了一定的安全性。交换机中还可以包含网络管理员输入的指令,以防止来自某些特定源地址的帧泛滥,或者不将其转发而是将其丢弃。这种过滤能力意味着交换机具有安全功能。

**5. 交换机的分类**

**(1)按照传输介质和传输速率分类**

局域网交换机可以分为以太网交换机、快速以太网交换机、千兆以太网交换机、FDDI 交换机和令牌环交换机等多种,这些交换机分别适用于以太网、快速以太网、千兆以太网、FDDI 和令牌环网等环境。

**(2)按照应用范围分类**

局域网交换机可以分为桌面型交换机(Desktop Switch)、组型交换机(Workgroup Switch)和校园网交换机(Campus Switch)三类。根据架构特点,人们还将局域网交换机分为机架式、带扩展槽固定配置式、不带扩展槽固定配置式三种产品。

**6. 交换机的选型**

在选择带宽交换机时除根据以上分类外还应参考以下几个主要指标:

**(1)背板带宽**

背板带宽是指交换机接口处理器或接口卡和数据总线间所能吞吐的最大数据量。我们如何选择合适的背板带宽呢? 一台交换机如果可能实现全双工无阻塞交换,那么它的背板带宽值应该大于端口总数×最大端口带宽×2。如果大于,就证明这台交换机具有发挥最大数据交换性能的条件。

**(2)吞吐率**

背板带宽也不能完全反映出交换机的实际工作能力,还要看交换机的吞吐率这一重要指标。在选择交换机时一般要把背板带宽和吞吐率综合起来考虑。

**(3)端口速率**

除了背板带宽、吞吐率等,端口速率也是衡量交换机的一项重要指标。现在的端口速率有 10 Mbit/s、10/100 Mbit/s、1 000 Mbit/s、10/100/1 000 Mbit/s。相应的接口物理特性也不尽相同。

选择交换机时要特别注意,高速端口的端口代价较大。如无近期明确需求,用户接入交换机应当选择 10/100 Mbit/s 端口,而对于主干交换机则可根据布线难易程度选择 1 000 Mbit/s GBIC 端口或 10/100/1 000 Mbit/s RJ-45 端口。

**(4)端口密度**

端口密度是对端口数量的一种衡量标准,它表示一台交换机最多能包含的端口数量。端口密度越大的交换机,其端口代价可能越小。

**(5)交换方式**

交换方式有三种:切入式、存储转发式、改进型切入式。其实这三种交换方式主要是表现交换机的抗干扰能力,是在速度和抗干扰性之间取得平衡。

如果工作环境较为恶劣,电磁干扰很强,应当选择存储转发式交换机。如果工作环境远离发射台等强辐射源,则完全可以选择切入式交换机。如果无法准确确认工作环境,而且对速度的要求不十分苛刻,就可以选择改进型切入式交换机。有些高级交换机可以通过设置在这三种工作模式间相互转换。

**(6)堆叠能力**

交换机之间的连接有两种方式:级联和堆叠。堆叠一般由厂家提供,包括堆叠连线、层数指标等,不同类型的交换机只能级联,而只有同类的交换机(或集线器)才能堆叠到一起。要特别注意交换机与集线器的堆叠。堆叠的层数可根据厂家的具体指标和实际需要而定,如图 4-21、图 4-22 所示。

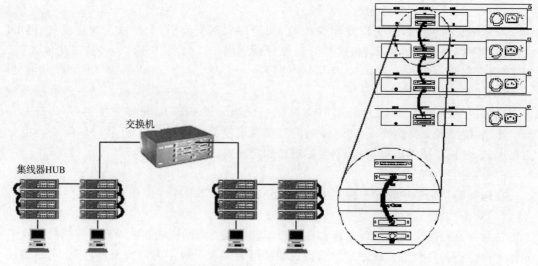

图 4-21　交换机和集线器的堆叠　　　　图 4-22　交换机和集线器的堆叠架构

①堆叠的规则

● 使用设备厂商设计的堆叠模式增加网络用户。

● 堆叠的架构和使用方法必须依照厂商的规定。

● 集线器堆叠构成逻辑式集线器。

● 集线器堆叠之间的级联必须依照中继器级联规定。

②堆叠的优点

● 堆叠模式可方便地增加网络用户。

● 堆叠的架构可节省集线器 SNMP 网管的 IP 地址,如图 4-23 所示。

图 4-23　传统集线器网管模式

● 堆叠式主从集线器可降低网络管理建设费用,相同系列可堆叠的主从集线器,具备网管功能的为主(Master)集线器,不具备网管功能的为从(Slave)集线器,如图 4-24 所示。

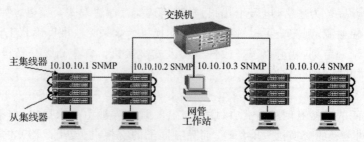

图 4-24　堆叠式主从集线器网管模式

（7）全双工

全双工端口可以同时发送和接收数据，但这要求交换机和所连接的设备都支持全双工工作方式。具有全双工功能的交换机可实现高吞吐量（两倍于单工模式端口吞吐量），避免碰撞，突破 CSMA/CD 链路长度限制，通信链路的长度限制只与物理介质有关。另外，交换机端口最好能实现全/半双工自动转换。

（8）高速端口集成

交换机可以提供高带宽"管道"（固定端口、可选模块或多链路隧道）满足交换机的交换流量与上级主干的交换需求，防止出现主干通信瓶颈，如 FDDI、ATM、G 比特流光模块等。

（9）网管能力

对于一个大中型网络，网管支持能力是至关重要的。然而，现在各交换机生产厂商提供的网管方式都各不相同，而且互不兼容，所以选择交换机时要特别注意现在正在使用的网管软件，或即将采用的网管软件。

为方便网络管理员管理及用户控制访问交换机，通常交换机应支持 SNMP MIB Ⅰ/MIB Ⅱ 统计管理功能以满足常用网络管理软件如 OpenView、SUN Solstice Domain Manager 或 IBM 网络管理（NetView）远程管理交换机。复杂一些的交换机还会通过内置 RMON 组（Mini-RMON）来支持 RMON 主动监视功能，或通过 Web 页面、命令行（CLI）方式来提供对设备的远程监控，以最终实现故障管理、性能管理、配置管理、安全管理等常用管理功能。

（10）服务质量（QoS）保证支持能力

现在的 LAN 网络已经不像以前只是传输数据，而是将语音、视频的应用都加入其中，这也造成一个隐患，交换机从购买日起，其交换能力就是确定了的，而视频等应用对带宽的需求是无限的，更何况网络中还有必须保护的业务需要传输，这时 QoS 带宽管理以及各种控制和服务策略就显得尤为重要了。它可以为重要业务保留带宽，并在能力允许的范围内合理配备各种应用需要的带宽。

总之，在进行网络规划设计和选择交换机时应仔细考察交换机的各种功能，尤其随着交换技术的日新月异，越来越多的交换机融合了其他网络设备的新功能（如三层交换机），所以在一些特殊行业中用户对交换机的选择更需谨慎和周全。

### 7. 交换机组网中的冲突域和广播域

冲突域（Collision Domain）是一个物理分段，是连接在同一导线上的所有工作站的集合，代表了冲突在其中发生并传播的区域，这个区域可以被认为是共享段。所有直接连接在一起的，必须竞争以太网总线的节点都可以认为是处在同一个冲突域中。

在 OSI 参考模型中，冲突域被看作第一层的概念，连接同一冲突域的设备有中继器 Repeater 和集线器 HUB，它们是只简单复制信号的设备。也就是说，用中继器或者集线器连接的所有节点可以被认为是在同一个冲突域内，冲突域不会被划分。

广播域（Broadcast Domain）是一个逻辑上的计算机组，该组内的所有计算机都会收到同样的广播信息。由于广播域被认为是 OSI 参考模型中的第二层概念，所以像 HUB、交换机等，第一、第二层设备连接的节点被认为是在同一个广播域内。交换机只能分隔冲突域，而不能分隔广播域，如图 4-25 所示。

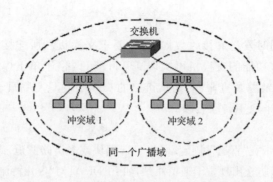

图 4-25    交换机只能分隔冲突域,而不能分隔广播域

由于许多设备都极易产生广播,所以如果不维护,就会消耗大量的带宽,降低网络的效率。而路由器、三层交换机则可以划分广播域,即可以连接不同的广播域。

### 4.2.3  VLAN 技术

用变长子网掩码 VLSM 来划分子网网段,对较小型网络是可行的,但是对大型网络来说管理和维护就比较困难。为此引入 VLAN 虚拟局域网的方法来解决这一问题。VLAN 要在交换机上实现。

虚拟局域网(Virtual Local Area Network,VLAN)是指在局域网交换机里采用网络管理软件所构建的可跨越不同网段、不同网络、不同位置的端到端的逻辑网络。VLAN 是一个在物理网络上根据用

VLAN 的分类

途、工作组、应用等来逻辑划分的局域网,属于广播域,与用户的物理位置没有关系。一个逻辑工作组的节点可以分布在不同的物理网段上,但它们之间的通信就像在同一个物理网段上一样。每个 VLAN 等效于一个广播域,广播信息仅发送到同一个 VLAN 的所有端口,虚拟网之间可隔离广播信息。

**1. VLAN 的组网方法**

VLAN 的组网就是在交换机上划分 VLAN,主要有如下四种方法:

(1)基于端口划分 VLAN

基于端口划分的 VLAN,也称为静态 VLAN,就是按交换机端口定义 VLAN 成员,每个端口只能属于一个 VLAN,是一种最通用的方法。这种方法配置简单,在配置好 VLAN 以后,再为交换机端口分配一个 VLAN,交换机的端口成为某个 VLAN 的成员,如图 4-26 所示。

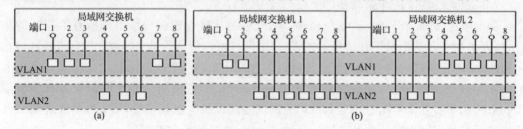

图 4-26  静态 VLAN

(2)基于 MAC 地址划分 VLAN

基于 MAC 地址划分的 VLAN,也称为动态 VLAN,它按照每个连接到交换机设备的 MAC 地址(物理地址)定义 VLAN 成员。当在一个交换机端口上连接一台集线器,在集线器上连接了多台设备,而这些设备需要加不同的 VLAN 时,就可以使用这种划分方法定义 VLAN 成员。因为它可以按用户划分 VLAN,所以也常把这种基于 MAC 地址划分 VLAN

的方法称为基于用户的 VLAN 动态划分。在基于 MAC 地址划分 VLAN 时,一个交换机端口有可能属于多个 VLAN,这样端口要接收多个 VLAN 的广播信息,势必会造成端口的拥挤。

(3)基于第三层协议类型或 IP 地址划分 VLAN

这种方法允许按照网络层协议类型(TCP/IP、IPX、DECNET 等)组成 VLAN,也可以按网络地址(如 TCP/IP 的子网地址)定义 VLAN 成员。这种方法的优点是有利于组成基于应用的 VLAN,当 IP 地址改变时交换机能自动识别,重新定义 VLAN,不需要管理员干预,这对于 TCP/IP 协议的用户是特别有利的。同时,与基于 MAC 地址划分 VLAN 相比,其性能相对差一些,在网络层检查 IP 地址要比在物理层检查 MAC 地址花更多时间,因此基于第三层协议定义的 VLAN 速度比较慢。

(4)基于组播(服务)划分 VLAN

组播作为一对多的通信,是节省网络带宽的有效方法之一。在多媒体应用中通常是从一个节点发送到多个节点。此时无论采用点对点重复通信的方式,还是采用广播的方式,都会严重浪费网络带宽,只有组播才是最佳选择。组播能使一个或多个发送者将帧发送给组地址,而不是单机。基于组播划分 VLAN 就是动态地把那些需要同时通信的端口定义到一个 VLAN 中,并在这个 VLAN 中用广播的方式解决点对点的通信问题。基于组播划分 VLAN 提供了很高的灵活性,可以根据服务灵活地组建 VLAN,而且它可以跨越路由器形成与广域网的互联。所以它也称为基于服务的 VLAN。

**2. VLAN 的优点**

(1)方便网络管理、控制广播

虚拟网络是在整个网络中通过网络交换设备建立的虚拟工作组。虚拟网在逻辑上等于 OSI 参考模型的第二层的广播域,与具体的物理网及地理位置无关。虚拟工作组可以包含不同位置的部门和工作组,不必在物理上重新配置任何端口,真正实现了网络用户与他们的物理位置无关。网络管理员可以从逻辑上重新配置网络,迅速、简单、有效地平衡负载流量,轻松自如地增加、删除和修改用户,而不必从物理上调整网络配置。

虚拟网络技术把传统的广播域按需要分隔成各个独立的子广播域,将广播限制在虚拟工作组中,由于广播域的缩小,网络中广播包消耗带宽所占的比例大大降低,网络的性能得到显著的提高。如图 4-27 所示,它是一层楼的两个部门被划分到两个 VLAN 中,这样,财务室的数据不会在开发部的机器上广播,也不会和开发部的机器发生数据冲突。所以 VLAN 有效地分隔了冲突域和广播域。

(2)减少网络管理开销

在网络管理中,最令人头疼的就是如何减少网络开销问题。而网络管理的最大开销之一就是部门的重组和人员的流动。因为在有些情况下,部门重组和人员流动不但需要重新布线,而且需要重新配置网络设备。

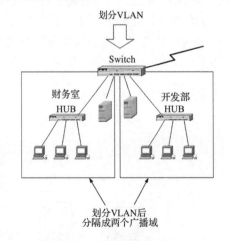

图 4-27　划分 VLAN 有效地分隔了冲突域和广播域

VLAN 为控制这些改变和减少网络设备的重新配置提供了一个有效的方法。当

VLAN 的站点从一个位置移到另一个位置时,只要这些站点还在同一个 VLAN 中,并且仍可以接到交换机端口,那么这些站点就只需改变位置即可。位置的改变只要简单地将站点插到另一个交换机端口并对该端口进行配置即可。另外,当一个部门在多个楼层办公时,分隔的广播域设计会给布线带来很大困难。但用 VLAN 可很方便地解决这个问题,如图 4-28 所示。

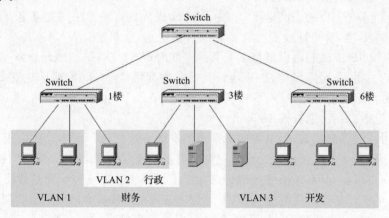

图 4-28　VLAN 可很方便地解决不同楼层分隔的广播域布线设计困难问题

（3）提供更好的安全性

我们可以在交换机的某个端口上定义 VLAN,所有连接到这个特定端口的终端都是虚拟网络的一部分,并且整个网络可以支持多个 VLAN。VLAN 通过建立网络防火墙使不必要的数据流量减至最少,隔离各个 VLAN 间的传输和可能出现的问题,使网络吞吐量大大增加,减少了网络延迟。在虚拟网络环境中,可以通过划分不同的虚拟网络来控制处于同一物理网段中的用户之间的通信。这样一来有效地实现了数据的保密工作,而且配置起来比较简便。

（4）利用现有的集线器以节约开支

目前,网络中的很多集线器被以太网交换机所取代。但这些集线器在许多现存的网络中仍具有实用价值。网络管理员可以将现存的集线器连接到以太网交换机以节省开支。

连接到一个交换机端口上的集线器只能分配给同一个 VLAN（基于静态 VLAN）,如图 4-29 所示。共享一个集线器的所有站点被分配给相同的 VLAN 组。如果需要将 VLAN 组中的一台计算机连接到其他 VLAN 组,就必须将计算机重新连接到相应的集线器上。

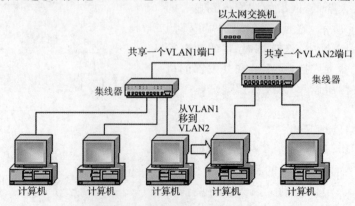

图 4-29　集线器 VLAN 中计算机的移动

**4.3　项目实践**

**任务 4-1　配置与管理交换机**

**1. 交换机连接管理**

(1)串口:单台交换机可以通过串口(Console Port)登录,并查看当前配置和状态。

(2)Web 网管:业界交换机目前一般支持 Web 网关,PC 连接交换机管理口(一般是 eth 0/0),然后在浏览器上输入管理口地址(一般默认为 192.168.1.1)登录交换机进行维护管理。

(3)通过专业网关软件:H3C 和 DLINK 都有专业的网关软件对在网的所有交换机进行一站式管理。但是需要咨询相关售后人员了解他们的网关软件对第三方设备的支持情况。有可能 H3C 的网关识别不了 DLINK 的交换机,而 DLINK 的网关识别不了 H3C 的交换机。又或者能够识别,但仅能提供基本的拓扑发现,不支持一些重要的维护管理。

上面是最常用的三种网管手段。至于具体的维护手段,需要针对当前的组网和交换机配置进行选择。一般不出网络故障的话,交换机对用户来说是透明的,不需要改变交换机的配置。

**2. 交换机常用的查看和配置命令**

交换机的品牌和型号很多,其命令有所不同,有关差别要仔细阅读说明书,以下以 Cisco 设备为例。

(1)交换机基本状态

```
switch:
rommon> ROM 状态
hostname> 用户模式
hostname# 特权模式
hostname(config)# 全局配置模式
hostname(config-if)#接口状态
hostname(config-subif)#子接口状态
```

(2)主机名设置

```
hostname(config)# hostname name
```

(3)配置密码

```
hostname(config)# enable password level 1 password
```

（4）设置进入用户模式密码

| hostname(config) # enable password level 15 password | //设置进入特权模式密码(Cata1900) |
|---|---|
| hostname(config) # enable secret password | //设置特权加密口令为 password |
| hostname(config) # enable password password | //设置非特权加密口令为 password |
| hostname(config) # line console 0 | //进入控制台 |
| hostname(config-line) # login | //答应登录 |
| hostname(config-line) # password XXXX | //设置登录口令为 XXXX |
| hostname(config) # line vty 0 4 | //进入虚拟终端 virtual tty(Cata1900 不用设置) |

（5）IP 地址设置

| hostname(config) # ip address ip-address subnet-mask | //只有 Cata1900 可直接在全局配置模式下设置 IP |
|---|---|
| hostname(config) # int vlan 1 | |
| hostname(config-if) # -mask | //在 Cata3550 中要到 vlan 子模式下或在接口模式下设置 IP |
| ip address ip-address subnet | |

（6）缺省网关

hostname(config) # ip default-gateway ip-address

（7）接口配置

| hostname(config) # int e0/n | //进入接口配置模式 |
|---|---|
| hostname(config-if) # duplex half/full | //设置半双工、双工 |
| hostname(config-if) # description message | //接口描述信息 |
| hostname(config-if) # trunk on/off | //主干信息(Cata1900 只有百兆端口才能配置) |
| hostname(config-if) # switchport mode trunk | //Cata3550 及其他中高端产品才具有的命令 |
| hostname(config-if) # no switchport | //将一个二层端口转变成三层端口 |
| hostname(config-if) # switchport | //将一个三层端口转变成二层端口 |

**注意：**通过 no switchport 配置命令，就可以把 Cata3550 中的二层端口变得和一般路由器的 FE 端口没什么区别，在里面，可以分配 ip address 或者做访问列表的控制、QoS 相关的配置等。

| hostname(config) # int range f number | //进入一组接口 |
|---|---|

（8）配置 VTP 信息

| hostname(config) # vtp domain name | //VTP 域名 |
|---|---|
| hostname(config) # vtp server/client/transparent | //模式(服务器/客户机/透时域) |
| hostname(config) # vtp password secret | //VTP 密码 |
| hostname(config) # vtp PRuning enable | //VTP 剪除启动 |
| hostname(config) # vtp trap enable | //VTP trap 启动 |

**注意：**在 Cata3550 等中高端交换机中也可在 VLAN 模式下进行以上配置。

（9）VLAN 配置

| Hostname(config)vlan vlan-number name vlan-name | //创建 VLAN |
|---|---|
| Hostname(config-if)vlan-member ship static vlan-number | //将端口分配给 VLAN(Cata1900) |
| Hostname(config-if)switchport access vlan vlan-number | //将端口分配给 VLAN(Cata3550 及其他 //中高端产品) |
| Hostname(config-if)switchport trunk encapsulation cisco dot1 | //设置 trunk 封装 |
| Hostname(config-if) # switchport mode trunk | //设置为 trunk 模式 |
| Hostname(config-if) # no shutdown | |

任务 4-2　在交换机上划分 VLAN

为了工作任务的连续性,我们在任务 3-2 组建小型办公/家庭网络的基础上划分出多个子网,组成多个子网的企业网络。配置步骤如下:

1. 选择"VLAN 数据库",在配置中,VLAN 号输入"2",VLAN 名称输入"accounting",单击"增加"按钮,如图 4-30 所示。

注意:VLAN 1 是默认值 default,一开机所有端口都在 VLAN 1,所以对用户来说,使用时是透明的,也就是说所有端口默认都在一个子网 VLAN 1 上。

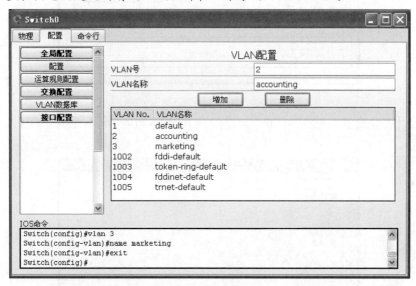

图 4-30　添加 VLAN 2 名称 accounting

2. 添加 VLAN 3 名称 marketing,如图 4-31 所示。

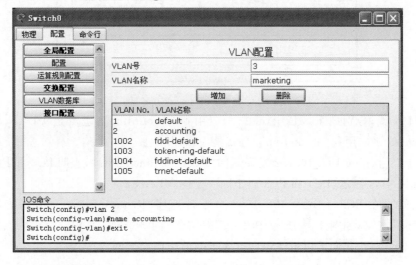

图 4-31　添加 VLAN 3 名称 marketing

3.选择"接口配置",把 FastEthernet0/1 应用到"accounting",也就是 VLAN 2 上,如图 4-32 所示。

图 4-32　端口应用到 accounting 上

4.选择"接口配置",把 FastEthernet0/2 应用到"marketing",也就是 VLAN 3 上,如图 4-33 所示。

图 4-33　端口应用到 marketing 上

5.同上步骤,分别把 FastEthernet0/3 应用到"accounting",也就是 VLAN 2 上,而把 FastEthernet0/4 应用到"marketing",也就是 VLAN 3 上。

6.在 PC3 上 ping 192.16.1.2 发现返回"Request timed out.",表明 PC3 和 PC2 属于不同子网,如图 4-34 所示,PC1 和 PC3 属于同一子网 VLAN 2。

7.同样的,在 PC2 上 ping 192.16.1.3 发现返回"Request timed out.",表明 PC2 和 PC1 属于不同子网,如图 4-35 所示,PC2 和 PC4 属于同一子网 VLAN 3。

重复以上步骤,我们可以组建包含更多子网的中型局域网。

图 4-34　PC3 和 PC2 属于不同子网

图 4-35　PC2 和 PC1 属于不同子网

## 4.4　知识拓展

生成树(Spanning Tree)算法是数学图论中的一种算法,具有坚实的理论基础,已经在理论上得到了证明,在网络互联的环状结构上有广泛的应用。

我们知道集线器在网络中可以进行级联,但是,集线器的级联决不能出现环路,否则发送的数据将在网中无休止地循环,造成整个网络的瘫痪。那么,如图 4-36 所示的具有环路的交换机级联网络是否可以正常工作呢? 答案是肯定的。

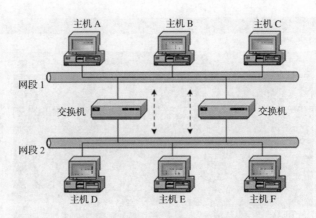

图 4-36  具有环路的交换机级联网络

交换机厂商在芯片中加入了 STP 生成树协议(Spanning Tree Protocol)。生成树是一个在交换网络中检测、消除冗余链路以防止出现二层循环的协议。如果不运行 STP,帧就有可能在网络中循环发送,流量迅速增大,最后使整个网络彻底瘫痪。STP 最初是一个收敛较慢的基于软件实现的桥接规范(IEEE 802.1D),现在已经是一个相当成熟的协议了,可以在一个具有多 VLAN、大量交换机、多厂商的复杂环境中很好地实施。

为保障网络的安全性,人们常对关键数据提供冗余备份链路,由于交换机实际上是多端口的透明桥接设备,因而易引发"拓扑环"问题。所以,交换机采用生成树协议算法让网络中的每一个桥接设备相互知道,自动防止拓扑环现象。交换机将检测到的"拓扑环"中的某个端口断开,以达到消除"拓扑环"的目的,维持网络中的拓扑树的完整性。(图 4-37)

实际上,以太网交换机除了按存储转发机制对信息进行转发外,还执行生成树协议。交换机通过实现生成树协议,可以相互交换信息,并利用这些信息将网络中的某些环路断开,从而在逻辑上形成一种树型结构。交换机按照这种逻辑结构转发信息,保证网络上发送的信息不会绕环旋转。图 4-37(a)中的具有环路的网络,会按生成树协议运行,形成的树型无环路逻辑结构如图 4-37(b)所示。最终,交换机的信息转发是沿着这棵树进行的。

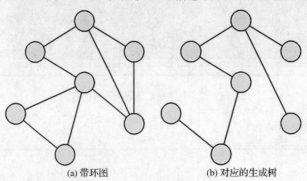

(a) 带环图            (b) 对应的生成树

图 4-37  网络拓扑与对应的生成树

## 项目实训 4  组建交换式局域网

【实训目的】

在 Cisco Packet Tracer 8.0 平台上组建交换式局域网,并使用 VLAN 操作命令,加强对 VLAN 概念的理解,要求掌握 VLAN 的格式和配置操作。

【实训环境】

每人为一组,每人一台装有 Cisco Packet Tracer 8.0 平台工具软件的计算机。

【实训内容】

在 Cisco Packet Tracer 8.0 平台上组建交换式局域网,5 台计算机分别按顺序与交换机上对应序号的 1、2、3、4、5 号端口连接,要将计算机 1、2、3 配置在 VLAN 2,将计算机 4、5 配置在 VLAN 3,请写出配置 VLAN 的步骤。其中,VLAN 2 名称为 online,VLAN 3 名称为 office。

【技能拓展】

如果有两台交换机连接,如何配置连接线 trunk? 可参见任务 4-1 的(8)、(9)。

## 项目习作 4

一、填空题

1.在将计算机与 10Base-T 集线器进行连接时,UTP 电缆的长度不能大于＿＿＿＿ m。在将计算机与 100Base-TX 集线器进行连接时,UTP 电缆的长度不能大于＿＿＿＿ m。

2.非屏蔽双绞线由＿＿＿＿对导线组成,10Base-T 用其中的＿＿＿＿对进行数据传输,100Base-TX 用其中的＿＿＿＿对进行数据传输。

二、单项选择题

1.在以太网中,集线器的级联(　　)。

A.必须使用直通 UTP 电缆　　　　B.必须使用交叉 UTP 电缆

C.必须使用同一种速率的集线器　　D.可以使用不同速率的集线器

2.下列哪种说法是正确的?(　　)

A.集线器可以对接收到的信号进行放大　B.集线器具有信息过滤功能

C.集线器具有路径检测功能　　　　D.集线器具有交换功能

三、计算题

1.一个主机的 IP 地址为 192.168.5.121,子网掩码为 255.255.255.248,那么该主机的子网地址、主机号、子网号是多少? 写出计算过程。

2.一个 B 类的 IP 地址为 128.22.25.6,当子网掩码为 255.255.255.0 时,该主机的子网地址、主机号、子网号是多少? 当子网掩码为 255.255.240.0 时,该主机的子网地址、主机号、子网号又是多少?

3.已知某主机的 IP 地址为 172.168.100.200,子网掩码为 255.255.240.0,请推导出:该主机所在的网络地址;网络内允许的最大主机数;网络内主机 IP 地址的范围;广播地址。

4.现需要对一个局域网进行子网划分,其中,第一个子网包含 2 台计算机,第二个子网包含 260 台计算机,第三个子网包含 62 台计算机。如果分配给该局域网一个 B 类地址 128.168.0.0,请写出你的 IP 地址分配方案,并在组建的局域网上留有 100 个子网。

5.一个园区网内某 VLAN 中的网关地址设置为 172.26.16.1,子网掩码设置为 255.255.240.0,该 VLAN 最多可以配几台 IP 地址主机?

# 项目 05

# 组建远程局域网

⚙ 5.1 项目描述

IP 路由技术是实现不同网络或异构网络间数据报传输过程中路由选择服务的重要技术。路由协议通过在路由器之间共享路由信息来支持可路由协议,它为局域网(LAN)、广域网(WAN)以及虚拟专用网(VPN)连接 Internet 上的商务活动提供路由选择服务。按生成路由表项的方式,路由分静态路由和动态路由,静态路由需要手动预先在路由服务器上配置好,动态路由是由路由协议如 RIP(Routing Information Protocol,路由信息协议)、OSPF(Open Shortest Path First,开放式最短路径优先)自动生成的。企业可以根据网络互联的规模、管理的成本等因素选择使用一种,同时,也可在公用网络上建立虚拟专用网络 VPN,它能更好地利用公共资源,降低企业成本。

本项目对应的工作任务见表 5-1。

表 5-1　　　　　　　　　　　　　项目对应的工作任务

| 工作项目(企业需求) | 教学项目(工作任务) | 参考课时 |
|---|---|---|
| 本企业许多部门所在的网络都互不相同,要实现跨网络的互联互通,必须经过路由转发,一种方案是人工添置路由表的静态路由设置;另一种方案是配置动态路由。动态路由可使用 RIP、OSPF 等多种路由协议,实现多个不同网段的互联互通,既方便管理,又节省管理成本 | 任务 5-1:配置路由器。在一台安装了路由服务的计算机上,配置基本路由服务功能,可以通过添加服务的窗口,安装并启用该端口和 PC 服务,通过这台路由器可以实现跨不同网段的互联,完成一台路由器配置的所有功能,特别是添加路由端口地址,无论是静态路由还是动态路由,都必须使用路由器端口地址,它是路由器配置的基础 | 1.5 |
| | 任务 5-2:配置静态路由。静态路由需要网络管理员手动配置,预先对互联网络的目标网段进行静态路由设置,实现两个路由器上数据报跨网络的转发 | 2 |
| | 任务 5-3:配置动态路由。使用 RIP 路由协议,通过启用该动态路由协议,自动生成路由表项,既降低了网络管理员的工作量,又优化了路由表项,实现三个路由器之间的数据报转发,提高了数据报的转发性能 | 2 |
| | 任务 5-4:通过路由器组建大型局域网。使用 OSPF 路由协议,通过启用该动态路由协议,自动生成路由表项,组建四个路由器的大型局域网 | 2 |
| | 任务 5-5:使用 tracert 和 netstat 命令。通过采用路由接口跟踪,可以实现路由器配置和调试,实现网络通信的针对性管理,提高了网络通信管理的安全质量 | 1 |

续表

| 工作项目(企业需求) | 教学项目(工作任务) | 参考课时 |
|---|---|---|
| 思政融入和项目职业素养要求 | 通过对网络层动、静态路由的配置,传输层 UDP 协议与 TCP 协议的不同分析,引导学生认识到每个人擅长的领域不同,大家首先要认清自己,合理规划自身发展,有正确的人生观,不能虚度光阴 | |

## 5.2　项目知识准备

### 5.2.1　网络互联概述

在前面我们学习了总线型、环型、星型等网络,而日常生活中存在大量的个人计算机,我们通过什么技术进行网络互联是个需要解决的问题,如图 5-1 所示。

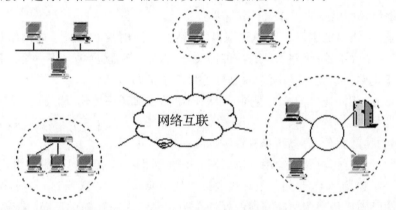

图 5-1　网络互联

网络互联通常是指将不同的网络用互联设备和技术连接在一起形成一个更大范围的网络,实现更大范围的资源共享。

在现实中,网络并不是由单一的类型及结构组成的,这里有三个原因:

(1)历史原因:不同公司的网络产品大量出现。

(2)价格原因:网络产品价格的高低影响人们使用不同网络。

(3)技术原因:不同网络采用不同技术、不同硬件、不同协议。

这些众多的网络的操作系统、通信协议、拓扑结构都不尽相同。要想使这些网络能够相互通信访问,必须使用连接技术把这些异构网络互联起来。

**1.面向连接和面向无连接的解决方案**

连接是指通信系统中两个对等实体为数据交换而采用的结合方式,是计算机网络通信中一个非常重要的概念,目前网络互联有两种解决方案。一是面向连接的解决方案,二是面向无连接的解决方案。

(1)面向连接的解决方案

面向连接的解决方案要求必须在通信之前建立连接,通信过程中保持连接,通信结束后拆除连接。这类似于电话系统的通信模式。就好比打电话,必须先拨号,然后谈话,最后挂断。

在面向连接的解决方案中两个节点之间必须建立一条逻辑信道,这条用于数据通信的逻辑信道通常被称为级联虚电路(Concatenated Virtual Circuits)，如图 5-2 所示。它提供了一条在网络上顺序发送报文分组的预定义路径，这个连接类似于语音电话。

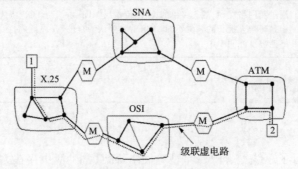

图 5-2　面向连接的解决方案

图 5-2 中级联虚电路的工作过程分三步：

①建立连接：当目的主机不在本子网内时，则在子网内找一个离目的网络最近的路由器，与之建立一条虚电路；该路由器与外部网关建立虚电路；该网关与下一个子网中的一个路由器建立虚电路。重复上述操作，直到到达目的主机。

②传输数据：相同连接的分组沿同一级联虚电路按照顺序传输；网关根据需要转换分组格式和虚电路号。

③拆除连接：数据传送完后，释放资源拆除连接。

面向连接的级联虚电路普遍用于电话网。它在网络中两点之间形成专用连接，一个电话呼叫建立一个连接，发起呼叫的电话机通过本地交换局穿过中继线到一个远程交换局，最后到达目的电话机。级联虚电路交换的好处在于它保证为用户提供足够的带宽，一旦建立一条连接线路，没有其他网络活动会占用线路的带宽，从而可确保低时延、低失真的实时通信服务质量(QoS)。级联虚电路交换的缺点是网络带宽利用率低，无论用户是否处于讲话状态，分配的线路始终被占用。由于面向连接的解决方案可确保数据传送的顺序和传输的可靠性，它比较适合于在一定的时间内要向同一目的地发送大量报文的情况。对于发送很短的零星报文，如果选择面向连接的解决方案就会因为开销过大而浪费资源。

(2)面向无连接的解决方案

在面向无连接的解决方案中通信双方不需要建立和维持连接，但必须有独立报文。这类似于邮政系统的模式，就好像写信有独立的信封、信纸一样。两个节点之间无须建立连接，这种数据通信方法通常被称为分组交换，如图 5-3 所示。

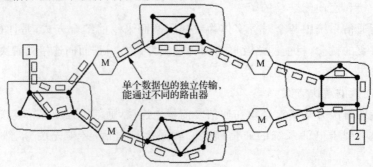

图 5-3　面向无连接的解决方案

图 5-3 中分组交换的工作过程：

- 无连接的分组交换工作过程与数据报子网的工作过程相似。

- 每个分组有独立路由，不保证分组按顺序到达，提高了网络利用率。其中，连接不同子网的多协议路由器做协议转换，包括分组格式转换和地址转换等。无连接的分组交换普遍用于数据网和计算机网络。它包括两大要素，一是采用一定长度的（IP 长度为 20 K～64 K 字节可变、ATM 采用的长度为 53 字节）、结构统一的分组（包）作为数据传输的基本单位，每个分组的头部包括地址（源地址、目的地址）、序号、校验码等信息，供节点检错校错、排队、选路等处理使用，数据部分则采用透明传送。二是采用存储转发机制，每个节点首先将前一节点送来的分组收下来，暂时存储在缓冲区中，然后根据分组头部的地址信息选择适当的链路将其发送至下一节点。分组交换方式类似高速公路上汽车的行驶，极大地提高了网络带宽的利用率。

在面向无连接的分组交换系统中，路由选择（Routing）要选择一条路径发送分组，这一功能是由路由器完成的。

（3）连接级联虚电路与无连接分组交换的比较

① 级联虚电路网络互联

优点：

- 路由器预留缓冲区等资源，保证服务质量。

- 分组按序号传输。分组的报文头部较短。

缺点：

- 路由器需要大量内存存储虚电路信息。

- 一旦发生拥塞，没有其他路由，健壮性差。

- 如果网络中有一个不可靠的数据报子网，级联虚电路就很难实现。

② 无连接分组交换网络互联

优点：

- 能够容忍拥塞，并能适应拥塞。

- 健壮性好。

- 可用于多种网络互联。

缺点：

- 分组的报文头部较长。

- 不能保证分组按序号到达。

- 不能保证服务质量。

**2. IP 数据报在互联网上的传输**

IP 是 Internet Protocol（网络互联协议）的缩写。IP 协议具有良好的适应性，因此，IP 协议得到广泛使用，成为支撑 Internet 的基础。

IP 协议提供的是一种无连接的、不可靠的、尽力发送的服务，把数据从源端发送到目的端。IP 数据报在经过网络传输时，有可能因为网络拥塞、链路故障等而造成丢失或出错。对此，IP 协议仅具有有限的错误报告功能，它调用 ICMP 协议来实现差错报告。数据报内容的差错检测和恢复则交给高层（传输层协议 TCP）去完成。

微课 12

TCP 报文传输过程

IP 是 TCP/IP 协议簇的核心协议之一,协议的内容包括:基本传输单元的格式(也就是 IP 报文的类型与定义)、IP 报文的地址以及分配方法、IP 报文的路由转发以及 IP 报文的分段与重组。

IP 数据报是 IP 协议的基本处理单元,它由两部分组成:报文头和数据部分,如图 5-4 所示。所有的 TCP、UDP 及 ICMP 数据都以 IP 数据报格式传输。

图 5-4　IP 数据报

目前,已经有两种 IP 版本 IPv4 和 IPv6,IPv4 数据报的报文头包含一些必要的控制信息,它本身由 20 个字节的固定部分和变长的可选项(Option)部分构成,数据部分可携带 0~64 KB 传输数据,如图 5-5 所示。

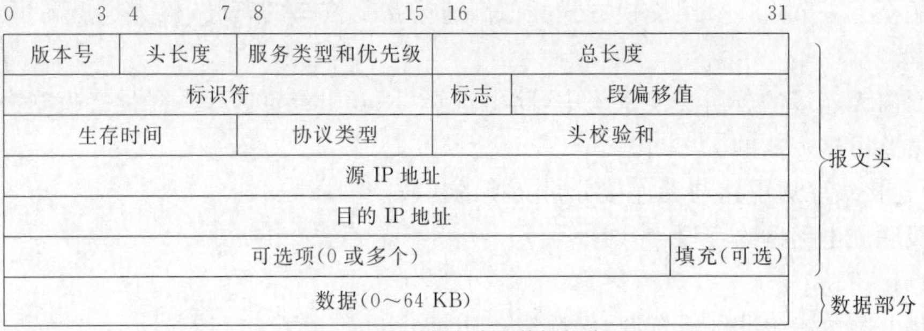

图 5-5　IPv4 报文头和数据部分

①版本(Version)号:4 位,说明数据报属于哪一个协议版本,以便可以在运行不同版本协议的机器之间进行版本转换。IPv4 和 IPv6 即在此标识,当该域值为 4 时,表示 IPv4。

②头长度(Header Length):头长度字段占用 4 位,表示报文头的长度。它的数值是以 4 字节为单位表示长度,即 IP 报文头中真正的字节数应该等于头长度值乘以 4。IP 报文头又分为固定部分和可选项部分,固定部分正好是 20 个字节,而可选项部分为变长,因此需要用一个字段来给出 IP 报文头的长度。若可选项部分长度不为 4 的倍数,则还应根据需要填充(Padding)1 到 3 个字节以凑成 4 的倍数。

③服务类型(Type of Service)和优先级:IP 报文头中的服务类型字段规定了对于本数据报的处理方式。该字段总共为 1 个字节,被分为 5 个子域。其结构如图 5-6 所示。其中优先权(共 3 比特)指示本报文的重要程度,其取值范围为 0~7。用 0 表示一般优先级,用 7 表示网络控制优先级,即值越大,优先级越高。它提供了一种区分不同 IP 数据报的手段,例如,让重要的网络控制信息比一般 IP 数据报具有更高的优先级。

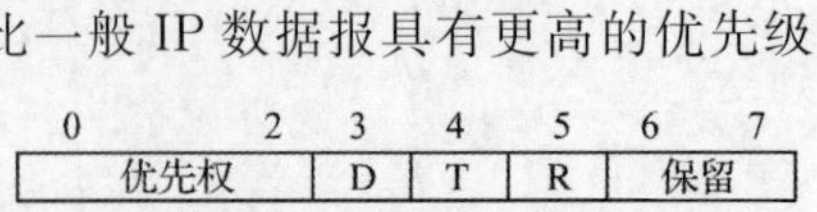

图 5-6　服务类型和优先级

D、T、R 三位表示本数据报所希望的传输类型。D 是 Delay(延迟)的缩写,T 是 Throughput(吞吐量)的缩写,而 R 是 Reliability(可靠性)的缩写。若上述三个标志位被置为 1,则分别表示要求低延迟、高吞吐量和高可靠性。例如,当前的会话为文件传输,如果这三个标志位设置为 001,则表示在传输过程中需要高可靠性,而对延迟或吞吐量不做要求。

当然,互联网并不能保证一定满足上述传输要求,而是把这种要求作为路由选择时的提示,途经的路由器可以把它们当作选径时的参考。假如路由器知道去往目的网络有多条路径,则路由器可以根据这三个标志位的设置情况来选择一条最合适的路由。这三个标志位中只能有一个被设置为 1(表明最关心那方面的性能),否则路由器将无法正确地进行处理。

④总长度(Total Length):总长度字段表示整个 IP 报文的长度(既包括报文头又包括数据部分),它以字节为单位。总长度字段占用 16 位,所以 IP 数据报最长可达 64 K 字节。

⑤标识符(Identification):占用 16 位,是一个无符号整型值,它是 IP 协议赋予报文的标识,属于同一个报文的分段具有相同的标识符。标识符的分配绝不能重复,IP 协议每发送一个 IP 报文,就把该标识符的值加 1,作为下一个报文的标识符。

⑥标志(Flag):3 位,说明本数据报是否允许分段。从左至右第 1 位保留未用,第 2 位禁止分段标志 DF(Don't Fragment)表示是否允许分段,第 3 位最终分段标志 MF(More Fragment)表示本分段是否为最后一段。当 DF 位被置为 1,该报文不能被分段。假如此时 IP 数据报的长度大于网络的 MTU 值,则根据 IP 协议把该报文丢弃,同时向源端返回出错信息。MF 标志位置为 0 时,说明该分段是原报文的最后一个分段。

⑦段偏移值(Fragment Offset):13 位,指出本分段的第 1 个字节在初始的 IP 报文中的偏移值,该偏移值以 8 字节为单位。

⑧生存时间(Time to Live,TTL):为防止死循环的发生所规定的 IP 数据报生存的时间。IP 协议中提出了生存时间的控制方法,它限制了一个报文在网络中的存活时间。报文头的生存时间被初始化设置为最大值 255。报文每经过一个路由器,其 TTL 值减 1,直到它的值减为 0,则丢弃该报文。这样,即使在网络中出现循环路由,循环转发的 IP 报文也会在有限的时间内被丢弃。

⑨协议类型(Protocol):8 位,协议类型字段的内容指出 IP 报文中数据部分是属于哪一种协议(高层协议),接收端则根据该字段的值来确定应该把 IP 报文中的数据交给哪个上层协议去处理。常见的上层协议包括 TCP、UDP、ICMP、IGMP 等。其对应的协议类型分别为 6、17、1、2。

⑩头校验和(Header Checksum):16 位,头校验和用于保证头部数据的正确性和完整性,节省路由器处理 IP 数据报报头的时间。该字段的值在 IP 数据报途经的每个路由器上将重新生成,并由下一跳的路由器验证。IP 模块丢弃报头出错的数据报,并通过 ICMP 告知发送方。

⑪源 IP 地址(Source IP Address):32 位,数据报的源主机 IP 地址,表示该报文的发送者。

⑫目的 IP 地址(Destination IP Address):32 位,数据报的目的主机 IP 地址,表示该报文的接收者。

⑬可选项(Option):可变长度,提供任选的服务,如时间戳、错误报告和特殊路由等。用于对 IPv4 的功能扩充。

⑭填充(Padding):是可选项,可变长度,保证整个 IP 数据报报头的长度为 32 位的整数倍。

**3. IP 数据报的分段和重组**

一般来说在网络传输的过程中要跨越若干个不同的物理网络,所容许的最大帧长度不同。IP 协议需要一种分段机制,把一个大的 IP 报文,分成若干个小的分段进行传输,最后到达目的地再重新组合还原成原来的样子。这就是数据报的分段和重组。

（1）分段

IP报文要交给数据链路层，把IP数据报放在物理帧中再进行传输，这一过程叫作封装（Encapsulation）。封装成帧之后才能发送。理想情况下IP报文正好放在一个物理帧中，这样可以使网络传输的效率最高。而实际的物理网络所支持的最大帧长各不相同。例如，以太网帧中最多可以容纳1 500字节的数据，而一个FDDI帧中可以容纳4 470字节的数据。我们把这个上限称为物理网络的最大传输单元MTU（Maximum Transmission Unit）。有些网络的MTU非常小，其值只有128个字节。

为了把一个IP报文放在不同的物理帧中，最大IP报文的长度就只能等于这条路径上所有物理网络的MTU的最小值。当数据报通过一个可以传输长度更大的帧的网络时，把数据报的大小限制在互联网上最小的MTU之下不经济；如果数据报的长度超过互联网中最小的MTU的话，则当该数据报在穿越该子网时，就无法被封装在一个帧中。

IP协议在发送IP报文时，一般选择一个合适的初始长度。如果这个报文要经历的中间物理网络的MTU比IP报文长度要小，则IP协议把这个报文的数据部分分割成若干个较小的数据片，组成较小的报文，然后放到物理帧中去发送。每个小的报文称为一个分段（Fragmentation），分段的动作一般在路由器上进行。如果路由器从某个网络接口收到了一个IP报文，要向另一个网络转发，而该网络的MTU比IP报文长度要小，那么就要把该IP报文分成多个小IP分段后再分别发送。对一个IP报文进行分段的网络环境示例如图5-7所示。

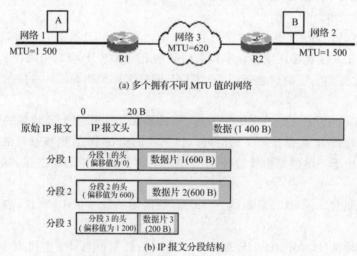

(a) 多个拥有不同MTU值的网络

(b) IP报文分段结构

图5-7　对一个IP报文进行分段的网络环境示例

如图5-7（a）所示，两个以太网通过一个远程网络互联起来。以太网的MTU都是1 500，但是中间的远程网络的MTU为620。如果主机A现在发送给B一个长度超过620字节的IP报文，首先在经过路由器R1时，就必须把该报文分成多个分段。在进行分段时，每个数据片的长度依照物理网络的MTU而确定。由于IP报文头中的偏移字段的值实际上是以8字节为单位的，所以要求每个分段的长度必须为8的整数倍（最后一个分段除外，它可能比前面的几个分段的长度都小，它的长度可能为任意值）。图5-7（b）是一个包含有1 400字节数据的IP报文，在经过图5-7（a）所示网络环境中的路由器R1后，该报文的分段情况从图中可以看出，每个分段都包括各自的IP报文头。而且该报文头和原来的IP报文头非常相似,除了 MF 标志位、分段偏移值、头校验和等字段外,其他内容完全一样。

(2)重组

重组是分段的逆过程,把若干个 IP 分段重新组合后还原成原来的 IP 报文。

在目的端收到一个 IP 报文时,可以根据其分段偏移值和 MF 标志位来判断它是否是一个分段。如果 MF 位是 0,并且分段偏移为 0,则表明这是一个完整的 IP 数据报。如果分段偏移值不为 0,或者 MF 位为 1,则表明它是一个分段。这时目的端需要实行分段重组。IP 协议根据 IP 报文头中的标识符字段的值来确定哪些分段属于同一个原始报文,根据分段偏移值来确定分段在原始报文中的位置。如果一个 IP 数据报的所有分段都正确地到达目的地,则把它重新组织成一个完整的报文后交给上层协议去处理。

分段可以在任何必要的中间路由器上进行,而重组仅在目的主机处进行。

### 5.2.2　网络互联设备——路由器

路由器(Router)是工作在 OSI 参考模型中第三层(网络层)的设备。路由器主要决定最佳路由并转发数据报。路由器内有一个路由表,其中记录各种链路信息,供路由算法计算出到目的地的最佳路由,路由器据此再进行数据转发。如不能知道目的路由,则将数据丢弃,并向源地址返回信息。路由器可相互学习路由信息或将自己的链路状态进行广播,这样可使路由信息按一定方式进行更新,从而由算法

微课 13

路由器的工作原理

计算最佳路由。因此路由器路径计算工作量很大。路由器一般端口数量有限,路由转发速度慢。在内网数据流量较大,又要求快速转发响应时,常建议使用三层交换机,而将网间路由工作交给路由器完成。

路由器用于连接多个逻辑上分开的网络,常用于大型校园网和企业网中。逻辑网络是指一个单独的网络或子网。当数据从一个子网传输到另一个子网时,可通过路由器来完成。路由器具有判断网络地址和选择数据传输路由的功能,它能在多网络互联环境中建立灵活的连接,可用完全不同的数据分组和介质访问方法连接各种子网。路由器只接收源站或其他路由器的信息,不关心各子网使用的硬件设备,但要求运行与网络层协议一致的软件。

IP 数据报在 Internet 上的传输是 IP 数据报寻径的过程,也是一个 IP 数据报是怎样从信源传到信宿的过程。Internet 是构架在路由器上的网络,IP 数据报寻径就是指要找出 IP 数据报从信源开始,按怎样的顺序通过哪些路由器抵达信宿的路径。一个 IP 数据报从信源传到信宿的过程是:当信源发送一个 IP 数据报给信宿时,如果信宿不在本地网络上,那么信源就将数据报发送到邻近的某一个路由器上。路由器都保持有一个路由表(Routing Table),它指明到达不同信宿网络时,下一个必须经过的路由器地址。根据路由表,路径上的每个路由器收到这个数据报时,先从头部取出目的地址,根据这个地址决定数据报该发往的下一跳,即把 IP 数据报送到下一个路由器上。依此类推,IP 数据报经过多个路由器后,最后到达信宿主机所在的物理网络上的路由器。然后该路由器把 IP 数据报发送给信宿主机。

网络上为了使路径选择高效而且便于理解,每个路由器用路由表来保存路由信息。当一个路由器启动时,需对路由表进行初始化,而当网络的拓扑发生变化或某些硬件发生故障

时,必须更新路由表。路由表中每一项都指定了一个目的地和为到达这个目的地所要经过的下一跳地址。路由表的生成有两种方法:第一种方法是人工生成法,此法适合于较简单的网络。如果网络管理员知道本地网络的拓扑结构,他就可以用人工的方法去生成路由表。这种路由表是静态的,它不能随网络结构的变化而自动地改变;而且,当网络的某条链路失效时,这种路由表也会导致错误的路由。因此,这种方法只适合小型网络。第二种方法是自动生成法。网络上的所有路由器相互合作,互相传播路由信息,然后各个路由器根据一定的路由算法,自动生成路由表。由于路由信息是周期性地传播,因此,路由表能够随网络状态的改变而动态改变。

如图 5-8 所示,路由器 R1 直接连接网络 1(10.0.0.0)和网络 2(20.0.0.0),因此,R1 能将数据报直接发往连在这两个网络上的任何目的主机。当一个数据报的目的地在网络 4(40.0.0.0)中时,R1 就需将数据报发往路由器 R3。路由表中列出的每个目的地都是一个网络,而不是一个单独的主机。每个路由器被指定了两个 IP 地址,一个地址对应一个接口。例如,连接网络 10.0.0.0 和 20.0.0.0 的路由器分别被指定了地址 10.0.0.1 和 20.0.0.1。

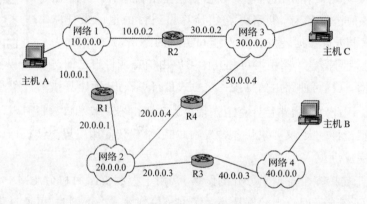

图 5-8 路由器发送数据示意图

R1 路由表见表 5-2。表中每一行都列出一个目的地、一个掩码和到达目的地的下一跳。

表 5-2            R1 路由表

| 目的地 | 掩码 | 下一跳 |
| --- | --- | --- |
| 10.0.0.0 | 255.0.0.0 | 直接连接 |
| 20.0.0.0 | 255.0.0.0 | 直接连接 |
| 30.0.0.0 | 255.0.0.0 | 10.0.0.2 |
| 40.0.0.0 | 255.0.0.0 | 20.0.0.3 |

例如主机 A 上 IP 数据报的源地址为 10.0.0.64,要发送到目的地址为 40.0.0.128 的主机 B,那么 IP 数据报将由网络 1(10.0.0.0)发送到网络 4(40.0.0.0),在路由器 R1 中可以查到该数据报的转发路径,其下一跳的地址是 20.0.0.3。则该 IP 数据报被转发到路由器 R3 中(R3 路由表见表 5-3);同样的,在路由器 R3 中可以查到该数据报的转发路径,其下一跳是"直接连接",所以 IP 数据报经 R3 直接发往指定的目的网络4(40.0.0.0)上的主机 B。

表 5-3　　　　　　　　　　　　　　　　　　　R3 路由表

| 目的地 | 掩　码 | 下一跳 |
| --- | --- | --- |
| 10.0.0.0 | 255.0.0.0 | 20.0.0.1 |
| 20.0.0.0 | 255.0.0.0 | 直接连接 |
| 30.0.0.0 | 255.0.0.0 | 20.0.0.4 |
| 40.0.0.0 | 255.0.0.0 | 直接连接 |

### 5.2.3　路由协议

路由器提供了异构网互联的机制,实现将一个网络的数据报发送到另一个网络。而路由就是指导 IP 数据报发送的路径信息。路由协议就是在路由指导 IP 数据报发送过程中事先约定好的规定和标准。

路由协议通过在路由器之间共享路由信息来支持可路由协议。路由信息在相邻路由器之间传递,确保所有路由器知道到其他路由器的路径。总之,路由协议创建了路由表,描述了网络拓扑结构;路由协议与路由器协同工作,实现路由选择和数据报转发功能。路由协议主要运行于路由器上,路由协议是用来确定到达路径的,它包括 RIP、IGRP、EIGRP、OSPF,起到一个地图导航负责找路的作用,它工作在网络层。

路由协议是运行在路由器上的协议,主要用来进行路径选择。路由协议作为 TCP/IP 协议簇中的重要成员之一,其选路过程实现的好坏会影响整个 Internet 网络的效率。按应用范围的不同,路由协议可分为两类:在一个 AS(Autonomous System,自治系统,指一个互联网络,就是把整个 Internet 划分为许多较小的网络单位,这些小的网络有权自主决定在本系统中采用何种路由协议)内的路由协议称为内部网关协议(Interior Gateway Protocol,IGP),AS 之间的路由协议称为外部网关协议(Exterior Gateway Protocol,EGP)。这里网关是路由器的旧称。现在正在使用的内部网关协议有以下几种:RIPv1、RIPv2、IGRP、EIGRP、IS-IS 和 OSPF。其中前三种路由协议采用的是距离向量算法,IS-IS 和 OSPF 采用的是链路状态算法,EIGRP 是结合了链路状态和距离向量路由协议的 Cisco 公司私有路由协议。对于小型网络,采用基于距离向量算法的路由协议易于配置和管理,且应用较为广泛,但在面对大型网络时,不但其固有的环路问题变得更难解决,所占用的带宽也迅速增大,以至于网络无法承受。因此对于大型网络,采用链路状态算法的 IS-IS 和 OSPF 较为有效,并且得到了广泛的应用。IS-IS 与 OSPF 在质量和性能上的差别并不大,但 OSPF 更适用于 IP,比 IS-IS 更具有活力。IETF 始终致力于 OSPF 的改进工作,其修改节奏要比 IS-IS 快得多。这使得 OSPF 正在成为一种应用广泛的路由协议。现在,不论是传统的路由器设计,还是新一代标准 MPLS(多协议标签交换),均将 OSPF 视为必不可少的路由协议。

外部网关协议最初采用的是 EGP。EGP 是为一个简单的树型拓扑结构设计的,随着越来越多的用户和网络加入 Internet,EGP 的局限性日益突显。为了摆脱 EGP 的局限性,IETF 的边界网关协议工作组制定了标准的边界网关协议 BGP。

### 5.2.4　部署和选择路由协议

路由分为静态路由和动态路由,其路由表分别称为静态路由表和动态路由表。静态路由表由网络管理员在系统安装时根据网络的配置情况预先设定,网络结构发生变化后由网络管理员手动修改。动态路由表随网络运行情况的变化而变化,路由器根据路由协议提供的功能自动计算数据传输的最佳路径。

根据路由算法,动态路由协议可分为距离向量路由协议(Distance Vector Routing Protocol)和链路状态路由协议(Link State Routing Protocol)。距离向量路由协议基于 Bellman-Ford 算法,主要有 RIP、IGRP(IGRP 为 Cisco 公司的私有协议);链路状态路由协议基于图论中非常著名的 Dijkstra 算法,即最短路径优先(Shortest Path First,SPF)算法,如 OSPF。在距离向量路由协议中,路由器将部分或全部的路由表传递给与其相邻的路由器;而在链路状态路由协议中,路由器将链路状态信息传递给在同一区域内的所有路由器。

各种路由协议各有特点,适合不同类型的网络,如图 5-9 所示。

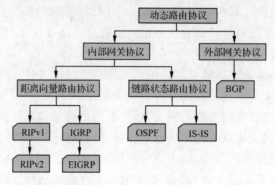

图 5-9    动态路由协议分类

1. 静态路由

静态路由表在开始选择路由之前就被网络管理员建立,并且只能由网络管理员更改,所以只适用于网络传输状态比较简单的环境。

(1)静态路由的特点

● 静态路由无须进行路由交换,因此节省了网络的带宽、路由器的内存,降低了 CPU 的利用率。

● 静态路由具有更高的安全性。在使用静态路由的网络中,所有要连到网络上的路由器都需在邻接路由器上设置其相应的路由。因此,在某种程度上提高了网络的安全性。

● 有的情况下必须使用静态路由,如 DDN、使用 NAT 技术的网络环境。

(2)静态路由的缺点

● 管理者必须真正理解网络的拓扑并正确配置路由。

● 网络的扩展性能差。如果要在网络上增加一个网络,管理者必须在所有路由器上加一条路由。

● 配置烦琐,特别是当需要跨越几台路由器通信时,其路由配置更为复杂。

(3)静态路由的部署

在路由器的">"普通用户模式下只能查看现在的配置,不能更改配置,能够使用的命令也很有限。输入 enable,进入特权模式:

```
＞enable
#config t
(config)#
```

静态路由的设置分以下两步:

①在路由器上添加端口地址

命令格式:int［端口］　　　　　　　　　　　　　（进入端口）

ip add　［IP 地址］［子网掩码］　　　　　　　（添加端口地址）

no shutdown　　　　　　　　　　　　　　　　（激活端口）

②添加静态路由表

命令格式:ip route　［目的地址网络号］［子网掩码］［下一跳 IP 地址］

**2. 动态路由**

如前所述,动态路由协议分为内部网关协议(IGP)和外部网关协议(EGP),如图 5-9 所示。而内部网关协议可以分为距离向量路由协议(如 RIP、IGRP)和链路状态路由协议(如 OSPF),此外还有一种混合协议(EIGRP),四种动态路由协议各有特点,分述如下:

(1)RIP 距离向量路由协议

距离向量指协议使用跳数或向量来确定从一个设备到另一个设备的距离。不考虑每跳链路的速率。

距离向量路由协议不使用正常的邻居关系,它用两种方法获知拓扑的改变和路由的超时:一种是路由器不能直接从连接的路由器收到路由更新时,路由器超时;另一种是路由器从相邻路由器处收到一个更新,通知它网络的某个地方拓扑发生了变化。

RIP 是路由器生产商之间使用的第一个开放标准,是历史最久、使用最广泛的路由协议,在所有 IP 路由平台上都可以得到。当使用 RIP 时,一台 Cisco 路由器可以与其他厂商的路由器连接。RIP 有两个版本:RIPv1 和 RIPv2,它们均基于经典的距离向量路由算法,最大跳数为 15。

RIPv1 是族类路由(Classful Routing)协议,因为路由上不包括子网掩码信息,所以网络上的所有设备必须使用相同的子网掩码,不支持 VLSM。RIPv2 可发送子网掩码信息,是非族类路由(Classless Routing)协议,支持 VLSM。

RIP 使用 UDP 数据报更新路由信息。路由器每隔 30 s 更新一次路由信息,如果在 180 s 内没有收到相邻路由器的回应,则认为去往该路由器的路由不可用,该路由器不可到达。如果在 240 s 后仍未收到该路由器的应答,则把有关该路由器的路由信息从路由表中删除。

①RIP 的特点

● 不同厂商的路由器可以通过 RIP 互联;

● 配置简单;

● 适用于小型网络(小于 15 跳);

● RIPv1 不支持 VLSM;

● 需消耗广域网带宽;

● 需消耗 CPU、内存资源。

RIP 的算法简单,但在路径较多时收敛速度慢,广播路由信息时占用的带宽资源较多,它适用于网络拓扑结构相对简单且数据链路故障率极低的小型网络,在大型网络中,一般不使用 RIP。

②RIP 的部署

- ip routing　　　　　　　　　　（声明是动态路由协议）
- router rip　　　　　　　　　　（指定使用 RIP）
- Network ＜network＞　　　　　（指定相邻网络的网络号）
- Show ip route　　　　　　　　（查看路由信息）

（2）IGRP 距离向量路由协议

IGRP 是 Cisco 公司 20 世纪 80 年代开发的，是一种动态的、长跨度（最大可支持 255 跳）的路由协议，使用度量（向量）来确定到达一个网络的最佳路由，根据时延、带宽、可靠性和负载等来计算最优路由，它在同一个自治系统内具有高跨度，适合复杂的网络。Cisco IOS 允许路由器管理员对 IGRP 的网络带宽、延时、可靠性和负载进行权重设置，以影响度量的计算。

像 RIP 一样，IGRP 使用 UDP 数据报更新路由信息。路由器每隔 90 s 更新一次路由信息，如果在 270 s 内没有收到某路由器的回应，则认为该路由器不可到达；如果在 630 s 后仍未收到应答，则从路由表中删除该路由。与 RIP 相比，IGRP 的收敛时间更长，但传输路由信息所需的带宽减少了，此外，IGRP 的分组格式中无空白字节，从而提高了报文转发效率。但 IGRP 为 Cisco 公司专有，仅适用于 Cisco 产品。

①IGRP 的特点

IGRP 用一个综合性的度量值选择路由，这个度量值包括如下因素：

- 带宽：指明源地址和目的地址之间的最小带宽。
- 时延：指明沿路径的接口延时之和。
- 可靠性：指明源地址和目的地址之间在最坏情况下的可靠性，它是基于链接有效状态的。
- 负载：指明源地址和目的地址之间的最大可能负载，单位是 bit/s。
- 最大传输单元（MTU）：指明路径中的最小 MTU。

具有最小度量值的路径是最优路由，在缺省情况下，IGRP 只考虑带宽和时延两种因素。

②IGRP 的部署

- 缺省部署命令
- Clock rate ＜时钟频率＞　　　　（指定路由器端口时钟频率）
- Bandwidth ＜带宽＞　　　　　　（指定路由器端口带宽）
- Router igrp ＜进程号＞　　　　　（指定使用 IGRP）
- Network ＜network＞　　　　　（指定相邻网络的网络号）
- Show ip route igrp　　　　　　（查看 IGRP 路由信息）

（3）OSPF 链路状态路由协议

开放式最短路径优先（Open Shortest Path First，OSPF）协议是一种为 IP 网络开发的内部网关协议，由 IETF 开发并推荐使用。OSPF 协议由三个子协议组成：Hello 协议、交换协议和扩散协议。其中 Hello 协议负责检查链路是否可用，并完成指定路由器及备份指定路由器；交换协议完成"主""从"路由器的指定并交换各自的路由数据库信息；扩散协议完成各路由器中路由数据库的同步维护。

当使用 OSPF 协议的路由器发现网络发生变化时,OSPF 协议将更新它的链接状态表,同时向相邻路由器发送更新后的报文。当相邻路由器收到更新后的报文,会将其综合进自己的链接状态表,然后使用 OSPF 协议算法选择最优路径。当网络没有发生变化时,路由器只发送那些在一定时间内没有刷新的路由的更新后的报文,间隔时间通常从 30 分钟到 2 个小时。

OSPF 协议与 RIP 相对应,OSPF 是链路状态路由协议,而 RIP 是距离向量路由协议。链路是路由器接口的另一种说法,因此 OSPF 协议也称为接口状态路由协议。OSPF 协议通过路由器之间通告网络接口的状态来建立链路状态数据库,生成最短路径,每个 OSPF 路由器使用这些最短路径构造路由表。

OSPF 协议是开放的,其规范是公开的,公布的 OSPF 规范是 RFC 1247。另一个基本的特性是 OSPF 协议基于 SPF 算法,该算法也称为 Dijkstra 算法,即以提出该算法的人来命名。OSPF 协议是继 RIP 之后使用最多的协议。

①OSPF 协议的特点

● OSPF 协议能够在自己的链路状态数据库内表示整个网络,这极大地减少了收敛时间,并且支持大型异构网络的互联,提供了一个异构网络间通过同一种协议交换网络信息的途径,并且不容易出现错误的路由信息。

● OSPF 协议支持通往相同目的地址的多重路径。

● OSPF 协议使用路由标签区分不同的外部路由。

● OSPF 协议支持路由验证,只有互相通过路由验证的路由器之间才能交换路由信息;并且可以对不同的区域定义不同的验证方式,从而提高了网络的安全性。

● OSPF 协议支持费用相同的多条链路上的负载均衡。

● OSPF 协议是一个非族类路由协议,路由信息不受跳数的限制,减少了因分级路由带来的子网分离问题。

● OSPF 协议支持 VLSM 和非族类路由表,有利于网络地址的有效管理。

● OSPF 协议使用 Area(区域)对网络进行分层,降低了协议对 CPU 处理时间和内存的需求。

②OSPF 协议的部署

OSPF 协议的部署受区域规则限制:主干网必须存在且连续,所有其他区域必须与主干网相连接,如图 5-10 所示。

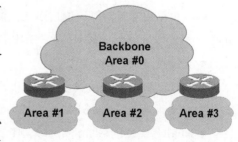

图 5-10　OSPF 区域

● router ospf ＜process-id＞(指定使用 OSPF 协议)

● Network ＜network＞ ＜wildcard-mask＞ ＜area area-id2＞(指定与该路由器相连的网络)

● Show ip route ospf　(查看 OSPF 协议路由信息)

**注意：**

Ⅰ. OSPF 路由进程 process-id 指定范围必须在 1～65 535，多个 OSPF 路由进程可以在同一个路由器上配置，但最好不要这样做。多个 OSPF 路由进程需要多个 OSPF 数据库的副本，必须运行多个最短路径优先算法的副本。process-id 只在路由器内部起作用，不同路由器的 process-id 可以不同。

Ⅱ. wildcard-mask 是子网掩码的反码，网络区域 ID area-id 是在 0～4 294 967 295 内的十进制数，也可以是 IP 地址格式的 x. x. x. x。当网络区域 ID 为 0 或 0.0.0.0 时为主干域。不同网络区域的路由器通过主干域学习路由信息。

（4）EIGRP 混合协议

随着网络规模的扩大和用户需求的增长，IGRP 已显得力不从心，于是，Cisco 公司又开发了增强的 IGRP，即 EIGRP。EIGRP 使用与 IGRP 相同的路由算法，但它集成了链路状态路由协议和距离向量路由协议的长处，同时加入扩散更新算法（DUAL）。

① EIGRP 的特点

● 快速收敛。快速收敛是因为使用了扩散更新算法，通过在路由表中备份路由而实现，也就是到达目的网络的最小开销和次最小开销（也叫适宜后继，Feasible Successor）路由都被保存在路由表中，当最小开销路由不可用时，快速切换到次最小开销路由上，从而达到快速收敛的目的。

● 减少了带宽的消耗。EIGRP 不像 RIP 和 IGRP 那样，每隔一段时间就交换一次路由信息，它仅当某个目的网络的路由状态改变或路由的度量值发生变化时，才向邻接的 EIGRP 路由器发送路由更新，因此，其更新路由所需的带宽比 RIP 和 IGRP 小得多，这种方式叫触发式（Triggered）。

● 增大了网络规模。对于 RIP，其网络最大只能有 15 跳，而 EIGRP 最大可支持 255 跳。

● 减少路由器对 CPU 的使用。路由更新仅被发送到需要知道状态改变的邻接路由器，由于使用了增量更新，EIGRP 比 IGRP 使用更少的 CPU 资源。

● 支持可变长子网掩码。

● IGRP 和 EIGRP 可自动移植。IGRP 路由可自动重新分发到 EIGRP 中，EIGRP 也可将路由自动重新分发到 IGRP 中。如果愿意，也可以关闭路由的重分发功能。

● EIGRP 支持三种可路由协议（IP、IPX、AppleTalk）。

● 支持非等值路径的负载均衡。

● 由于 EIGIP 是 Cisco 公司开发的专用协议，因此，当 Cisco 设备和其他厂商的设备互联时，不能使用 EIGRP。

② EIGRP 的部署

● Router eigrp ＜process-id＞　　　　　（指定使用 EIGRP）

● Network ＜network＞ ＜ wildcard-mask ＞　　（指定与该路由器相连的网络）

● Show ip route eigrp　　　　　　（查看 EIGRP 路由信息）

🐾 注意：

Ⅰ. EIGRP 路由进程 process-id 指定范围必须在 1～65 535，但最好进程号相同。

Ⅱ. wildcard-mask 是子网掩码的反码，用 255.255.255.255 减去相应端口的 address 得到。

### 5.2.5　VPN 技术

虚拟专用网络（Virtual Private Network，VPN）指的是在公用网络上建立专用网络的技术。其之所以被称为虚拟网，主要是因为整个 VPN 网络的任意两个节点之间的连接并没有传统专网所需的端到端的物理链路，而是架构在公用网络服务商所提供的网络平台，如 Internet、ATM（异步传输模式）、Frame Relay（帧中继）等的逻辑网络上，用户数据在逻辑链路中传输。它涵盖了跨共享网络或公共网络的封装、加密和身份验证链接的专用网络的扩展，如图 5-11 所示。VPN 主要采用了隧道技术、加/解密技术、密钥管理技术和使用者与设备身份认证技术。

图 5-11　VPN 虚拟专用网络

在传统的企业网络配置中，要进行异地局域网之间的互联，方法是租用 DDN（数字数据网）专线或帧中继。这样的通信方案必然导致高昂的网络通信/维护费用。对于移动用户（移动办公人员）与远端个人用户而言，一般通过拨号线路（Internet）进入企业的局域网，而这样必然带来安全隐患。

**1. VPN 特点**

（1）低成本

使用 VPN 可降低成本——通过公用网络来建立 VPN，就可以节省大量的通信费用，而不必投入大量的人力和物力去安装和维护 WAN（广域网）设备和远程访问设备。

（2）安全保障

传输数据安全可靠——虚拟专用网络产品均采用加密及身份验证等安全技术，保证连接用户的可靠性及传输数据的安全性和保密性。VPN 通过建立一个隧道，利用加密技术对传输数据进行加密，以保证数据的私有性和安全性。

（3）服务质量（QoS）保证

VPN 可以根据不同要求提供不同等级的服务质量保证。

（4）可扩充性和灵活性

连接方便灵活——用户想与合作伙伴联网，如果没有虚拟专用网络，双方的信息技术部门就必须协商如何在双方之间建立租用线路或帧中继线路，有了虚拟专用网络之后，双方只需配置安全连接信息即可。VPN 支持通过 Intranet 和 Extranet 的任何类型的数据流。

（5）可管理性

完全控制——虚拟专用网络使用户可以利用 ISP 的设施和服务，同时又完全掌握着自己网络的控制权。用户只利用 ISP 提供的网络资源，对于其他的安全设置、网络变化可由自己管理。在企业内部也可以自己建立虚拟专用网络。VPN 可以从用户和运营商角度进行管理。

**2. VPN 分类**

VPN 可以从以下几个方面进行分类。

（1）按 VPN 的隧道协议分类

VPN 的隧道协议主要有三种，PPTP、L2TP 和 IPSec，其中 PPTP 和 L2TP 工作在 OSI 参考模型的第二层，又称为二层隧道协议；IPSec 是第三层隧道协议，也是最常见的协议。L2TP 和 IPSec 配合使用是目前性能最好、应用最广泛的一种。

（2）按 VPN 的应用分类

①Access VPN（远程接入 VPN）：客户机到网关，使用公网作为骨干网在设备之间传输 VPN 的数据流量。

②Intranet VPN（内联网 VPN）：网关到网关，通过公司的网络架构连接来自同公司的资源。

③Extranet VPN（外联网 VPN）：与合作伙伴企业网构成 Extranet，将一个公司与另一个公司的资源进行连接。

（3）按所用的设备类型分类

网络设备提供商针对不同客户的需求，开发出不同的 VPN 网络设备，主要为路由器、交换机和防火墙。

①路由器式 VPN：路由器式 VPN 部署较容易，只要在路由器上添加 VPN 服务即可。

②交换机式 VPN：主要应用于连接用户较少的 VPN 网络。

③防火墙式 VPN：防火墙式 VPN 是最常见的一种 VPN 的实现方式，许多厂商都提供这种配置类型。

**3. VPN 的实现技术**

（1）隧道技术

实现 VPN 的最关键部分是在公用网络上建立虚信道，而建立虚信道是利用隧道技术实现的，IP 隧道的建立是在数据链路层和网络层。第二层隧道主要是 PPP 连接，如 PPTP、L2TP，其特点是协议简单，易于加密，适合远程拨号用户；第三层隧道是 IPinIP，如 IPSec，其可靠性及扩展性优于第二层隧道，但没有前者简单、直接。

（2）隧道协议

隧道是利用一种协议传输另一种协议的技术，即用隧道协议来实现 VPN 功能。为创建隧道，隧道的客户机和服务器必须使用同样的隧道协议。

①PPTP（点对点隧道协议）：是一种让远程用户拨号连接到本地的 ISP，通过 Internet 安全远程访问公司资源的新型技术。它能将 PPP（点对点协议）帧封装成 IP 数据报，以便能够在基于 IP 的互联网上进行传输。PPTP 使用 TCP（传输控制协议）连接来创建、维护与终止隧道，并使用 GRE（通用路由封装）将 PPP 帧封装成隧道数据。被封装后的 PPP 帧的有效载荷可以被加密、压缩或者同时被加密与压缩。

②L2TP：是 PPTP 与 L2F（第二层转发）的一种综合，它是由 Cisco 公司推出的一种技术。

③IPSec：是一个标准的第三层安全协议，它是在隧道外面再封装，保证了传输过程的安全。IPSec 的主要特征是它可以对所有 IP 级的通信进行加密。

## 5.3　项目实践

### 任务 5-1　配置路由器

路由器的基本配置主要是指网络管理员手动配置各类端口地址,预先对互联网的目标网段进行网关设置,实现路由器上数据报跨网络的转发,无论是静态路由还是动态路由都需要配置路由器各类端口地址。单个路由器配置环境如图 5-12 所示。

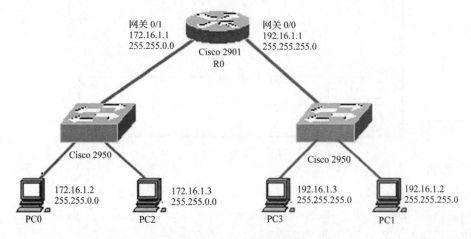

图 5-12　单个路由器配置环境

1. 先用一个路由器和两个交换机在模拟器(Cisco Packet Tracer 8.0)中模拟实际环境,并配置好四台 PC 的 IP 地址和子网掩码,然后配置 R0 路由器(Router0)的端口,如图 5-13 所示。

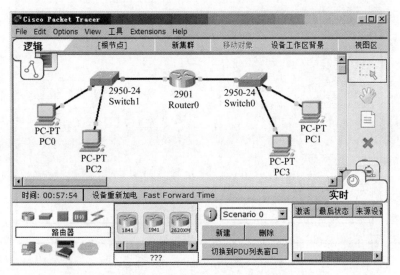

图 5-13　模拟器中路由器通电环境

2.配置 Router0 路由器的 GigabitEthernet0/0 端口,即右边网络的网关。双击 Router0,选择"配置"选项卡,再选择 G 以太网卡,在 GigabitEthernet0/0 的 IP 地址、子网掩码框中分别输入 192.16.1.1 和 255.255.255.0,如图 5-14 所示。

图 5-14　配置 GigabitEthernet0/0 端口

注意:一定要启用端口状态。

3.配置 Router0 路由器的 GigabitEthernet0/1 端口,即左边网络的网关。双击 Router0,选择"配置"选项卡,再选择 G 以太网卡,在 GigabitEthernet0/1 的 IP 地址、子网掩码框中分别输入 172.16.1.1 和 255.255.0.0,如图 5-15 所示。

图 5-15　配置 GigabitEthernet0/1 端口

注意:一定要启用端口状态。

4.配置左边网络的 PC0 和网关。双击计算机 PC0,选择"配置"选项卡,在网关框输入 172.16.1.1,如图 5-16 所示,再选择快速以太网卡 FastEthernet0,在 IP 地址、子网掩码框中 分别输入 172.16.1.2 和 255.255.0.0,如图 5-17 所示。

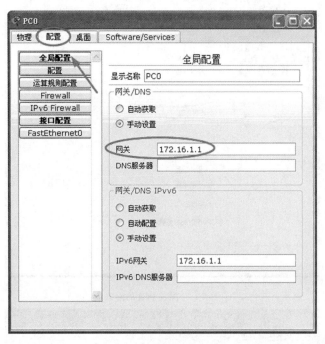

图 5-16　配置 PC0 的网关

图 5-17　配置 PC0 的 IP 地址和子网掩码

5.配置右边网络的 PC3 和网关。双击计算机 PC3,选择"配置"选项卡,在网关框输入 192.16.1.1,如图 5-18 所示,再选择快速以太网卡 FastEthernet0,在 IP 地址、子网掩码框中分别输入 192.16.1.3 和 255.255.255.0,如图 5-19 所示。

图 5-18　配置 PC3 的网关

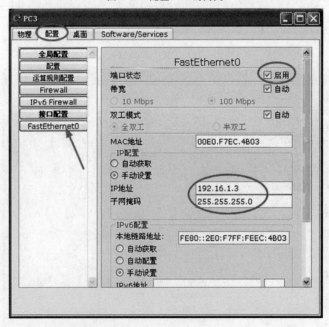

图 5-19　配置 PC3 的 IP 地址和子网掩码

6.同样的,配置右边 PC1(网关 192.16.1.1、IP 地址 192.16.1.2、子网掩码 255.255.255.0)和左边 PC2(网关 172.16.1.1、IP 地址 172.16.1.3、子网掩码 255.255.0.0),配置成功后的结果如图 5-20 所示。

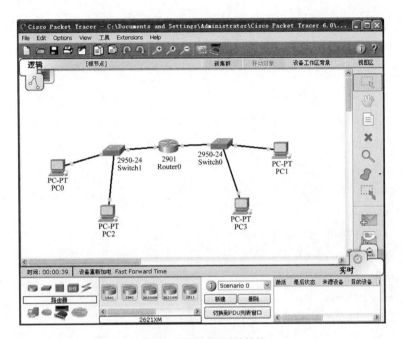

图 5-20 配置成功后的结果

7. 使用 ping 命令测试不同网段计算机的连通性。

## 任务 5-2 配置静态路由

"案例" 学校有两个校区，每个校区拥有一个独立的局域网。为了使校区之间能够正常通信、共享资源，每个校区出口连接一台路由器，学校申请了一条 2 Mbit/s 的 DDN 专线用于连接两台路由器，要求做适当配置实现两个校区的相互访问。

静态路由的基本配置：静态路由需要网络管理员手动配置，预先对互联网的目标网段进行静态路由设置，实现两个路由器上数据报跨网络的转发，配置环境如图 5-21 所示。

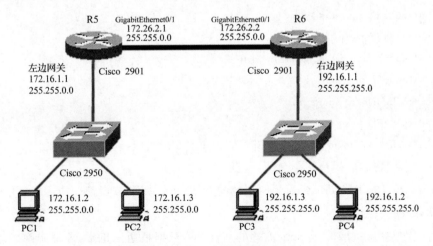

图 5-21 两个路由器的静态路由

先用两个路由器和两台交换机在模拟器(Cisco Packet Tracer 8.0)上模拟实际环境,并配置好四台 PC 的 IP 地址和子网掩码,然后配置 R5、R6 两个路由器的静态路由。

**注意:**

Ⅰ.为更好地锻炼学生的能力,要求直接使用命令行功能进行配置,这样更贴近实际环境。也可在 Extensions 中关闭相应功能,以达到考试要求,以后相应任务均这样要求。

Ⅱ.两个路由器之间的连接一定要用交叉线。

**1. 在路由器 R5 上的配置过程**

```
Router>enable
Router#configure terminal
Router(config)#interface GigabitEthernet0/0
Router(config-if)#ip address 172.16.1.1 255.255.0.0
Router(config-if)#no shutdown
Router(config-if)#exit
Router(config)#interface GigabitEthernet0/1
Router(config-if)#ip address 172.26.2.1 255.255.0.0
Router(config-if)#exit
Router(config)#interface GigabitEthernet0/1
Router(config-if)#no shutdown
Router(config-if)#exit
Router(config)#ip route 192.16.1.0 255.255.255.0 172.26.2.2
```

**2. 在路由器 R6 上的配置过程**

```
Router>enable
Router#configure terminal
Router(config)#interface GigabitEthernet0/0
Router(config-if)#ip address 192.16.1.1 255.255.255.0
Router(config-if)#no shutdown
Router(config-if)#exit
Router(config)#interface GigabitEthernet0/1
Router(config-if)#ip address 172.26.2.2 255.255.0.0
Router(config-if)#no shutdown
Router(config-if)#exit
Router(config)#ip route 172.16.1.0 255.255.0.0 172.26.2.1
```

**3. 路由器配置完成的检测**

路由器 R5、R6(Router5、Router6)上的配置结束后,如果节点都变成绿色,就代表配置调试成功,如图 5-22 所示。

也可以在左边一台 PC 上 ping 右边的某台 PC,数据报通信正常,即证明网络静态路由配置完成。

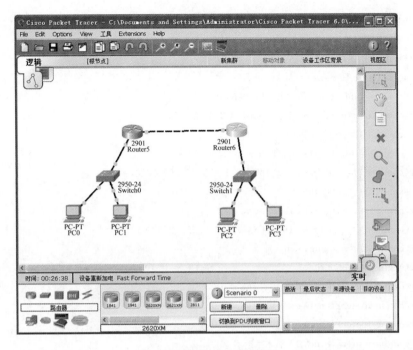

图 5-22　静态路由的检测结果

**任务 5-3　配置动态路由**

　　"案例"　学校有三个校区,每个校区拥有一个独立的局域网。为了使校区之间能够正常通信、共享资源,每个校区出口连接一台路由器,学校申请了一条 10 Mbit/s 的光纤专线用于连接三台路由器,要求做适当配置实现三个校区的相互访问。

　　动态路由的基本配置:使用 RIP 动态路由协议,自动生成路由表项,既降低了网络管理员的工作量,又优化了路由表项,实现三个路由器(如图 5-23 所示)之间的数据报转发,提高数据报的转发效率。

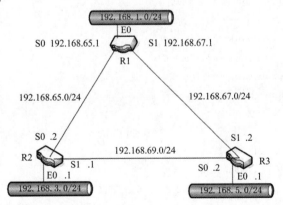

图 5-23　动态路由配置环境

先用三个路由器和三台交换机在模拟器(Cisco Packet Tracer 8.0)中模拟出实际环境,

然后配置 R1、R2、R3 路由器的动态路由。

**1. 在路由器 R1 上的配置过程**

```
Router>enable
Router#configure terminal
Router(config)#interface GigabitEthernet0/0
Router(config-if)#ip address 192.168.1.1 255.255.255.0
Router(config-if)#no shutdown
Router(config)#interface GigabitEthernet0/1
Router(config-if)#ip address 192.168.65.1 255.255.255.0
Router(config-if)#no shutdown
Router(config)#interface GigabitEthernet0/2
Router(config-if)#ip address 192.168.67.1 255.255.255.0
Router(config-if)#no shutdown
Router(config)#router rip
Router(config-router)#network 192.168.1.0
Router(config-router)#network 192.168.65.0
Router(config-router)#network 192.168.67.0
Router(config-router)#end
```

**2. 在路由器 R2 上的配置过程**

```
Router>enable
Router#configure terminal
Router(config)#interface GigabitEthernet0/0
Router(config-if)#ip address 192.168.3.1 255.255.255.0
Router(config-if)#no shutdown
Router(config)#interface GigabitEthernet0/1
Router(config-if)#ip address 192.168.65.2 255.255.255.0
Router(config-if)#no shutdown
Router(config)#interface GigabitEthernet0/2
Router(config-if)#ip address 192.168.69.1 255.255.255.0
Router(config-if)#no shutdown
Router(config)#router rip
Router(config-router)#network 192.168.3.0
Router(config-router)#network 192.168.65.0
Router(config-router)#network 192.168.69.0
Router(config-router)#end
```

**3. 在路由器 R3 上的配置过程**

```
Router>enable
Router#configure terminal
Router(config)#interface GigabitEthernet0/0
Router(config-if)#ip address 192.168.5.1 255.255.255.0
Router(config-if)#no shutdown
Router(config)#interface GigabitEthernet0/1
```

```
Router(config-if)＃ip address 192.168.69.2 255.255.255.0
Router(config-if)＃no shutdown
Router(config)＃interface GigabitEthernet0/2
Router(config-if)＃ip address 192.168.67.2 255.255.255.0
Router(config-if)＃no shutdown
Router(config)＃router rip
Router(config-router)＃network 192.168.5.0
Router(config-router)＃network 192.168.67.0
Router(config-router)＃network 192.168.69.0
Router(config-router)＃end
```

**4. 路由器配置完成的检测**

在路由器 R1、R2、R3(Router1、Router2、Router3)上的配置结束后,看见节点都变成绿色,并且各节点能 ping 通,RIP 动态路由协议就配置成功了,如图 5-24 所示。

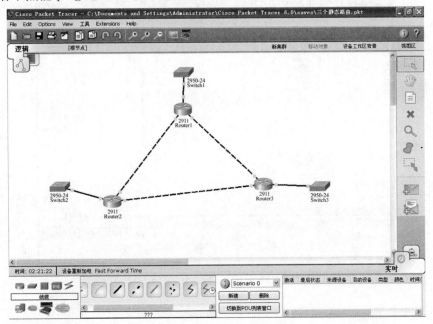

图 5-24　动态路由协议配置成功

　**任务 5-4　通过路由器组建大型局域网**

使用 OSPF(Open Shortest Path First,开放式最短路径优先)动态路由协议自动生成路由表项,组建四个路由器的大型局域网。配置环境如图 5-25 所示。

按图 5-25 所示先用四个路由器在模拟器(Cisco Packet Tracer 8.0)中搭建一个大型局域网实际环境,如图 5-26 所示,并设置好四台路由器各端口的 IP 地址和子网掩码,然后开始配置各路由器的 OSPF 动态路由协议。

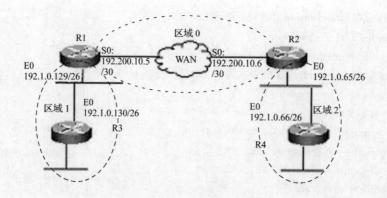

图 5-25  大型局域网配置环境

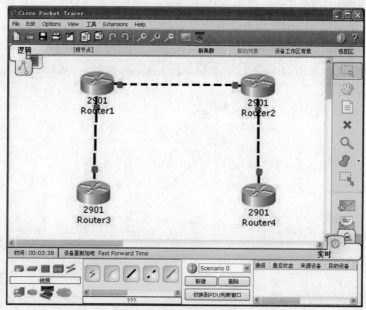

图 5-26  大型局域网实际环境

## 1. 在路由器 R1 上的配置过程

```
Router>enable
Router#configure terminal
Router(config)#interface GigabitEthernet0/0
Router(config-if)#ip address 192.200.10.5 255.255.255.252
Router(config-if)#no shutdown
Router(config-if)#exit
Router(config)#interface GigabitEthernet0/1
Router(config-if)#ip address 192.1.0.129 255.255.255.192
Router(config-if)#no shutdown
Router(config-if)#router ospf 100
Router(config-router)#network 192.200.10.4 0.0.0.3 area 0
Router(config-router)#network 192.1.0.128 0.0.0.63 area 1
```

**2. 在路由器 R2 上的配置过程**

Router＞enable

Router＃configure terminal

Router(config)＃interface GigabitEthernet0/0

Router(config-if)＃ip address 192.200.10.6 255.255.255.0

Router(config-if)＃ip address 192.200.10.6 255.255.255.252

Router(config-if)＃no shutdown

Router(config-if)＃exit

Router(config)＃interface GigabitEthernet0/1

Router(config-if)＃ip address 192.1.0.65 255.255.255.0

Router(config-if)＃ip address 192.1.0.65 255.255.255.192

Router(config-if)＃no shutdown

Router(config-if)＃router ospf 200

Router(config-router)＃network 192.200.10.4 0.0.0.3 area 0

Router(config-router)＃network 192.1.0.64 0.0.0.63 area 2

**3. 在路由器 R3 上的配置过程**

Router＞enable

Router＃configure terminal

Router(config)＃interface GigabitEthernet0/0

Router(config-if)＃ip address 192.1.0.130 255.255.255.0

Router(config-if)＃ip address 192.1.0.130 255.255.255.192

Router(config-if)＃no shutdown

Router(config-if)＃router ospf 300

Router(config-router)＃network 192.1.0.128 0.0.0.63 area 1

**4. 在路由器 R4 上的配置过程**

Router＞enable

Router＃configure terminal

Router(config)＃interface GigabitEthernet0/0

Router(config-if)＃ip address 192.1.0.66 255.255.255.0

Router(config-if)＃ip address 192.1.0.66 255.255.255.192

Router(config-if)＃no shutdown

Router(config-if)＃router ospf 400

Router(config-router)＃network 192.1.0.64 0.0.0.63 area 2

**5. 路由器配置完成的检测**

路由器 R1～R4(Router1～Router4)上的配置结束后,如果节点都变成绿色,就代表配置调试成功。如图 5-27 所示。

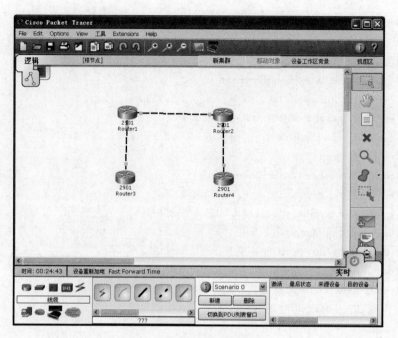

图 5-27　大型局域网检测结果

也可在路由器 R4 上 ping 路由器 R3 的端口 192.1.0.130，如果数据报通信正常，即证明大型局域网路由配置完成。

Router # ping 192.1.0.130

Type escape sequence to abort.

Sending 5,100-byte ICMP Echos to 192.1.0.130,timeout is 2 seconds：

!!!!!

Success rate is 100 percent(5/5),round-trip min/avg/max = 0/6/32 ms

　任务 5-5　　使用 tracert 和 netstat 命令

tracert 和 netstat 是路由器跟踪调试命令。通过路由接口跟踪，可以实现路由器配置和调试，实现网络通信的针对性管理，提高了网络通信的安全质量。

1. tracert 命令

tracert 的主要功能是判定数据报到达目的主机所经过的路径，显示数据报经过的中继节点清单和到达时间。

（1）tracert 命令使用格式

tracert [-d][-h maximum_hops][-j host_list][-w timeout]

参数介绍：

-d　　　　　　　　　不解析目的主机的名称

-h maximum_hops　　指定搜索到目的地址的最大跳数

-j host_list　　　　按照主机列表中的地址释放源路由

-w timeout　　　　　指定超时时间间隔，程序默认的时间单位是 ms

　　tracert 诊断实用程序将不同生存时间(TTL)值以 Internet 控制消息协议(ICMP)响应数据报的形式发送给目的主机,以便决定到达目的地址采用的路由。路由器在转发数据报的 TTL 值上至少递减 1,所以返回的 TTL 值是路径上所经过的每个路由器的计数。数据报上的 TTL 变为 0 时,路由器应该丢弃该数据报,同时产生"ICMP 已超时"的消息并发送回源系统主机。

　　tracert 命令按顺序打印出返回"ICMP 已超时"消息的路径中的近端路由器接口列表。如果使用 -d 选项,则 tracert 诊断实用程序不在每个 IP 地址上查询 DNS。

　　(2)tracert 常见的用法

　　①tracert IP address

　　tracert 的使用很简单,只需要在 tracert 后面跟一个 IP 地址或 URL,tracert 会进行相应的域名转换。

　　"例"　在局域网内跟踪到 263 云通信站点(www.263.net)的路由,执行以下命令:

C:\>tracert www.263.net

下面我们来看看有问题的显示结果。

```
tracing route to www.263.net [211.150.96.52]      //解析出首都在线站点的主机 IP 地址
over a maximum of 30 hops:
1   <1 ms    <1 ms    <1 ms    218.5.4.254      //到这一步,就说明校园网内的线路连
                                                //通性完好,线路故障只能发生在校外
2   <1 ms    <1 ms    <1 ms    220.160.92.13
3    7 ms    <1 ms    <1 ms    220.160.92.173
4   <1 ms     1 ms    <1 ms    202.109.204.6
5   16 ms     17 ms    17 ms    202.97.41.69
6   36 ms     36 ms    40 ms    202.97.57.237
7   32 ms     32 ms    32 ms    202.97.57.238
8   36 ms     37 ms    36 ms    bj141-130-114.bjtelecom.net [219.141.130.114]
9   36 ms     40 ms    42 ms    219.142.9.102
10  37 ms     37 ms    38 ms    211.150.127.10
11  78 ms     41 ms    34 ms    211.150.125.26
12   *         *         *      Request timed out. //说明在 211.150.125.26 到上一级路由
                                                //器之间发生了故障,导致连接不了首都
                                                //在线站点
```

　　②tracert IP address [-d]

　　当数据报从本地计算机经过多个网关传送到目的地址时,tracert 命令可以用来跟踪数据报使用的路由(路径)。如果使用 DNS,那么常常会从所产生的应答中得到城市、地址和常见通信公司的名字。tracert 是一个运行比较慢的命令(指定的目的地址比较远),每个路由器大约需要 15 秒钟。通过使用 -d 选项,将更快地显示路由器路径,因为 tracert 不会尝试解析路径中路由器的名称。

"例"

```
C:\>tracert 218.85.157.99 -d
tracing route to FJ-DNS. fz. fj. cn [218.85.157.99]
over a maximum of 30 hops：
1    <1 ms    <1 ms    <1 ms    218.5.4.254
2    12 ms    <1 ms    <1 ms    220.160.92.29
3    <1 ms    <1 ms    <1 ms    202.109.204.233
4    <1 ms    <1 ms    <1 ms    218.85.156.82
5    <1 ms    <1 ms    <1 ms    218.85.157.99
trace complete.
```

**2. netstat 命令**

netstat 命令一般用于显示协议统计信息和当前 TCP/IP 网络连接。计算机有时候接收到的数据报会导致数据出错等故障，TCP/IP 允许这些类型的错误，并能够自动重发数据报。但如果累计的出错情况占到所接收的 IP 数据报相当大的百分比，或者它的数目正迅速增加，就应该使用 netstat 命令检查网络端口和流量。

（1）netstat 命令使用格式

netstat [-a] [-b] [-e] [-n] [-o] [-p proto] [-r] [-s] [-p] [-v] [interval]

参数介绍：

-a 显示所有连接和监听端口。

-b 显示在创建每个连接或监听端口时所涉及的可执行程序。在某些情况下可执行程序拥有多个独立组件，并且在这些情况下用于创建连接或监听端口的组件序列被显示。

可执行程序名在底部的 [ ] 中，顶部是其调用的组件，直到 TCP/IP 部分。注意：此选项可能需要很长时间，没有足够权限可能会失败。

-e 显示以太网统计信息。此选项可以与 -s 选项组合使用。

-n 以数字形式显示地址和端口号。

-o 显示与每个连接相关的所属进程 ID。

-p proto 显示 proto 指定的协议的连接；proto 可以是下列协议之一：TCP、UDP、TCPv6 或 UDPv6。

如果与 -s 选项一起使用以显示按协议统计信息，proto 可以是下列协议之一：IP、IPv6、ICMP、ICMPv6、TCP、TCPv6、UDP 或 UDPv6。

-r 显示路由表。

-s 显示按协议统计信息。默认显示 IP、IPv6、ICMP、ICMPv6、TCP、TCPv6、UDP 和 UDPv6 的统计信息。

-p 用于指定默认情况的子集。

-v 与 -b 一起使用时将显示为所有可执行程序创建连接或监听端口的组件。

interval 重新显示选定的统计信息，每次显示暂停时间间隔（以秒计）。按"Ctrl+C"组合键停止重新显示统计信息。如果省略，netstat 显示当前配置信息（只显示一次）。

（2）netstat 常见的用法

netstat 的主要功能是让用户了解自己的主机是怎样与 Internet 相连接的。用于显示与 IP、TCP、UDP 和 ICMP 协议相关的统计数据，一般用于检验本机各端口的网络连接情况。常见用法有：

①netstat -e：本选项用于显示关于以太网的统计数据。它列出的项目包括传送的数据报的总字节数、错误数、删除数，数据报的数量和广播的数量。这些统计数据既有发送的数据报数量，也有接收的数据报数量。这个选项可以用来统计一些基本的网络流量。

"例"

```
C:\>netstat -e
Interface Statistics

                       Received        Sent
Bytes                  143090206       44998789
Unicast packets        691805          363603
Non-unicast packets    886526          2386
Discards               0               0
Errors                 0               0
Unknown protocols      4449
```

若接收错和发送错接近零或全为零，网络的接口无问题。但当这两个字段有 100 个以上的出错分组时就可以认为是高出错率了。高的发送错表示本地网络饱和或在主机与网络之间有不良的物理连接。高的接收错表示整体网络饱和、本地主机过载或物理连接有问题，可以用 ping 命令统计误码率，进一步确定故障的程度。netstat -e 和 ping 结合使用能解决一大部分网络故障。

② netstat -s：本选项能够按照各个协议分别显示其统计数据。如果你的应用程序（如Web 浏览器）运行速度比较慢，或者不能显示 Web 页之类的数据，那么就可以用"-s"选项来查看一下所显示的信息。你需要仔细查看统计数据的各行，找到出错的关键字，进而确定问题所在。-s 参数的作用前面有详细的说明，下面看一个具体例子和解释。

"例"

```
C:\>netstat -s
IPv4 Statistics(IP 统计结果)
Packets Received = 369492(接收包数)
Received Header Errors = 0(接收头错误数)
Received Address Errors = 2(接收地址错误数)
Datagrams Forwarded = 0(数据报递送数)
Unknown Protocols Received = 0(未知协议接收数)
Received Packets Discarded = 4203(接收后丢弃的包数)
Received Packets Delivered = 365287(接收后转交的包数)
Output Requests = 369066(请求数)
Routing Discards = 0(路由丢弃数)
Discarded Output Packets = 2172(包丢弃数)
Output Packet No Route = 0(不路由的请求包)
Reassembly Required = 0(重组的请求数)
Reassembly Successful = 0(重组成功数)
Reassembly Failures = 0(重组失败数)
Datagrams Successfully Fragmented = 0(分片成功的数据报数)
Datagrams Failing Fragmentation = 0(分片失败的数据报数)
Fragments Created = 0(分片建立数)
```

ICMPv4 Statistics(ICMP 统计结果)包括 Received 和 Sent 两种状态

| | Received | Sent |
|---|---|---|
| Messages | 285 | 784(消息数) |
| Errors | 0 | 0(错误数) |
| Destination Unreachable | 53 | 548(无法到达主机数目) |
| Time Exceeded | 0 | 0(超时数目) |
| Parameter Problems | 0 | 0(参数错误) |
| Source Quenches | 0 | 0(源夭折数) |
| Redirects | 0 | 0(重定向数) |
| Echos | 25 | 211(回应数) |
| Echo Replies | 207 | 25(回应回复数) |
| Timestamps | 0 | 0(时间戳数) |
| Timestamp Replies | 0 | 0(时间戳回复数) |
| Address Masks | 0 | 0(地址掩码数) |
| Address Mask Replies | 0 | 0(地址掩码回复数) |

TCP Statistics for IPv4(TCP 统计结果)

Active Opens = 5217(主动打开数)

Passive Opens = 80(被动打开数)

Failed Connection Attempts = 2944(连接失败尝试数)

Reset Connections = 529(复位连接数)

Current Connections = 9(当前连接数)

Segments Received = 350143(当前已接收的报文数)

Segments Sent = 347561(当前已发送的报文数)

Segments Retransmitted = 6108(被重传的报文数)

UDP Statistics for IPv4(UDP 统计结果)

Datagrams Received = 14309(接收的数据报)

No Ports = 1360(无端口数)

Receive Errors = 0(接收错误数)

Datagrams Sent = 14524(数据报发送数)

## 项目实训 5　组建路由式局域网

【实训目的】

能在 Cisco Packet Tracer 8.0 平台上组建路由式局域网。

【实训环境】

每人为一组,每人一台装有 Cisco Packet Tracer 8.0 平台工具软件的计算机。

【实训内容】

在 Cisco Packet Tracer 8.0 平台上组建路由式局域网,环境如图 5-28 所示。要求用 EIGRP 内部网关协议配置操作,掌握时延、带宽命令格式和配置操作步骤。

【技能拓展】

如果要配置端口 Clock rate ＜时钟频率＞、Bandwidth ＜带宽＞ 就必须添加 WIC-2T

模块,并使用 DCE 串口线。若要改用 IGRP 协议配置端口,由于 Cisco Packet Tracer 8.0 平台不支持此协议,可改用 Boson Router Simulator 模拟器。

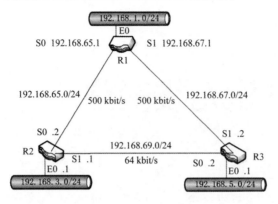

图 5-28　EIGRP 实训配置环境

## 项目习作 5

一、填空题

1. 网络互联的解决方案有两种,一种是_____,另一种是_____。其中,_____ 是目前主要使用的解决方案。

2. IP 可以提供_____、_____和_____服务。

3. 在转发一个 IP 数据报的过程中,如果路由器发现该数据报报头中的 TTL 字段为 0, 那么,它首先将该数据报_____,然后向_____发送 ICMP 报文。

二、单项选择题

1. Internet 使用的互联协议是(　　)。

A. IPX 协议　　　　B. IP 协议　　　　C. AppleTalk 协议　　D. NetBEUI 协议

2. 对 IP 数据报分片的重组通常发生在(　　)设备上。

A. 源主机　　　　　B. 目的主机　　　　C. IP 数据报经过的路由器

D. 目的主机或路由器　　　　　　　　　E. 源主机或路由器

三、问答题

1. 路由协议有几种? 如何分类?

2. VPN 是什么网络? 有几种隧道协议?

项目
06

# 组建无线网络

## 6.1 项目描述

随着计算机技术的快速发展,拥有笔记本计算机的用户越来越多。由于原有计算机网络布线系统的固定性,需要使用网络的地方必须布置相应的网线,再将网线连接到计算机上,计算机才能进行联网的操作。有线网络系统的局限性是显而易见的:没有布线的地方无法上网;布线有故障的地方无法上网。而且,在某些地方布线会影响环境美观甚至有些地方根本就无法布线。相反,使用无线网络既不会存在影响环境美观的问题,也不存在某些地方不方便布线的问题。使用无线网络技术,用户可以随意变换工作场地、随时加入网络,甚至在移动中也可以保持网络连接,正是由于无线网络技术的这些优点,近年来无线网络技术得到了快速的发展。

下面我们将通过现实生活中的一个实例,向大家展示如何构建一个无线的办公环境以及如何构建一个无线、有线一体化的园区网。本项目对应的工作任务见表6-1。

表6-1 项目对应的工作任务

| 工作项目(校园或企业需求) | 教学项目(工作任务) | 参考课时 |
| --- | --- | --- |
| 原有网络布线的信息点不能满足现有信息点的数量和移动性的要求,需要在原有信息点的基础上增加无线办公网络。同时,进一步扩大园区网规模,将园区网构建为涵盖有线网络和无线网络的完整型的网络,满足生产、生活的需要 | 任务6-1:规划建设家庭无线网络 | 2 |
| | 任务6-2:规划建设小型办公网络 | 2 |
| | 任务6-3:建设无线、有线一体化的园区网 | 2 |
| 思政融入和项目职业素养要求 | 在分析无线网标准和特点时,通过华为5G的例子培养学生的爱国主义情怀,培育和践行社会主义核心价值观 | |

## 6.2 项目知识准备

### 6.2.1 无线网络的基础知识

**1.无线网络的概念**

无线网络是相对有线网络的一个概念,它是指无须布线,利用无线电技术取代网线等传输介质实现网络互联。

**2. 无线网络的分类**

与有线网络类似，按照地理范围分类，无线网络可以分为：

- 无线个人网（Wireless Personal Area Network，WPAN）；
- 无线局域网（Wireless Local Area Network，WLAN）；
- 无线城域网（Wireless Metropolitan Area Network，WMAN）；
- 无线广域网（Wireless Wide Area Network，WWAN）。

其中：

无线个人网是一种采用无线连接的个人局域网，主要用在诸如电话、计算机、附属设备以及小范围内的数字助理设备之间的通信，它的工作范围一般是在 10 m 以内。蓝牙就是无线个人网技术的典型应用。

无线局域网是利用射频技术取代双绞线所构成的局域网，是传统布线网络的替代或延伸。

鉴于以上两种无线网络技术与大家的工作、生活密切相关，在本项目中主要介绍这两种技术的应用。

**3. 无线网络的特点**

由于无线网络利用电磁波发送和接收数据，摆脱了线缆对网络的羁绊，极大地增强了网络的移动性，是对有线网络的补充和扩展。

与有线网络相比，无线网络具有如下几个主要优点：

（1）网络架设方便。无线网络的架设不需要进行网络布线，只需要安装几个接入点设备即可，大大简化了网络架设过程。

（2）使用灵活。架设有线网络时，为了将来网络的发展，信息点的布置必须有冗余量，这会增加网络的成本；同时，对于没有布置信息点的地方，网络又无法使用。显然无线网络就不会存在上述问题。

（3）容易扩展。对于有线网络而言，如果需要增加信息点，则必须先将双绞线布置在相应的地方。对于无线网络而言，只要在网络信号覆盖的地方，用户就可以方便地接入网络。

当然，无线网络也存在如下几个主要缺点：

（1）网络速度慢。虽然目前无线网络的接入速度已经可以达到 300 Mbit/s，甚至 450 Mbit/s，但是相比有线网络的光纤传输速度 1 000 Mbit/s 而言还是慢很多。

（2）信号覆盖范围小。一个普通的无线接入点的覆盖范围在几十米至上百米，因此需要布置多个无线接入点或者借助于传统的网络系统才能覆盖较大的范围。

（3）网络设备价格相对较高。

### 6.2.2　无线局域网标准

正如有线网络传输需要传输协议一样，无线网络也需要相应的协议。无线网络的通信协议标准主要是 IEEE 802.11 系列，包括 802.11、802.11b、802.11a、802.11g、802.11n 等。

**1. IEEE 802.11 标准**

802.11 标准是 IEEE 在 1997 年制定的第一个在国际上被认可的无线局域网标准协议，主要是对网络的物理层和媒体访问控制层进行了规定。802.11 标准适用于解决办公室局域网和校园网中用户与用户终端的无线接入，主要限于数据存取，速率最高只能达到 2 Mbit/s。

由于 IEEE 802.11 在速率上的不足,已不能满足数据应用的需求。因此,IEEE 又相继推出了 IEEE 802.11b 和 IEEE 802.11a 这两个新的标准。

**2. IEEE 802.11b 标准**

IEEE 802.11b 发布于 1999 年,是针对无线局域网的一个标准,其载波的频率为 2.4 GHz,传输速率为 11 Mbit/s,实际使用速率根据距离和信号强度可变。IEEE 802.11b 是所有无线局域网标准中最著名,也是普及最广的标准。

IEEE 802.11b 运作模式基本分为两种:点对点模式和基本模式。点对点模式是指无线网卡和无线网卡之间的通信方式。基本模式是指无线网络规模扩充或无线和有线网络并存时的通信方式,这是 IEEE 802.11b 最常用的方式。

IEEE 802.11b 无线局域网标准由于其便利性和可伸缩性,特别适用于小型办公环境和家庭网络。

**3. IEEE 802.11a 标准**

IEEE 802.11a 同样发布于 1999 年,但与 IEEE 802.11b 不同的是,IEEE 802.11a 工作在 5 GHz U-NII 频带,物理层速率最高可达 54 Mbit/s,传输层速率最高可达 25 Mbit/s。由于其设备昂贵、不兼容 IEEE 802.11b、空中接力不好而且点对点连接很不经济,不适合小型设备,因此在使用上不如 802.11b 普及。

**4. IEEE 802.11g 标准**

随着 WLAN 技术的应用日渐广泛,用户对数据传输速率的要求越来越高。为了满足用户的需求,IEEE 组织于 2004 年又正式公布了一个新的无线通信标准 802.11g。802.11g 标准采用了 OFDM 调制技术,使得数据通信速率达到了 54 Mbit/s,同时对 802.11b 兼容。目前,主流的无线产品执行的均是 802.11g 标准。

**5. IEEE 802.11n 标准**

为了实现高带宽、高质量的 WLAN 服务,使无线局域网达到以太网的性能水平,IEEE 随后又研发了 802.11n 标准。虽然 802.11n 标准直到 2009 年才得到 IEEE 的正式批准,但之前采用该技术的厂商已经很多,采用 802.11n 标准的产品如无线网卡、无线路由器等,已经在大量使用中。

在传输速率方面,802.11n 可以将 WLAN 的传输速率由 802.11a 及 802.11g 提供的 54 Mbit/s 提高到 300 Mbit/s 甚至高达 600 Mbit/s,也就是说 802.11n 的传输速率比 802.11g 快 10 倍左右。

在覆盖范围方面,由于 802.11n 采用了智能天线技术,通过多组由独立天线组成的天线阵列,可以动态调整波束,保证让 WLAN 用户接收到稳定的信号,并可以减少其他信号的干扰。因此其覆盖范围可以扩大到好几平方千米,使 WLAN 的移动性得到极大提高。这样就使得原来需要几台 802.11g 设备才能覆盖的区域现在只需要一台 802.11n 设备就可以了,不仅方便了使用,也减少了信号交叉覆盖的盲区。

在兼容性方面,由于 802.11n 采用了软件无线电技术,不仅实现了与过去的 802.11a、802.11b、802.11g 的兼容,还可以实现与无线广域网络的结合。

**6. 蓝牙(Bluetooth)**

蓝牙技术实际上是一种短距离无线电技术。利用"蓝牙"技术,能够有效地简化笔记本计算机、手机等移动通信终端设备之间的通信,也能够成功地简化这些设备与 Internet 之间的通信,从而使这些现代通信设备与 Internet 之间的数据传输变得更加迅速高效,为无线通信拓宽道路。现在无线局域网产品已经广泛支持蓝牙技术。

蓝牙工作在全球通用的 2.4 GHz ISM(工业、科学、医学)频段,不需要申请专用许可证。它的数据传输速率为 1 Mbit/s,利用时分双工传输方案实现全双工传输。蓝牙技术属于一种短距离、低成本的无线连接技术,是一种能够实现语音和数据无线传输的开放性方案。

**7. HomeRF**

HomeRF 工作组由美国家用射频委员会领导、于 1997 年成立,其主要工作任务是为家庭用户建立具有互操作性的语音和数据通信网。HomeRF 标准集成了语音和数据传送技术,工作频段为 2.4 GHz,数据传输速率达 100 Mbit/s,在 WLAN 的安全性方面主要考虑访问控制和加密技术。该标准使用的是与 802.11b 和 Bluetooth 相同的 2.4 GHz 频率段,但与 802.11b 不兼容,所以在应用范围上有很大的局限性,更多的是在家庭网络中使用。

**8. WAPI**

WAPI(Wireless LAN Authentication and Privacy Infrastructure)无线局域网鉴别和保密基础结构,是一种安全协议,同时也是我国自己的无线局域网安全强制性标准。

WAPI 也是无线传输协议的一种,与现行的 802.11i 传输协议比较相近。

### 6.2.3　无线局域网介质访问控制规范

介质访问控制(Medium Access Control,MAC)是为了解决在局域网中共用信道的使用产生竞争时如何分配信道的使用权问题。

在常用的以太网中,解决局域网中共用信道争用问题的协议是 CSMA/CD(Carrier Sense Multiple Access with Collision Detection,载波侦听多路访问/冲突检测)。在 CSMA/CD 协议中,工作站在发送数据前需要确认总线上有没有数据传输。若有数据传输,则不发送数据;若无数据传输,则立即发送准备好的数据。同时,工作站在发送数据过程中还要不停地检测自己发送的数据,看有没有在传输过程中与其他工作站的数据发生冲突。

在无线局域网中,由于同样存在多个用户共享信道资源的现象,因此也需要解决信道争用的问题。不过由于无线网络与有线网络的特性有所不同,在无线局域网中采用的协议是 CSMA/CA(Carrier Sense Multiple Access with Collision Avoidance,载波侦听多点访问/冲突避免)。使用 CSMA/CA 协议的无线站点在发送数据前首先对信道进行侦听以确认没有站点使用信道,维持一段时间后,再等待一段随机的时间,如果依然没有站点使用,才送出数据。然后,站点先送一段请求传送报文 RTS(Request to Send)给目标端,等待目标端回应报文 CTS(Clear to Send)后,才开始正式传送数据。

### 6.2.4　无线网络的硬件设备

无线局域网的主要设备有:无线网卡和无线接入设备。无线接入设备包括无线 AP、无线天线、无线路由器等。

**1. 无线网卡**

正如计算机需要网卡才能连接网线接入有线网络一样,计算机在接入无线网络时也必须具备无线网卡才能连接无线网络。对于目前的笔记本计算机而言,多数已经集成无线网卡,可以直接接入无线网络;而对于台式计算机而言,多数没有集成无线网卡,需要另外购买无线网卡并安装后才能接入无线网络。

无线网卡根据接口不同,主要分为 PCI 无线网卡、PCMCIA 无线网卡、Mini PCI 无线网卡、USB 无线网卡等产品。

(1)PCI 无线网卡

PCI 无线网卡适用于台式计算机。和其他接口卡一样,PCI 无线网卡是一张插在 PCI 插槽上的接口卡,其外观如图 6-1 所示。

安装 PCI 无线网卡时,将其插在台式计算机主板的 PCI 插槽上,用螺丝刀拧紧螺钉即可。

(2)PCMCIA 无线网卡

PCMCIA 无线网卡是适用于笔记本计算机的无线网卡,其外观如图 6-2 所示。

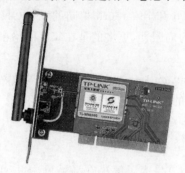

图 6-1　PCI 无线网卡　　　　　　　　　图 6-2　PCMCIA 无线网卡

安装 PCMCIA 无线网卡时,按照笔记本计算机接口处提示的方向插入即可。

(3)Mini PCI 无线网卡

Mini PCI 无线网卡一般作为笔记本计算机的内置网卡,免去了携带安装外置网卡的麻烦,其外观如图 6-3 所示。

(4)USB 无线网卡

随着 USB 接口计算机使用的增多,USB 无线网卡应运而生。不论是台式计算机还是笔记本计算机,只要有 USB 接口就能够使用 USB 无线网卡。由于连接和使用方便,USB 设备也得到了快速的发展。USB 无线网卡的外观如图 6-4 所示。

图 6-3　Mini PCI 无线网卡　　　　　　　图 6-4　USB 无线网卡

**2.无线接入设备**

(1)无线 AP

无线 AP(Access Point)即无线接入点,是一个无线网络的接入点,用于将无线终端设备接入网络。它主要分为路由交换接入一体设备和纯接入点设备,其中一体设备执行接入和路由工作,纯接入点设备只负责无线客户机的接入,纯接入点设备通常在无线网络扩展时使用,与其他 AP 或者主 AP 连接,以扩大无线覆盖范围,而一体设备一般是无线网络的核心。

无线 AP 是无线设备进入有线网络的接入点,主要用于宽带家庭、大楼内部、校园内部、园区内部以及仓库、工厂等需要无线监控的地方,典型距离覆盖几十米至上百米,也可以用于远距离传送,可以达到 30 km,主要技术为 IEEE 802.11 系列。

无线 AP 就是一个无线交换机,接在有线交换机或是路由器上,接入的无线终端和原来的网络属于同一个子网。无线 AP 不能与 ADSL Modem 相连,需要用一个交换机或将集线器作为中介才能将无线终端接入有线网络。如图 6-5 所示即一种无线 AP 的外观图。

(2)无线天线

无线 AP 作为一个无线设备,其信号覆盖范围是有限的,为了增大无线信号覆盖的范围,无线 AP 一般会借助于无线天线对所接收或发送的信号进行放大。

无线天线有多种类型,不过常见的有两种:一种是室内天线,优点是方便灵活,缺点是增益小,传输距离短;另一种是室外天线,优点是传输距离远,比较适合远距离传输。如图 6-6 所示即一种常见的无线天线——室内吸顶式天线。

图 6-5　无线 AP 外观图

图 6-6　无线天线

(3)无线路由器

无线路由器实质上是将无线 AP 和宽带路由器合二为一的扩展型产品,它不仅具备无线 AP 的所有功能,还包括了网络地址转换功能,以支持局域网用户的网络连接共享。可实现家庭无线网络中的 Internet 连接共享,实现 ADSL Modem、Cable Modem 和小区宽带的无线共享接入。

无线路由器可以与所有以太网连接的 ADSL Modem 或 Cable Modem 直接相连,也可以在使用时通过交换机、宽带路由器等局域网方式接入。无线路由器内置简单的虚拟拨号软件,可以存储用户名和密码实现拨号上网,可以为拨号接入 Internet 的 ADSL 提供自动拨号功能,无须手动拨号或占用一台计算机作为服务器。为了满足连接多台计算机的需要,无线路由器除了具有 WAN 接口外,一般均具有多个 LAN 接口。无线路由器的外观如图 6-7 所示,侧面接口如图 6-8 所示。

图 6-7　无线路由器外观

图 6-8　无线路由器侧面接口

### 6.2.5　无线网络的组网模式

无线网络最大的特点是电磁波能够覆盖到的地方就能组建网络,摆脱了有线网络必须布线的麻烦。当然,由于用户组建网络的需求不同以及网络环境的差异,组建网络的模式就有所不同,主要有如下几种模式:

**1.接入型无线网络**

接入型无线网络是通过在传统有线网络中接入无线接入点,从而将网络范围从有线网络扩展到无线网络的方式。这种方式的连接,其实质是扩大了网络范围。无线 AP 在网络中充当了有线网络与无线网络的桥梁,一方面通过双绞线与有线网络交换机连接,另一方面发送无线信号与无线终端连接,从而实现了接入无线终端、扩展网络范围的目的。接入型无线网络拓扑图如图 6-9 所示。

该模式一般适用于原本存在有线网络,现在需要接入无线终端但不方便重新布线的场合。

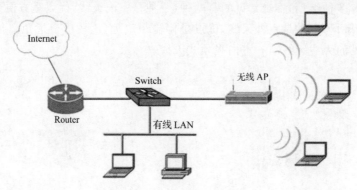

图 6-9　接入型无线网络拓扑图

接入型无线网络的特点:

(1)接入方便

只要处于无线信号覆盖范围内,笔记本计算机(台式计算机需要增加一块无线网卡)就可以连接网络、共享网络资源,并能够通过有线网络连接 Internet。

(2)网络扩展简便

由于无线网络只需要无线信号覆盖即可,不需要进行网络布线工作,大大简化了网络架设工作,网络规模和范围的扩展工作非常方便。

(3)覆盖范围有限

由于无线信号覆盖范围总是有限的,一般而言,室内无线信号覆盖范围在 100 m 左右,如果超过此范围需要增加设备。

**2.对等无线网络**

所谓对等无线网络,是指多台计算机之间使用无线网卡搭建组成的无线网络。在该类型网络中不需要无线 AP 设备,仅仅依靠无线网卡就能实现计算机之间的通信。对等无线网络拓扑图如图 6-10 所示。

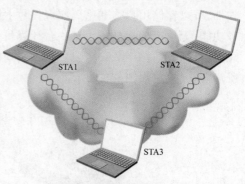

图 6-10　对等无线网络拓扑图

该模式一般适用于临时需要共享信息且连接计算机数量较少的场合,如同学之间联网玩游戏。

对等无线网络的特点：

（1）接入方便

只要处于无线信号覆盖范围内，就不需要考虑使用什么类型的电缆，也不需要考虑如何连线，计算机之间就可以组建成网络，共享网络资源。

（2）成本低廉

不需要购买电缆，也不需要购买无线 AP，对于笔记本计算机而言甚至不需要购买无线网卡（现在的笔记本计算机已经内置无线网卡），基本就是零费用。

当然，如果联网的计算机需要接入 Internet，就需要有一台计算机作为代理服务器。

### 3. 基础结构无线网络

所谓基础结构无线网络，是指使用无线联网技术单独组建一个无线网络，其基本结构与对等无线网络类似，但是为了扩大计算机的通信范围以及增加数量，需要增加一个无线 AP。无线 AP 的作用类似于有线网络的集线器，可以增大无线信号覆盖的范围，因此能够扩大无线网络的规模。基础结构无线网络拓扑图如图 6-11 所示。

该模式一般适用于临时需要共享信息但连接计算机数量较多的场合，如会议室等。

基础结构无线网络的特点：

（1）接入计算机数量更多

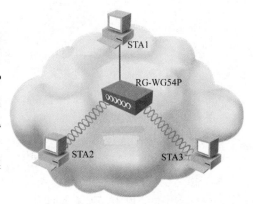

图 6-11　基础结构无线网络拓扑图

在网络中增加了无线 AP 使得接入网络的计算机数量更多。一般而言，一台无线 AP 可以支持 30 台左右的计算机连接，因此，虽然组建基础结构无线网络的计算机不宜过多，但相比对等无线网络而言，计算机的数量已经大大增加了。

（2）网络覆盖范围更大

由于在网络中增加了无线 AP 使得无线信号得到了放大，所以无线网络信号的覆盖范围也得到了扩大。

### 4. 无线漫游网络

在无线网络中用户能够通信的基本要求是必须处在无线信号覆盖范围内，但是无线信号的覆盖范围必定是有限的。当用户离开无线信号覆盖范围或者处于无线信号覆盖范围的边缘时，由于信号不好或没有信号，通信就不能正常进行。为了满足用户移动通信的需要，必须在上一个无线 AP 信号覆盖不到的地方新设置一个无线 AP，并且为了保证通信不间断，还需要各个无线 AP 信号覆盖范围有一定的重叠从而构成无线漫游网络，类似于生活中的移动电话网络。

该模式一般适用于用户移动范围较大的场合。

无线漫游网络的特点：

（1）计算机接入更方便、灵活

无线漫游网络的信号覆盖范围更大，计算机接入网络更方便。同时，网络覆盖范围之间有重叠部分，计算机可以选择信号更好的网络接入，实现了移动用户的无缝接入。

（2）接入成本较高

网络信号覆盖范围有限，为了扩大网络覆盖范围就需要安装更多的无线 AP。网络信号覆盖范围越广，需要的设备就越多，成本也就越大。

**5. 点对点无线网络**

所谓点对点无线网络，是指利用两个无线设备将两个网络连接到一起形成一个更大的网络。两个无线设备之间使用独立的信道。点对点无线网络拓扑图如图 6-12 所示。

该模式一般适用于两个网络间需要通信但布线不方便或不适宜布线的场合，如两栋大楼之间的网络通信等。

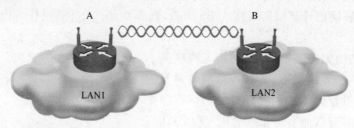

图 6-12　点对点无线网络拓扑图

点对点无线网络的特点：

（1）网络扩展和连接方便

对于需要在两个网络间通信的情况，点对点无线网络模式极大地方便了网络的扩展，特别是对某些无法布线的场所而言，点对点无线网络模式不仅可以轻易实现网络的互联，而且不需要考虑电缆的成本以及布线的成本。

（2）无线设备需要考虑的因素更多

点对点无线网络模式不仅需要考虑网络之间的通信距离，还需要考虑室外天线的选型（定向天线）。

**6. 点对多点无线网络**

所谓点对多点无线网络，是指利用多个无线设备将多个网络连接到一起以形成一个更大的网络。其中某个无线设备作为根网桥，其他无线设备作为非根网桥。非根网桥通过与根网桥的通信实现网络规模扩大的目的。点对多点无线网络拓扑图如图 6-13 所示。

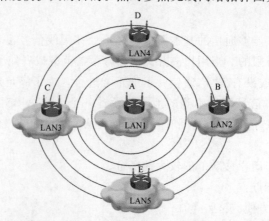

图 6-13　点对多点无线网络拓扑图

该模式一般适用于多个网络间需要通信但布线不方便或不适宜布线的场合,如建筑物(群)之间的网络通信等。

点对多点无线网络的特点:

(1)网络扩展和连接方便,网络规模更大

点对多点无线网络模式极大地方便了建筑群之间网络的扩展,为小区内部大型局域网、大型企事业单位内部大型局域网等的建设提供了一种更方便、快捷的连接方式,极大地方便了网络的扩展,也极大地节约了网络建设的成本。

(2)无线设备需要考虑的因素更多

点对多点无线网络模式不仅需要考虑网络之间的通信距离,还需要考虑设备的配置和室外天线的选型等,技术要求更高。一般根网桥需要考虑全向天线,非根网桥需要考虑定向天线。

### 6.2.6 服务区域认证 ID

在存在多个无线网络的场所(如在一栋大楼内,既有 A 公司的无线网络,又有 B 公司的无线网络),如何区分不同的网络? 无线终端用户在接入无线网络时应该接入 A 公司的无线网络还是 B 公司的无线网络? 如果没有限制措施,那么网络信息的安全又如何保证?

在有线网络环境下,最基本的网络安全措施就是用户身份验证,即输入用户名和密码。那么,在无线网络环境下,又该采取什么措施?

**1. 服务区域认证 ID 的概念**

服务区域认证 ID(Service Set Identifier,SSID)是用来区分不同网络的标识。通过 SSID 技术可以将无线局域网标识为需要不同身份验证的网络,每一个网络都需要独立的身份验证,只有通过身份验证的用户才可以进入相应的网络以防止未经授权的用户进入本网络。

在无线网络中,由于使用 SSID 区分不同的网络,因此需要将 SSID 设置为不同的名称。SSID 的名称最多可以有 32 个字符。对于计算机的无线网卡而言,设置不同的 SSID 名称就可以进入不同的网络。

**2. 利用 SSID 实现无线网络连接**

既然无线网卡的 SSID 必须与无线设备的 SSID 相同才能连接,那么对于新加入网络的计算机,怎样才能知道并设置相同的 SSID 呢?

SSID 通常由无线 AP 或无线路由器广播出来,计算机通过操作系统自带的扫描功能可以查看当前区域内的 SSID,因此一般的计算机在打开无线网卡时会搜索到附近的无线设备。

**3. 设置 SSID 广播**

对于现在的无线 AP 或无线路由器产品而言,设备默认的选项是"允许广播 SSID",并且同一厂商的无线 AP 或无线路由器使用的是相同的 SSID。因此,如果有攻击者利用这些初始字符串来连接无线网络,就极易建立起一条非法的连接,从而给我们的无线网络带来威胁。

为了解决无线网络的安全问题,可以采取相应的措施:

(1)禁止 SSID 广播

在无线设备中设置"禁止 SSID 广播"选项。设置禁止 SSID 广播后,对于合法用户而言,只需要将无线网卡的 SSID 设置为与无线设备相同即可,非法用户就搜索不到无线网络,当然就不能发动对网络的攻击。

(2)修改默认的 SSID 名称

类似于在有线网络中修改默认管理员名称一样,由于默认的 SSID 名称一般都是厂商名,不利于无线网络的安全,因此修改默认的 SSID 名称是很有必要的。

## 6.3 项目实践

**任务 6-1　规划建设家庭无线网络**

**1.任务分析**

随着计算机和网络的普及,很多家庭用户不但拥有一台台式计算机,同时也拥有了笔记本计算机。但是多数的家庭用户只是申请了一个上网账号,那么如何才能使家庭中的多台计算机使用一个账号同时上网,并且支持台式计算机的有线上网和笔记本计算机的无线上网?这就需要用到接入型无线网络模式,其中无线设备是无线路由器。

由于无线路由器通常有 1～4 个以太网接口,允许现有台式计算机通过网线连接到以太网接口。同时,无线路由器提供无线客户机的接入,实现 ADSL、Cable Modem 以及小区宽带的共享接入。这样就能够实现有线网络和无线网络共享上网的要求,如果用户采用光纤入户上网方式,其网络结构图如图 6-14 所示;如果用户采用 ADSL 上网方式,其网络结构图如

图 6-14　采用光纤入户上网方式的网络结构图

图 6-15 所示;如果用户是采用小区宽带上网方式,则直接将网线接入无线路由器 WAN 接口即可。

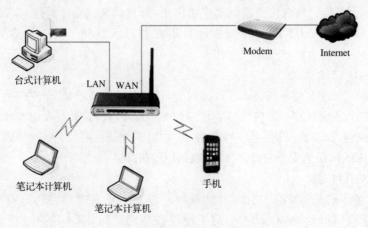

图 6-15　采用 ADSL 上网方式的网络结构图

**2. 方案特点**

对于家庭用户或只有几台计算机的组网而言,采用无线路由器方案的特点在于:

(1)成本低廉

整个网络只需要投资一个无线路由器即可。

(2)上网方便

整个网络只要无线路由器处于开机状态就可以实现网络共享。无线路由器只要进行简单的设置就可以实现自动上网。

(3)兼容性强

使用无线路由器既可以保持原来有线网络的接入,也保证了无线网络的接入,还不会破坏原有环境。

(4)使用范围有限

由于无线路由器的信号覆盖范围有限,一般的无线路由器产品在室内的信号覆盖范围在 100 m 左右,因此只适合场地较小、计算机数量较少的场合。

**3. 无线路由器的设置**

下面以 H3C WBR204g＋无线路由器为例介绍其设置过程。

(1)H3C WBR204g＋无线路由器的基本介绍

H3C WBR204g＋无线路由器(如图 6-7、图 6-8 所示)适用于小型无线网络,其自带 1 个 10/100 Mbit/s 广域网(WAN)接口,4 个 10/100 Mbit/s 局域网(LAN)接口,支持 802.11g 和 802.11b 标准,最高传输速率达 54 Mbit/s,支持 WPA、WEP 无线安全协议,内置防火墙功能保护无线网络安全,其室内信号覆盖范围为 100 m。

(2)H3C WBR204g＋无线路由器的线路连接

H3C WBR204g＋无线路由器的线路连接非常简单,只需要将外网网线连接到 WAN 接口,将有线计算机的网线连接到 LAN 接口即可。

(3)H3C WBR204g＋无线路由器的配置

①利用网线将计算机连接到无线路由器的任意一个 LAN 接口。

②将计算机的 IP 地址设置为 192.168.1.0/24 网段中的一个地址,网关设置为 192.168.1.1。在计算机浏览器地址栏输入 192.168.1.1,在连接界面中输入用户名和密码,如图 6-16 所示。(H3C WBR204g＋无线路由器的管理地址是 192.168.1.1,默认用户名和密码是 admin,其他品牌无线路由器的相关参数请参看产品说明书。)

③简单设置。在"上网方式"中选取对应的上网方式,在"PPPoE 用户名"和"PPPoE 密码"文本框中输入申请上网所获得的用户名和密码即可。其设置界面如图 6-17 所示。

④高级设置。单击图 6-17 中左侧的"高级设置",即进入高级设置界面,如图 6-18 所示。

图 6-16　H3C WBR204g＋无线路由器连接界面　　图 6-17　设置上网方式及上网用户名和密码

在"WAN 设置"中主要是设置上网方式、PPPoE 用户名和 PPPoE 密码等，如图 6-19 所示。

图 6-18　无线路由器高级设置界面　　　图 6-19　无线路由器"WAN 设置"界面

⑤在"无线网络"中主要是在"基本设置"选项卡中设置 SSID 名称、是否广播 SSID 等，如图 6-20 所示；在"加密"选项卡中设置加密方式等，如图 6-21 所示。

图 6-20　基本参数设置　　　　　　　　图 6-21　加密方式设置

⑥在"网络安全"中设置"防黑客攻击"选项卡的参数，如图 6-22 所示；设置"病毒防护"选项卡的参数，如图 6-23 所示。

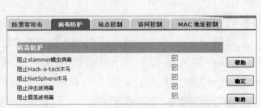

图 6-22　"防黑客攻击"的参数设置　　　　图 6-23　"病毒防护"的参数设置

**4.计算机无线网卡的安装及设置**

对于计算机而言，如果需要使用无线网络，则必须安装无线网卡，由于现在的笔记本计算机均自带无线网卡，一般情况下只有台式计算机才需要安装及设置无线网卡。

以下安装及配置过程以 Windows 7 系统中安装配置 USB 接口无线网卡为例，其他操作系统（如 Windows 8、Windows 10、Windows 11）无线网卡的安装及配置类似。

（1）安装无线网卡驱动程序

①将 USB 无线网卡插入计算机 USB 接口。

②安装无线网卡的驱动程序。

将无线网卡的驱动光盘放入计算机的光驱中，双击无线网卡的驱动程序"install.exe"，选择无线网卡所对应的型号，出现安装向导，单击"下一步"即可，如图 6-24 所示。

③安装程序自动执行安装过程，直至完成，单击"完成"即可，系统会重新启动，如图 6-25 所示。

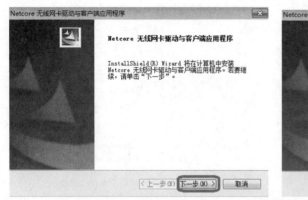
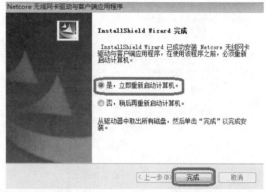

图 6-24　无线网卡安装向导　　　　　图 6-25　无线网卡驱动安装完成

④重新启动系统后，在右下角的任务栏中出现无线标志，说明无线网卡安装成功，如图 6-26 所示。

图 6-26　无线标志

⑤右击"计算机"，在打开的快捷菜单中单击"管理"，打开"计算机管理"窗口，单击"设备管理器"，在右边窗格中的"网络适配器"下会看到所安装的无线网卡，如图 6-27 所示。

图 6-27　"网络适配器"中的无线网卡

（2）配置无线网卡

①单击"开始"→"控制面板"→"网络和 Internet"→"网络和共享中心"→"更改适配器设置"，进入"网络连接"窗口，其中存在"无线网络连接"，如图 6-28 所示。

图 6-28　"网络连接"窗口

②右击图 6-28 中的"无线网络连接",选择"属性",再选择"Internet 协议版本 4(TCP/IPv4)",单击"属性",如图 6-29 所示。

③在"Internet 协议版本 4(TCP/IPv4)属性"对话框中选择"自动获得 IP 地址"和"自动获得 DNS 服务器地址",如图 6-30 所示,单击"确定"按钮关闭对话框。

图 6-29　选择无线网络连接属性

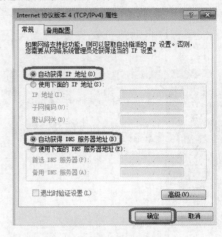

图 6-30　配置无线网络的 Internet 属性

④右击图 6-28 中的"无线网络连接",选择"连接/断开",如图 6-31 所示。

⑤系统会自动扫描出存在的无线网络信号,如图 6-32 所示。

图 6-31　配置无线网络连接的"连接/断开"

图 6-32　自动扫描获得的无线信号

⑥单击自家的网络,然后单击"连接",输入"安全密钥",如图 6-33 所示。

图 6-33　输入网络安全密钥

⑦无线网络连接成功,右下角的任务栏中的无线标志由灰色变为绿色,如图 6-34 所示。

图 6-34　无线网络连接成功的标志

⑧无线网络连接成功,图 6-28 中的"无线网络连接"从"未连接"状态变成连接状态,如图 6-35 所示。

图 6-35　无线网络连接成功

 **任务 6-2　规划建设小型办公网络**

**1.任务分析**

作为公司办公网络,其覆盖范围要求比家庭网络范围广,同时接入网络的计算机数量也比家庭网络多,因此在方案选择上就需要增加无线 AP 设备。

无线 AP 类似于集线器,增加无线 AP 的数量即可增大信号覆盖范围。另外,无线 AP 也有一个或多个以太网接口,如果原有有线上网的计算机数量较多,就可以选择具备多个以太网接口的无线 AP。当然,这些都需要根据实际工作要求来确定相关参数。其网络结构示意图如图 6-36 所示。

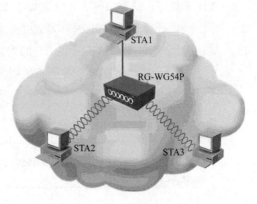

图 6-36　办公无线网络结构示意图

**2.方案特点**

(1)接入方便

计算机只需要具备无线网卡即可接入网络,实现与其他计算机的网络资源共享。

(2)兼容性强

使用无线路由器既可以保持原来有线网络的接入,也保证了无线网络的接入,还不会破坏原有环境。

(3)无线漫游

如果在办公区域接入多个无线 AP,通过对无线 AP 进行简单的设置就可以实现用户在无线信号覆盖区域的漫游功能,实现用户与公司网络的持续连接。

(4)连接数量有限

无线 AP 支持连接的计算机数量总是有限的,如果需要连接的计算机数量较多,就需要选择性能更高的无线 AP,这样就增加了建设成本。

**3.办公无线网络的配置**

办公无线网络的配置主要还是对无线 AP 的设置,以下以 RG-WG54P 无线 AP 为例介绍其设置过程。

(1)RG-WG54P 无线 AP 的基本介绍

RG-WG54P 无线 AP 是适用于构建小型无线网络的无线 AP,其自带 1 个 10/100 Mbit/s 局域网(LAN)接口,支持 802.11g 和 802.11b 标准,最高传输速率达到 54 Mbit/s,其室内信号覆盖范围最大直径可为 200 m,室外信号覆盖范围最大直径可为 500 m。同时,RG-WG54P 无线 AP 还具备快速实现漫游切换、广播风暴抑制、实时带宽管理等多项精细化功能。其接线结构图如图 6-37 所示。

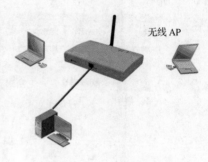

图 6-37  办公无线网络接线结构图

(2)RG-WG54P 无线 AP 的线路连接

RG-WG54P 无线 AP 的线路连接设置非常简单,只需要使用网线将计算机与 RG-WG54P 无线 AP 的 LAN 接口接连接即可。

(3)RG-WG54P 无线 AP 的配置

①利用网线将计算机 STA1 连接到无线 AP 的 LAN 接口,打开无线 AP 的电源开关。

②将计算机 STA1 的 IP 地址设置为 192.168.1.0/24 网段中的一个地址,网关设置为 192.168.1.1,在计算机 STA1 浏览器地址栏输入 192.168.1.1。在连接界面中输入密码,如图 6-38 所示。(RG-WG54P 无线 AP 的管理地址是 192.168.1.1,默认密码是 default,其他品牌无线 AP 的相关参数请参看产品说明书。)

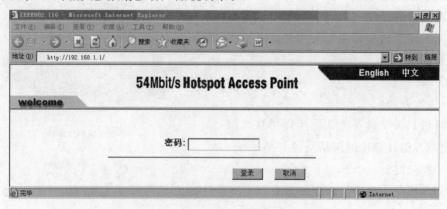

图 6-38  RG-WG54P 无线 AP 登录配置界面

③设置无线 AP 的基本参数,如接入点名称、无线模式和 ESSID 名称等,如图 6-39 所示。配置完毕,单击"应用"按钮即可。

④设置无线计算机的 IP 地址属于 192.168.1.0/24 网段,网关设置为 192.168.1.1。

⑤在无线计算机上运行客户机软件 IEEE 802.11g Wireless LAN Utility。

图 6-39　RG-WG54P 无线 AP 基本参数设置

⑥在客户机软件的"Configuration"选项卡中,配置加入无线网络的相关参数。其中,
SSID 名称必须与无线 AP 中的 ESSID 名称一致,网络类型(Network Type)配置为
"Infrastructure",最后单击"Apply"即可,如图 6-40 所示。

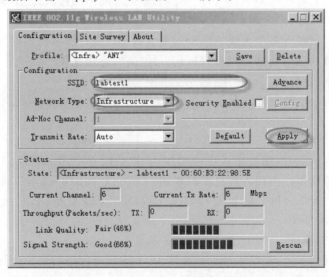

图 6-40　无线计算机客户机软件参数配置

任务 6-3　建设无线、有线一体化的园区网

**1. 任务分析**

由于网络技术发展的因素,网络的建设都是从有线建设开始的。在某些园区,由于各种

因素的影响,原来所建的网络信息点的数量明显不足。如果要新建网络信息点适应网络增长的需要,不仅需要增加布线成本,破坏环境布局,而且有些地方根本就无法布设网线。无线技术的应用恰好能够满足网络覆盖的需要。于是,在原有有线网络的基础上增加无线网络的覆盖不失为一种理想的解决方案。其网络拓扑图如图 6-41 所示,其楼层布置如图 6-42 所示。

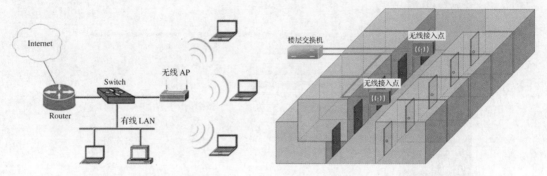

图 6-41    无线、有线一体化网络拓扑图          图 6-42    无线网络楼层布置图

**2.方案特点**

(1)接入方便

计算机只要具备无线网卡即可接入网络,实现与其他计算机的网络资源共享。

(2)兼容性强

既可以保持原来有线网络的接入,也可以保证无线网络的接入,还不会破坏原有环境。

(3)无线漫游

如果在办公区域接入多个无线 AP,通过对无线 AP 进行简单的设置就可以实现用户在无线信号覆盖区域的漫游功能,实现用户与公司网络的持续连接。

(4)需要增加一定投资

由于园区网有一定的规模和覆盖范围,为了实现无线信号覆盖,需要增加无线天线和无线交换机。

**3.无线网络的配置**

对于无线园区网而言,随着接入点的增加,必然会配置更多的无线 AP,因此在配置无线园区网时需要考虑园区网接入信息点的规模。为方便介绍起见,本项目以小型无线网络(无线 AP 少于 50 个)为例。配置过程以 1 台 MX-8 无线交换机、1 台无线 AP 和 1 台 RingMaster 服务器为例。

(1)配置无线交换机

随着网络规模的扩大,网络管理的难度增大,考虑到对网络的集中化管理需要增加无线交换机,本项目中以 MX-8 无线交换机为例。

MX-8 无线交换机是专为中小型网络环境设计的无线交换机,可部署于二层网络环境中,直接与 MP 系列智能无线接入点产品连接,也可以部署于数据中心,突破三层网络与无线接入点的通信,提供无缝的安全无线网络控制,而无须改动任何网络架构和硬件设备。该产品提供了 8 个 10/100 Mbit/s 快速以太网端口,其中 6 个端口支持以太网供电(PoE),可支持 12 个 MP 智能无线接入点产品的控制。

MX-8 无线交换机可针对无线网络实施强大的集中式可视化管理和控制,显著简化原本安全实施困难、部署复杂的无线网络。通过与无线网络集中管理平台 RingMaster 的配合,可灵活控制无线接入点的配置,优化射频覆盖效果和性能,同时还可实现集群化管理,将大型网络中的设备部署工作量降至最低。

MX-8 无线交换机的具体配置如下:

①由于 MX-8 无线交换机的默认 IP 地址是 192.168.100.1/24,因此首先将计算机的 IP 地址配置为与无线交换机在同一网段,然后打开浏览器输入地址 https://192.168.100.1,以 Web 方式配置无线交换机。出现如图 6-43 所示对话框,单击"是"即可。

②输入无线交换机的用户名和密码,如图 6-44 所示。

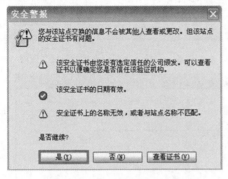

图 6-43　无线交换机配置初始对话框　　　　　图 6-44　无线交换机登录对话框

③进入无线交换机的 Web 配置对话框,单击"Start",如图 6-45 所示,进入快速配置对话框。

④选择管理无线交换机的方式,本任务采用"RingMaster"管理工具,如图 6-46 所示。

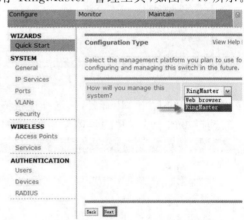

图 6-45　无线交换机 Web 配置对话框　　　　图 6-46　选择管理无线交换机的方式

⑤接下来依次配置无线交换机的 IP 地址、网关地址和密码等参数,由于配置较简单,不再详述。

(2)使用"RingMaster"管理工具配置无线交换机的高级属性

①运行 RingMaster 软件,地址为 127.0.0.1,端口为 443,用户名和密码默认为空,如图 6-47 所示。

②单击"Next",输入被管理的无线交换机的 IP 地址和密码,然后单击"Next",如图 6-48 所示。无线交换机就会自动完成配置的更新。

③选择"Configuration",进入配置界面,在无线交换机的配置界面中选择"Wireless"→"Access Points"选项,添加无线 AP,如图 6-49 所示。

图 6-47 RingMaster 管理工具初始对话框　　　　图 6-48 输入无线交换机的地址和密码

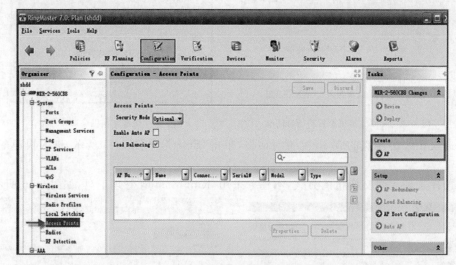

图 6-49 添加无线 AP

④为添加的无线 AP 命名，并选择连接方式，如图 6-50 所示。

⑤选择添加无线 AP 的具体型号和传输协议，完成无线 AP 添加，如图 6-51 所示。

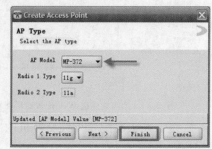

图 6-50 为无线 AP 命名并选择连接方式　　　　图 6-51 确定无线 AP 型号和传输协议

(3)配置无线交换机的 DHCP 服务器

①在"RingMaster"管理工具中选择"System"→"VLANs"选项，选择"default"，单击"Properties..."按钮进入属性配置对话框，如图 6-52 所示。

②选择"DHCP Server"选项，选取 DHCP 服务器并设置 DHCP 地址池和 DNS 参数，如图 6-53 所示。

③选择"System"→"Ports"选项，将无线交换机的端口 PoE 打开，如图 6-54 所示。

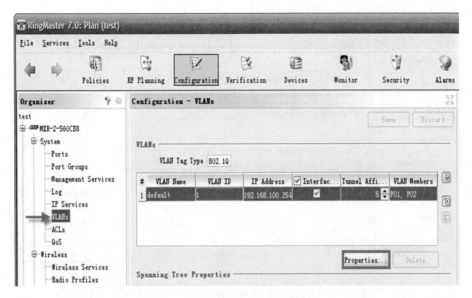

图 6-52 进入属性配置对话框

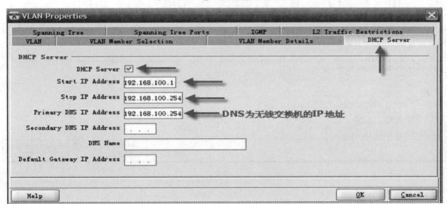

图 6-53 启用 DHCP 服务器并配置相关参数

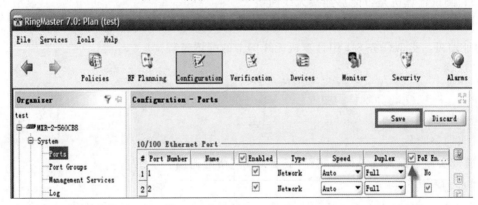

图 6-54 打开无线交换机的 PoE 端口

④创建开放接入服务。单击"Open Access Service Profile"按钮,如图 6-55 所示。

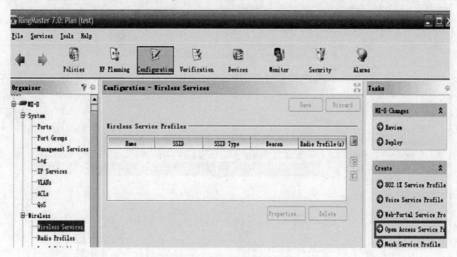

图 6-55 创建开放接入服务

⑤输入 SSID 名称,确定 SSID 类型,如图 6-56 所示。

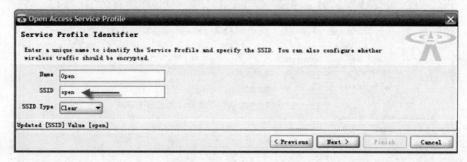

图 6-56 确定 SSID 名称及类型

⑥其他各选项是默认选项,不再详述。

(4)测试计算机是否能够连接无线网络

打开计算机的无线网卡,搜索上述 SSID 名称的无线网络,"连接"到此无线网络并获取 IP 地址即可。类似任务 6-1 中计算机无线网卡的配置过程。

## 项目实训 6 通过无线 AP 组建无线网络

【实训目的】

通过实训掌握无线 AP 的配置,实现无线网络的通信。

【实训环境】

三人为一组,每人一台装有 Windows 10 系统和无线网卡的计算机,一台无线 AP。

【实训内容】

1.配置无线 AP。

2.将计算机加入无线网络实现资源共享。

## 项目习作 6

一、填空题

1. 无线接入设备分为_____、_____和_____。

2. 无线网卡的类型有_____、_____、_____和_____。

二、单项选择题

1. 802.11g 协议标准的最大通信速率是(　　)。

A. 10 Mbit/s　　　　B. 50 Mbit/s　　　　C. 54 Mbit/s　　　　D. 100 Mbit/s

2. 802.11n 协议标准的最大通信速率是(　　)。

A. 10 Mbit/s　　　　B. 50 Mbit/s　　　　C. 100 Mbit/s　　　　D. 300 Mbit/s

三、问答题

1. 无线网络的通信协议标准主要有哪些?

2. 无线网络的组建模式主要有哪几种?

3. SSID 的主要作用是什么?

項目 07

# 广域网及接入技术

## 🜍 7.1　项目描述

随着计算机技术、通信技术和计算机网络技术的飞速发展以及计算机网络的广泛应用，单一的局域网已不能满足社会对信息的需求。需要将分布在不同地理位置的多个相同或不同类型的计算机网络进行互联，组成规模更大、功能更强、资源更丰富的网络系统，以实现更广泛的资源共享和信息交流。计算机通信网的重要组成部分——广域网得到了很大的发展，它是多年来计算机技术与通信技术高速发展、相互促进、相互渗透而逐渐融为一体的结果。

本项目对应的工作任务见表 7-1。

表 7-1　　　　　　　　　　　　项目对应的工作任务

| 工作项目(校园或企业需求) | 教学项目(工作任务) | 参考课时 |
|---|---|---|
| 通过电话线实现家庭单机拨号上网，或在公司网络只申请一个公用 IP 地址的情况下实现多用户接入 Internet | 任务 7-1：PC 通过 ADSL 接入 Internet。通过对 ADSL 接入方式的硬件介绍及软件设置，掌握家庭 PC 通过 ADSL 接入网络的方法 | 2 |
| | 任务 7-2：局域网通过 NAT 接入 Internet。通过在 Cisco Packet Tracer 8.0 中模拟公司接入网络，掌握多用户通过内部 IP 地址接入外网的方法 | 4 |
| | 任务 7-3：使用 PPP 封装实现授权接入广域网。通过在 Cisco Packet Tracer 8.0 中模拟公司接入网络，掌握多网段通过 PPP 验证使用一条广域网专线接入 Internet 的方法 | 2 |
| 思政融入和项目职业素养要求 | 在讲解信道复用技术时，根据时分多路复用的特点，引导学生要擅于利用时间，做好人生规划；在讲解广域网宽带接入技术前，让学生自行查阅目前常用的接入技术，自行分析它们的优缺点，养成自学的习惯，训练学生的表达能力 | |

## 🜍 7.2　项目知识准备

广域网是以信息传输为主要目的的数据通信网，是进行网络互联的媒介。广域网与局域网之间，既有区别，又有联系。局域网侧重的是如何根据应用需求来规划、建立和应用网络，强调的是资源共享。广域网侧重的是网络能提供什么样的数据传输业务，以及用户如何接入网络等问题，强调的是数据传输。

### 7.2.1　广域网概述

**1. 广域网的定义和特点**

广域网（Wide Area Network，WAN）是地理覆盖范围从数十千米到数千千米，可以连接若干个城市、地区甚至跨越国界、遍及全球的一种计算机网络。与局域网相比，广域网具有以下特点：

①广域网的地理覆盖范围广，远远超出局域网几千米到几十千米的覆盖范围。

②局域网主要是为了实现小范围内的资源共享而设计的，而广域网则主要用于互联广泛地理范围内的局域网。

③局域网通常采用基带传输方式，而广域网为了实现远距离通信通常采用载波形式的频带传输或光传输。

④与局域网的私有性不同，广域网通常是由公共通信部门来建设和管理的，这些部门利用各自的广域网资源向用户提供收费的广域网数据传输服务，所以又被称为网络服务提供商，用户如需要此类服务需要向广域网的网络服务提供商提出申请。

⑤在网络拓扑结构上，广域网更多地采用网状拓扑。其原因在于广域网地理覆盖范围广，而网络中两个节点在进行通信时，数据一般要经过较长的通信线路和较多的中间节点，因此，中间节点设备的处理速度、线路的质量以及传输环境的噪声都会影响广域网的可靠性，采用基于网状拓扑的网络结构可以大大提高广域网链路的容错性。

**2. 广域网的结构与组成**

广域网的结构分为通信子网与资源子网两部分，如图 7-1 所示。

通信子网（传输网）是把各站点互相连接起来的数据通信系统。主要包括：通信线路（传输介质）、网络连接设备（如通信处理机）、网络协议和通信控制软件等。它的主要任务是负责连接网上各种计算机和其他智能终端（如智能手机、ATM 自动取款机），完成数据的传输、交换、加工和通信处理工作。连接广域网各节点的链路都是高速链路，其距离可以是几千千米的光缆线路，也可以是几万千米的点对点卫星链路。通信子网由省际骨干网、省内骨干网、本地中继网（城域网）和末端接入网构成，如图 7-2 所示。

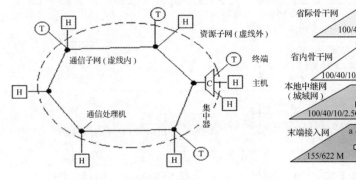

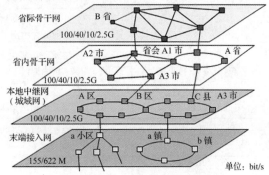

图 7-1　广域网的结构　　　　　　　　图 7-2　通信子网（传输网）的分层结构

资源子网主要包括联网的计算机、终端、外部设备、网络协议及网络软件等。它的主要任务是收集、存储和处理信息，为用户提供网络服务和资源共享等。

**3. 中国广域网的现状与发展**

经过近几年的发展，我国通信子网的省际骨干线、省内骨干线及大中城市的市话中继线已全部实现了数字化、光纤化。由于通信子网的造价较高,一般都是由国家或较大的电信公司出资建造的(我国主要是中国移动、中国电信和中国联通三大服务提供商)。随着电信营运市场的开放,用户可能有较多的选择余地。当前,传输网正在发生深刻的变化,中国电信、中国联通和中国移动三个运营商都建设了自己的国内长途光缆干线网。各个运营公司采取了不同的网络拓扑结构和技术,呈现了技术方案的多元化趋势。2012 年底,全国光缆线路长度达到 1 481 万千米。

2013 年 8 月 17 日,国务院发布《国务院关于印发"宽带中国"战略及实施方案的通知》,它就像一剂强力兴奋剂打入了中国互联网这一充满潜力的巨大市场。据此,中国电信、中国联通和中国移动三大运营商紧锣密鼓地开始了 100 Gbit/s 光传输网的部署,我国的主干线路正式跨入 100 Gbit/s 的光纤时代。

中国电信全国干线传输网已基本形成贯穿南北、横跨东西的"八横八纵"光缆网格局。

### 7.2.2 常用广域网技术

构建广域网和构建局域网不同,构建局域网必须由企业或学校完成传输网络的建设,但构建广域网由于受各种条件的限制,必须借助公共传输网络。用户不用关心公共传输网络的内部结构和工作机制,只需了解公共传输网络提供的接口,如何实现和公共传输网络之间的连接,并通过公共传输网络实现远程端点之间的报文交换。因此,设计广域网的前提在于掌握各种公共传输网络的特性以及公共传输网络和用户网络之间的互联技术。

目前,广域网不仅在地理范围上超越城市、省界、国界、洲界形成世界范围的计算机互联网络,而且在各种远程通信手段上有许多大的变化。除了原有的电话网外,还有分组数据交换网、数字数据网、帧中继网以及集语音、图像、数据等为一体的 ISDN 网,还有数字卫星网(如 VSAT,Very Small Aperture Terminal)和无线分组数据通信网等。在技术上也有许多突破,如互联设备的快速发展,多路复用技术和交换技术的发展,特别是光纤技术的日臻成熟,为广域网解决传输带宽这个瓶颈问题展现了美好的前景。

目前,可以为广域网提供服务的技术有很多种,用户可根据各种广域网技术的特点和适用环境,合理选择广域网连接技术。主要的广域网连接技术与协议见表 7-2。

表 7-2 主要的广域网连接技术与协议

| 广域网连接技术 | 典型的广域网类型 | 支持(封装)的协议 |
| --- | --- | --- |
| 电路交换连接 | 公用交换电话网 PSTN<br>综合业务数字网 ISDN | HDLC、PPP |
| 包(分组)交换连接 | 分组交换网 X.25<br>帧中继网 FR<br>异步传输模式网 ATM | X.25、帧中继、ATM |
| 专线连接(租用线路) | 数字数据网 DDN | HDLC、PPP |
| 宽带接入 | 数字用户线 xDSL(ADSL、VDSL)<br>线缆调制解调器 Cable Modem | PPPoE、PPPoA、以太网协议 |
| 无线连接 | 移动通信网(经历 2G、3G、4G、5G 的发展)<br>卫星通信网 | GPRS 通用分组无线服务<br>2G:GSM 全球移动通信系统、CDMA<br>3G:WCDMA、CDMA2000、TD-SCDMA<br>4G、5G:LTE、HSPA+、WiMax 等 |

下面介绍几种常用的广域网协议。

**1. 高级数据链路控制 HDLC**

20 世纪 70 年代初,IBM 公司率先提出了面向比特的同步数据链路控制 SDLC

(Synchronous Data Link Control)。随后,ANSI 和 ISO 均采纳并发展了 SDLC,并分别提出了自己的标准:ANSI 的高级数据通信控制规程 ADCP(Advanced Data Communication Control Procedure),ISO 的高级数据链路控制 HDLC(High-level Data Link Control)。

(1)HDLC 的概念及基本原理

HDLC 是一个在同步网上传输数据、面向比特的数据链路层协议。

HDLC 的最大特点是不要求数据必须是规定字符集,对任何一种比特流,均可以实现透明的传输。HDLC 是面向比特的协议,支持全双工通信,采用位填充的成帧技术,以滑动窗口协议进行流量控制。

(2)HDLC 的特点

作为面向比特的数据链路控制协议的典型代表,HDLC 具有如下特点:

- 该协议不依赖于任何一种字符编码集;
- 数据报文可透明传输,采用实现透明传输的“0 比特插入法”,易于硬件实现;
- 全双工通信,有较高的数据链路传输效率;
- 所有帧采用 CRC 检验,对信息帧进行顺序编号,可防止漏收或重发,传输可靠性高;
- 传输控制功能与处理功能分离,具有较大的灵活性。

由于 HDLC 协议在物理层只支持同步传送,不支持异步传送,在数据链路层不支持验证和地址协商,已经逐步退出国内市场(华为、华三生产的网络设备不支持 HDLC 协议)。

**2. 点对点协议 PPP**

点对点的通信主要适用于两种情况:一是成千上万的组织有各自的局域网,每个局域网含有众多主机和一些联网设备以及连接至外部的路由器,通过点对点的租线和远程路由器相连;二是成千上万用户在家里使用调制解调器和拨号电话线连接到 Internet,这是点对点连接的最主要应用。

(1)PPP 的概念及基本原理

PPP 是 Point-to-Point Protocol 的缩写,它是一个工作于数据链路层,为在同等单元之间传输数据报这样的简单链路设计的广域网协议。这种链路提供全双工操作,并按照顺序传递数据报。主要是通过拨号或专线方式建立点对点连接发送数据,使其成为各种主机、网桥和路由器之间简单连接的一种解决方案。PPP 由 IETF(Internet Engineering Task Force,互联网工程任务组)开发,目前已被广泛使用并成为国际标准。PPP 为路由器到路由器、主机到网络之间使用串行接口进行点对点的连接提供了 OSI 参考模型第二层的服务。例如大家所熟悉的利用 Modem 进行拨号上网(如电信 163、169,联通 165 等)就是使用 PPP 实现主机到网络连接的典型例子,如图 7-3 所示。

(2)PPP 的结构组成

PPP 作为数据链路层的协议,在物理上可使用各种不同的传输介质,包括双绞线、光纤及无线传输介质,在数据链路层提供了一套解决链路建立、维护、拆除、上层协议协商及认证等问题的方案。

在帧的封装格式上,PPP 采用的是一种 HDLC 的变化形式。其对网络层协议的支持则包括了多种不同的主流协议,如 IP 和 IPX 等。PPP 协议的结构如图 7-4 所示。从图中可以看出,PPP 主要包括以下协议:

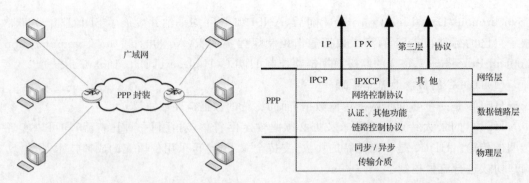

图 7-3　PPP 提供的多种连接　　　　　图 7-4　PPP 协议的结构

● 链路控制协议 LCP(Link Control Protocol)：主要用于数据链路连接的建立、拆除和监控。

● 网络控制协议 NCP(Network Control Protocol)：主要用于协商在该链路上所传输的数据报的格式与类型，建立和配置不同网络层协议。目前，NCP 有 IPCP 和 IPXCP 两种。IPCP 用于在 LCP 上运行 IP 协议，IPXCP 用于在 LCP 上运行 IPX 协议。

● 认证协议：最常用的包括口令验证协议 PAP(Password Authentication Protocol)和挑战握手验证协议 CHAP(Challenge-Handshake Authentication Protocol)。

（3）PPP 的功能特性

PPP 的主要功能有：可清楚地区分帧的结束段和下一帧的起始段，帧格式还处理差错检测；链路控制协议 LCP 用于启动线路、测试、任选功能的协商以及关闭连接；网络层任选功能的协商方法独立于使用的网络层协议，因此可适用于不同的网络控制协议 NCP。

PPP 协议是目前应用得最广的一种广域网协议，它主要有以下几方面的特性：

● 可以工作在物理层的同步/异步方式下；

● 在数据链路层支持验证，提高了网络的安全性；

● 能够控制数据链路的建立，方便了广域网的应用；

● 能够对 IP 地址进行分配和管理，有效地控制了所进行的网络通信；

● 允许同时采用多种网络层协议，丰富了协议的应用；

● 能够配置并测试数据链路，并能进行错误检测，保证了通信的可靠性；

● 无重传机制，节省了网络开销；

● 能够对网络层的地址和数据压缩进行可选择的协商。

（4）PPP 的链路连接过程

PPP 的链路连接需要经过以下五个阶段：链路建立准备阶段、链路建立阶段、链路认证阶段、网络层协议阶段和链路终止阶段。如图 7-5 所示。

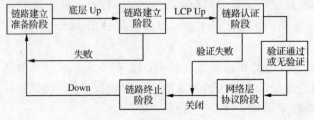

图 7-5　PPP 的链路连接过程

①链路建立准备阶段

为了在点对点连接中建立通信,PPP 连接的每一端都必须首先发送 LCP 数据报来配置和测试数据连接。在连接建立后,对等实体还有可能需要认证。然后,PPP 协议必须发送 NCP 数据报来选择一种或多种网络层协议来配置。一旦被选中的网络层协议被配置好后,该网络层的数据报就可以在链路上传送了。

在链路建立准备阶段,LCP 协议自动处在初始或正在开始状态。当进入链路建立阶段后会引发上传事件,通知 LCP 协议自动机。在链路建立准备阶段,当一个进行中的链路在使用电话线连接的情况下,这个阶段将相当短,短到很少能用仪器检测到它的存在。

②链路建立阶段

LCP 通过交换配置数据报建立连接。一旦一个配置成功的信息包(Configure-Ack Packet)被发送且被接收,就完成了交换,进入了 LCP 开启状态。当 LCP 协议自动进入已打开状态,并且发送和接收过配置确认数据报时,建立连接的交换过程才完成。所有的配置选项都被假定为缺省值,除非在配置交互的过程中改变。只有与特定网络层协议无关的选项才能被 LCP 协议配置。单独的网络层协议是在网络层协议阶段由相应的网络控制协议来配置。

在此阶段接收到的任何非 LCP 数据报将被丢弃。接收到 LCP 配置请求数据报将引起 PPP 连接从网络层协议阶段或链路认证阶段返回到链路建立阶段。

③链路认证阶段

在某些连接中允许网络层协议数据报在交换之前对对等实体进行认证(缺省时认证不是必要的)。如果应用时希望对等实体使用某些认证协议进行认证,这种要求必须在链路建立阶段提出。

链路认证阶段应该紧接在链路建立阶段之后,但可能有连接质量的问题并行出现,应用时绝对不允许连接质量问题影响数据报的交换,使认证有不确定的延迟。链路认证阶段后的网络层协议阶段必须等到认证结束才能开始。如果认证失败,将转而进入链路终止阶段。只有连接控制协议数据报、认证协议数据报、连接质量监测的数据报才被允许在此阶段出现。其他在此阶段中接收到的数据报都将被丢弃。在这个阶段应注意两个方面:应用时不能简单地因为超时或缺少回应就认为认证失败,应该允许重传,仅当试图认证的次数超过一定的限制时才进入链路终止阶段;如果对方拒绝认证,己方有权进入链路终止阶段。

④网络层协议阶段

一旦 PPP 协议完成了链路认证阶段的认证,每一个网络层协议(例如:IP 协议、IPX 协议、AppleTalk 协议)必须单独由相应的 NCP 配置。可以随时打开或关闭每一个网络控制协议。在此阶段应注意:

因为一开始可能需要花费大量的连接时间来分析连接质量,所以当等待对方进行网络控制协议配置时应该避免使用固定的超时限制。

当一个网络控制协议自动进入已打开状态时,PPP 连接后就可以传送相应的网络层协议数据报。当接收到任何支持的网络层协议数据报时,只要相应的网络控制协议自动状态未打开,都将对该数据报做丢弃处理。

LCP 协议自动状态处于打开状态时,对接收到的任何不被支持的协议数据报都将返回协议拒绝包(后面将提到)。所支持的协议数据报都将丢弃。在此阶段,连接上流通的有 LCP 数据报、NCP 数据报和网络层协议数据报。

⑤链路终止阶段

PPP 连接可以随时终止,原因可能是载波丢失、认证失差、连接质量有问题、超时计数器溢出或者网络管理员关闭连接。

LCP 通过交换连接终止包来终止连接。当连接正在被终止的时候,PPP 协议会通知网络层以便它采取相应的动作。在交换过连接终止请求包后,将通知物理层断开以便使连接真正终止,尤其是在认证失败的时候。发送连接终止请求包的一方应该等待接收到连接终止确认包之后或超时计数器计满之后再断开。收到连接终止确认包的一方应该等待对方首先断开,等到至少有一个超时计时器在发送了连接终止确认包之后再断开。然后 PPP 协议进入连接死亡阶段,结束此次 PPP 通信。

(5)PPP 的主要应用

PPP 是目前广域网上应用最广泛的协议之一,它的优点在于应用简单,具备用户验证能力,可以解决 IP 分配问题等。

家庭拨号上网就是通过 PPP 协议在用户端和运营商的接入服务器之间建立通信链路的。在宽带接入技术日新月异的今天,PPP 也衍生出新的应用。典型的应用是在非对称数据用户线路(Asymmetric Digital Subscriber Line,ADSL)接入方式中,PPP 与其他的协议共同派生出了符合宽带接入要求的新的协议,如 PPPoE(PPP over Ethernet)、PPPoA(PPP over ATM)。

利用以太网资源,在以太网上运行 PPP 来进行用户认证接入的方式称为 PPPoE。PPPoE 既保护了用户方的以太网资源,又满足了 ADSL 的接入要求,是目前 ADSL 接入方式中应用最广泛的技术标准。

同样的,在异步传输模式(Asynchronous Transfer Mode,ATM)网络上运行 PPP 协议来管理用户认证的方式称为 PPPoA。它与 PPPoE 的原理相同,作用相同。不同的是它是在 ATM 网络上运行,而 PPPoE 是在以太网上运行,所以要分别使用 ATM 标准和以太网标准。

**3. 帧中继 FR**

20 世纪 90 年代初,帧中继技术被提出之前,X.25 分组交换在广域网中被大量采用,X.25 丰富的检、纠错机制特别适合当时广泛使用铜缆的网络环境。但是,随着容量大、质量高的光纤被大量使用,通信网的纠错能力不再成为评价网络性能的主要指标。这样一来,以往的 X.25 分组交换的某些优点(如丰富的检、纠错机制等)在光纤传输系统中已经得不到体现,相反,有些功能显得累赘,于是在此背景下产生了帧中继技术。

(1)帧中继的概念及基本原理

帧中继(Frame Relay,FR)又称快速分组交换,是近年发展起来的数据通信服务。帧中继以 X.25 分组交换技术为基础,摒弃其中烦琐的检、纠错过程,改造了原有的帧结构,扩展和简化了 X.25 分组交换网,从而获得了良好的性能。帧中继的用户接入速率一般为 64 kbit/s~2 Mbit/s,局间中继传输速率一般为 2 Mbit/s 或 34 Mbit/s,可达 155 Mbit/s。

帧中继技术继承了 X.25 提供统计复用功能和采用虚电路交换的优点,但是仅完成 OSI 参考模型中物理层、数据链路层和传输层的功能,将流量控制、纠错等留给智能终端去完成,大大简化了节点之间的协议;同时,帧中继采用虚电路技术,能充分利用网络资源,从而在减少网络时延的同时降低了通信成本。因而帧中继具有吞吐量高、时延低、适合突发性业务等特点。帧中继目前在中、低速率网络互联的应用中被广泛使用。

（2）帧中继的帧格式与结构组成

帧中继的帧格式由四个字段组成，见表 7-3。

表 7-3　　　　　　　　　　　　　　　　帧中继的帧格式

| 1 Byte | 2~4 Byte | 1~4 096 Byte | 2 Byte |
|---|---|---|---|
| F（标志字段） | A（地址字段） | I（用户字段） | FCS（帧校验序列） |

帧格式各个字段的含义如下：

● 标志字段 F：它的作用是标识一个帧的开始和结束。其比特模式为 01111110，为了防止在其他数据信息中随机出现的 01111110 序列影响同步，一般采用逢 5 插 1 的技术对数据进行处理，即在连续 5 个 1 位之后插入一个 0 位，在接收端再予以去除。

● 地址字段 A：它的主要作用是寻址，同时还兼具拥塞管理功能，一般地址字段由 2 个字节组成。

● 用户字段 I：信息字段，由整数个字节组成。

● 帧校验序列 FCS：一个 2 字节的序列，用于校验帧是否有差错。在帧中继网络中，如传输产生差错，则丢弃该帧，由终端用户通知发送端，重发此帧。

在物理实现上，帧中继网络由用户设备和网络交换设备组成，其组成结构如图 7-6 所示。FR 交换机是帧中继网络的核心设备，其作用类似于以太网交换机，都是在数据链路层完成对帧的传送，只不过 FR 交换机处理的是 FR 帧而不是以太网帧。帧中继网络中的用户设备负责把数据帧送到帧中继网络，用户设备分为 FR 终端和非 FR 终端两种，其中非FR 终端必须通过帧中继装拆设备 FRAD 接入帧中继网络。

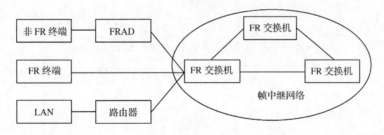

图 7-6　帧中继组成结构

（3）帧中继的功能特点

帧中继只使用物理层和数据链路层协议的一部分执行它的交换功能，在帧中继节点中不进行差错纠正。帧中继的优点是它能够在每个交换机中让帧直接通过，从而提高了吞吐量，减少网络延迟。具体地说，帧中继有以下优点：

① 使用光纤作为传输介质，因此误码率极低，能实现近似无差错传输，减少了进行差错校验的开销，提高了网络的吞吐量，它的数据传输速率和传输时延比 X.25 网络要分别高和低至少一个数量级。帧中继用户的接入速率为 64 kbit/s~2 Mbit/s，甚至可达到 34 Mbit/s。

② 帧中继的帧信息长度远比 X.25 分组长度要长，最大帧长度可达 1 600 字节/帧，适合封装局域网的数据单元，适合传送突发业务（如压缩视频业务、WWW 业务等）。

③ 帧中继采用统计复用技术为用户提供共享的网络资源，提高了网络资源的利用率。帧中继不仅可以提供用户事先约定的带宽，而且在网络资源富裕时，允许用户使用超过预定

值的带宽,而只付预定带宽的费用。

④从网络实现角度,帧中继只需对现有数据网上的硬件设备稍加修改,同时进行软件升级即可,操作简单,实现方便。

正是由于帧中继交换具有高效性、经济性、可靠性、灵活性和长远性等优点,目前已广泛应用于公用和专用网络,实现局域网互联、图像文件传输、虚拟专用网、帧中继网和其他网络互联及帧中继网之间的互联等。目前的路由器都支持帧中继协议,帧中继上可承载流行的IP 业务,IP 加帧中继已经成了广域网应用的绝佳选择。近年来,帧中继上的语音传输技术(VOFR)也不断发展,"帧中继电话"被越来越多的企业所采用。

### 7.2.3 接入 Internet 的方法

网络接入发生在连接网络与用户的最后阶段。核心网已逐步实现将光纤线路作为高速信道,在此基础上,宽带综合信息接入网成为信息高速公路的"最后一公里",它是信息高速公路中难度最大、耗资最大的部分。常见的 Internet 接入方式见表 7-4。

表 7-4　　　　　　　　　　　常见的 **Internet 接入方式**

| 接入类型 | | 具体方式 | |
|---|---|---|---|
| 有线接入 | 拨号接入 | 普通拨号接入 | |
| | | ISDN 拨号接入 | |
| | | ADSL 虚拟拨号接入 | |
| | 专线接入 | Cable Modem 接入 | |
| | | DDN 接入 | |
| | | 帧中继接入 | |
| | | 光纤接入 | FTTCab(光纤到交接箱) |
| | | | FTTB(光纤到大楼) |
| | | | FTTC(光纤到路边) |
| | | | FTTZ(光纤到小区) |
| | | | FTTH(光纤到用户) |
| | | 电力网接入(PLC) | |
| 无线接入 | GPRS | | |
| | 蓝牙技术与 HomeRF 技术 | | |

**1. ADSL 接入技术**

非对称数字用户线路(Asymmetric Digital Subscriber Line,ADSL)的上行速率和下行速率不同,上行速率较低,下行速率则较高,特别适合传输多媒体信息业务。ADSL 利用现有的一对电话线,为用户提供上、下行非对称的传输速率(带宽)。ADSL 实现了在一对普通电话线上同时传送一路高速下行单向数据(速率为 1 Mbit/s~8 Mbit/s)、一路双向较低速率(512 kbit/s~1 Mbit/s)的数据以及一路模拟电话信号,有效传输距离在 3 km~5 km,只要在电话线路两侧各安装一台 ADSL 调制解调器即可。

ADSL 的接入和安装非常方便,在接入时从客户机设备和数量来看,可分为以下两种情况:

(1)单用户 ADSL Modem 直接连接。由服务商将用户原有的电话线接入 ADSL 局端设备,用户端的电话线路和用户电话号码都保持不变。单用户 ADSL 接入 Internet 的结构如图 7-7 所示。

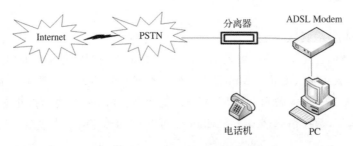

图 7-7　单用户 ADSL 接入 Internet 的结构

(2)多用户 ADSL Modem 连接。若有多台计算机要接入 Internet,需先用交换机组成局域网,再将 ADSL Modem 与交换机连接,ADSL 分离器的连接与单用户的连接相同,这样多台计算机便可同时接入 Internet。多用户 ADSL 接入 Internet 的结构如图 7-8 所示。

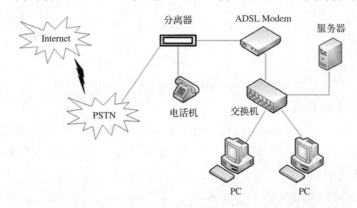

图 7-8　多用户 ADSL 接入 Internet 的结构

ADSL 具有很多优点,最大的优点是不需要重新布线,而是充分利用现有的电话网络,在线路两端加装 ADSL 设备即可为用户提供高带宽接入服务,而且上网打电话两不误。ADSL 具有以下几个技术特点:

①可直接利用现有用户电话线,节省投资;

②可享受超高速的网络服务,为用户提供上、下行不对称的传输带宽;

③节省费用,上网的同时可以打电话,互不影响,而且上网时不需要另交电话费;

④安装简单,不需另外申请接入线路,只需要在普通电话线上加装 ADSL Modem,在计算机上装上网卡即可。

**2. HFC 接入技术**

为了解决终端用户通过普通电话线入网速率较低的问题,人们一方面通过 XDSL 技术提高电话线路的传输速率,另一方面尝试利用目前覆盖范围广、最具潜力、具有很大带宽的 CATV 网络。HFC(Hybrid Fiber Coaxial)网是指光纤同轴电缆混合网,它是一种新型的宽带网络,采用光纤到服务区,而在进入用户的"最后一公里"时采用同轴电缆,是当前主要的互联网宽带接入技术。HFC 利用 Cable Modem(同轴电缆调制解调器)在传输有线电视信号的同时处理数据信号。它比较合理有效地利用了当前的先进成熟技术,融数字与模拟传输为一体,集光电功能于一身,同时提供较高质量和较多频道的传统模拟广播电视节目、较高性能价格比的电话服务、高速数据传输服务和多种信息增值服务,还可以逐步开展交互式数字视频应用。

(1)Cable Modem 接入方式

由于 Cable Modem 是 HFC 接入 Internet 的关键设备,因此也将 HFC 接入方式称为 Cable Modem 接入方式。Cable Modem 的外形与 ADSL Modem 基本一样。利用 Cable Modem 技术接入 Internet,硬件设备同 ADSL 类似,需要有一个将有线电视信号与数据信号分开的"分离器",数据信号经 Cable Modem 与 Internet 连接。连接结构如图 7-9 所示。

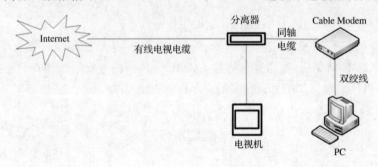

图 7-9  Cable Modem 接入 Internet 的结构

(2)Cable Modem 的优点

在目前所有实际应用的 Internet 接入技术中,Cable Modem 几乎是最快的,具有高达数十兆的带宽,只有光纤才能与之媲美。Cable Modem 具有以下几个技术优点:

①高传输速率;

②线路始终通畅(不用拨号,没有忙音);

③多用户使用一条线路(包括完整的有线电视信号);

④不占用公用电话线;

⑤提供真正的多媒体功能。

(3)Cable Modem 的局限性

利用 Cable Modem 进行组网在稳定性、可靠性、供电以及运行维护体制上都存在一些问题。此外,由于其网络线路带宽是共享的,在用户量达到一定规模后实际上无法提供宽带数据业务,用户分享到的带宽是非常有限的。Cable Modem 组网过程中需要注意的问题有以下几点:

①安全性。由于 Cable Modem 所有用户的信号都是在同一根同轴电缆上进行传送的,因此有被搭线窃听的危险。

②可靠性。由于 CATV 是一个树状网络,因此极易造成单点故障,如电缆的损坏、放大器故障、传送器故障都会造成整个节点上的用户服务的中断。

③稳定性。Cable Modem 的前期用户一定可以享受到非常优质的服务,这是因为在用户数量很少的情况下线路的带宽以及频带都是非常充裕的。然而,每一个 Cable Modem 用户的加入都会增加噪声、占用频道、降低可靠性以及影响线路上已有的用户服务质量。这将是 Cable Modem 迫切需要解决的一大难题。

④兼容性。尽管 Cable Modem 已经出台了技术规范和标准，但是目前不同厂家的产品都还无法进行兼容，因此给市场拓展带来一定的困难。

⑤组网成本。在组网成本上，Cable Modem 需要对 HFC 改造完成后才能够应用。目前中国大部分 HFC 已经能满足实现双向点播的 750 MHz 的频带要求，而利用 HFC 提供双向业务时 750 MHz 的带宽是最低要求。这显然需要更换所有不符合要求的同轴电缆。同时，要实现双向的 HFC 需要更换有线电视网上以往使用的单向放大器，这一部分改造费用也是相对较高的。

### 3. NAT 技术

（1）NAT 概念及作用

网络地址转换（Network Address Translation，NAT）是一种将私有（保留）地址转化为合法 IP 地址的转换技术，它被广泛应用于各种类型的 Internet 接入方式和各种类型的网络中。NAT 不仅完美地解决了 IP 地址不足的问题，而且能够有效地避免来自网络外部的攻击，隐藏并保护网络内部的计算机。

NAT 可以将 IP 数据报报头中的 IP 地址转换为另一个 IP 地址。在实际应用中，NAT 主要用于实现私有网络访问公共网络。这种通过使用少量的公有 IP 地址代表较多的私有 IP 地址的方式，将有助于减缓可用 IP 地址空间的枯竭。

（2）NAT 的连接

实现网络地址转换需要一台有两个网络接口（双网卡）的计算机，其中一块网卡连接局域网（对内），另一块负责拨号连接（对外）；或者两块网卡中，一块网卡连接局域网（对内），另一块网卡连接 Internet（对外），其连接的结构图如图 7-10 所示。

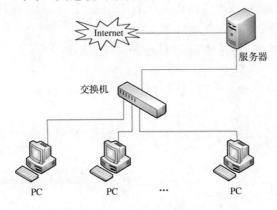

图 7-10 NAT 连接的结构图

（3）NAT 的实现方式

NAT 的实现方式有三种，即静态转换 Static NAT、动态转换 Dynamic NAT 和端口多路复用 OverLoad。

①静态转换是指将内部网络的私有 IP 地址转换为公有 IP 地址，IP 地址对是一对一的，是一成不变的，某个私有 IP 地址只转换为某个公有 IP 地址。借助于静态转换，可以实现外部网络对内部网络中某些特定设备（如服务器）的访问。

②动态转换是指将内部网络的私有 IP 地址转换为公有 IP 地址时，IP 地址是随机的，所有被授权访问 Internet 的私有 IP 地址可随机转换为任何指定的合法 IP 地址。也就是

说，只要指定哪些内部地址可以进行转换，以及用哪些合法地址作为外部地址，就可以进行动态转换。动态转换可以使用多个合法外部地址集。当 ISP 提供的合法 IP 地址略少于网络内部的计算机数量时，可以采用动态转换的方式。

③端口多路复用是指改变内网输出的数据报的源端口并进行端口转换，即端口地址转换。采用端口多路复用方式，内部网络的所有主机均可共享一个合法外部 IP 地址实现对 Internet 的访问，从而可以最大限度地节约 IP 地址资源。同时，又可隐藏网络内部的所有主机，有效避免来自 Internet 的攻击。因此，目前网络中应用最多的就是端口多路复用方式。

 ## 7.3  项目实践

### 任务 7-1    PC 通过 ADSL 接入 Internet

PC 通过 ADSL Modem 接入 Internet 需要分离器和 ISP 提供的账户信息，其结构参考图 7-8。配置环境为：计算机 1 台、ADSL Modem 1 台、电话机 1 台、分离器 1 台、双绞线 1 条、电话线 3 条、ADSL 账户及密码 1 个。

**1. 硬件连接**

用电话线将电话线的入户总线与分离器上的 Line 接口连接。用电话线将电话机与分离器上的 Phone 接口连接。用电话线将 ADSL Modem 上的 Line 接口与分离器上的 Phone 接口连接。用双绞线将 PC 的网卡接口和 ADSL Modem 上的 LAN 接口连接。最后接好 ADSL Modem 的外置电源，打开开关，硬件连接完成。

**2. TCP/IP 配置**

将计算机的 IP 信息设置为"自动获得 IP 地址"，如图 7-11 所示。

**3. 创建拨号连接**

(1)选择"网上邻居"，右击鼠标并选择"属性"，再在"网络任务"中选择"创建一个新的连接"，如图 7-12 所示。

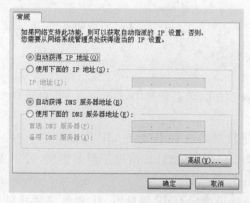

图 7-11  设置为"自动获得 IP 地址"

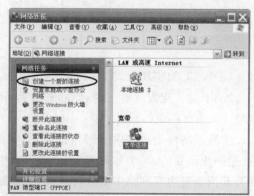

图 7-12  创建一个新的连接

（2）出现"欢迎使用新建连接向导"对话框，单击"下一步"按钮，如图 7-13 所示。

（3）在"网络连接类型"对话框中选择"连接到 Internet"，单击"下一步"按钮，如图 7-14 所示。

图 7-13　"欢迎使用新建连接向导"对话框

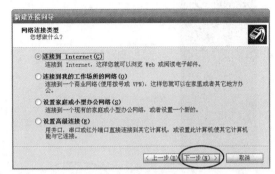

图 7-14　设置"网络连接类型"

（4）选择"手动设置我的连接"后单击"下一步"按钮，如图 7-15 所示。

（5）选择"用要求用户名和密码的宽带连接来连接"，单击"下一步"按钮，如图 7-16 所示。

（6）可以不填写"ISP 名称"，直接单击"下一步"按钮，如图 7-17 所示。

（7）在"Internet 账户信息"对话框，填写由 ISP 提供的账户信息，单击"下一步"按钮，如图 7-18 所示。

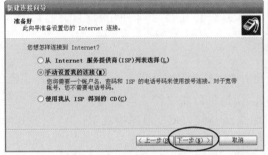

图 7-15　"手动设置我的连接"选项　　　　图 7-16　"用要求用户名和密码的宽带连接来连接"选项

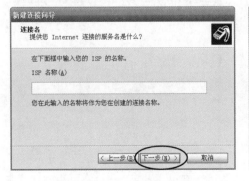

图 7-17　"ISP 名称"不填写

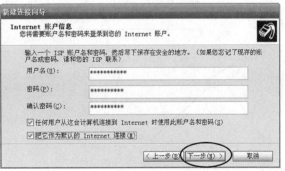

图 7-18　Internet 账户信息

（8）完成新建连接向导的设置，选择"在我的桌面上添加一个到此连接的快捷方式"，单击"完成"按钮，如图 7-19 所示。

(9)打开此快捷方式,单击"连接"按钮就可以上网了,如图 7-20 所示。

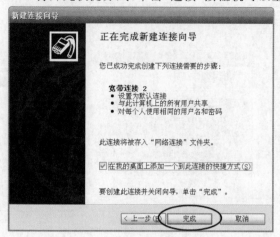

图 7-19 "正在完成新建连接向导"的设置

图 7-20 连接上网设置

## 任务 7-2  局域网通过 NAT 接入 Internet

**"案例"** 公司办公网需要接入互联网,公司只向 ISP 申请了一条专线,该专线分配了公司一个 IP 地址,现在要通过配置实现全公司的主机都能访问外网。配置环境如图 7-21 所示。本任务使用 Cisco Packet Tracer 8.0 模拟器,实现 PC1 与 PC2 使用自己的内部 IP 访问外网的 Server。

其配置过程如下:

(1)在 Cisco Packet Tracer 8.0 中建好拓扑图,其中 PC-PT 2 台、Server-PT 1 台、Switch-PT 1 台、Router-PT 2 台。PC 与交换机、交换机与路由器之间使用直通线;R1 为公司出口路由器,其与 R0 路由器之间通过 DCE 串口线连接,DCE 端连接在 R1 上,配置其时钟速率为 64 000 bit/s;R1 与 Server 之间使用交叉线,如图 7-22 所示。

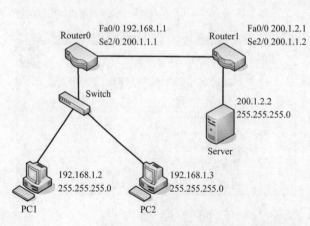

图 7-21 任务 7-2 配置环境

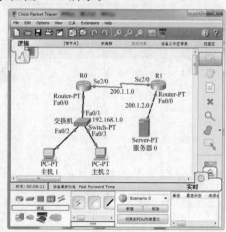

图 7-22 Cisco Packet Tracer 8.0 中的拓扑图

(2)为 PC1 配置 IP 地址和子网掩码,并确保端口状态是"启用",如图 7-23 所示。同理,为

PC2 配置 IP 地址为 192.168.1.3,子网掩码为 255.255.255.0,并确保端口状态为"启用"。

（3）为 PC1 配置默认网关,如图 7-24 所示。同理,为 PC2 配置默认网关为 192.168.1.1。

图 7-23　为 PC1 配置 IP 地址和子网掩码　　　图 7-24　为 PC1 配置默认网关

（4）为服务器 0 配置 IP 地址、子网掩码和默认网关,并确保端口状态是"启用",如图 7-25 和图 7-26 所示。

图 7-25　为服务器 0 配置 IP 地址、子网掩码　　　图 7-26　为服务器 0 配置默认网关

（5）在路由器 R0 上设置其相关端口的 IP 地址、子网掩码及时钟速率,开启端口,并添加静态路由。

```
Router>en
Router#conf t
Router(config)#host R0
R0(config)#int fa0/0
R0(config-if)#ip address 192.168.1.1 255.255.255.0
R0(config-if)#no shut
R0(config-if)#int se2/0
R0(config-if)#ip address 200.1.1.1 255.255.255.0
R0(config-if)#no shutdown
R0(config-if)#clock rate 64000
R0(config-if)#exit
R0(config)#ip route 200.1.2.0 255.255.255.0 200.1.1.2    //添加静态路由
```

（6）在路由器 R1 上设置其相关端口的 IP 地址和子网掩码，并添加静态路由。

```
Router>en
Router#conf t
Router(config)#host R1
R1(config)#int se2/0
R1(config-if)#ip address 200.1.1.2 255.255.255.0
R1(config-if)#no shutdown
R1(config-if)#int fa0/0
R1(config-if)#ip address 200.1.2.1 255.255.255.0
R1(config-if)#no shutdown
R1(config-if)#exit
R1(config)#ip route 192.168.1.0 255.255.255.0 200.1.1.1
R1(config)#end
R1#show ip route
```

（7）配置 R0

```
R0(config)#int fa0/0
R0(config-if)#ip nat inside    //指明 fa0/0 端口是对内的端口
R0(config-if)#int se2/0
R0(config-if)#ip nat outside    //指明这个端口是对外的端口
R0(config-if)#exit
R0(config)#access-list 1 permit 192.168.1.0 0.0.0.255
//配置允许被 NAT 的条件，这里只允许 192.168.1.0 网段的 IP 地址被 NAT
R0(config)#ip nat pool out-pool 200.1.1.3 200.1.1.3 netmask 255.255.255.0
```
//创建地址池，地址池的名字叫 out-pool，地址池中起始的地址为 200.1.1.3，结束地址为 200.1.1.3，子网掩码为 255.255.255.0，这个地址池中只有一个地址，在实际工程中如果申请到多个公网 IP 地址，可以配置成一个范围
```
R0(config)#ip nat inside source list 1 pool hnwy overload
```
//把允许被 NAT 的 ACL1 和地址池 out-pool 关联起来，其中，当没有 overload 选项时，表示多对多，有 overload 表示多对一，这里的 overload 是超载的意思，尤其在内网上网主机数多于地址池中合法 IP 地址数的时候（多对一），这个关键字不能忘

（8）在 PC1 中打开"桌面"的"Web 浏览器"，在地址栏输入 http：//200.1.2.2，显示如图 7-27 所示的界面。

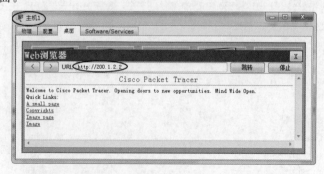

图 7-27　PC1 中用 Web 浏览器访问服务器 0，访问成功的界面

（9）在 PC2 中打开"桌面"的"Web 浏览器"，在地址栏输入 http：//200.1.2.2，显示如图 7-28 所示的界面。

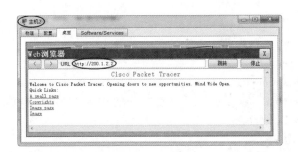

图 7-28　PC2 中用 Web 浏览器访问服务器 0，访问成功的界面

（10）在 R0 上查看 NAT 转换记录。

R0(config)♯end
R0♯show ip nat translations　　//显示内网用户成功访问外网的映射信息

| Pro | Inside global | Inside local | Outside local | Outside global |
|-----|---------------|--------------|---------------|----------------|
| tcp | 200.1.1.3 | 192.168.1.2:1029 | 200.1.2.2:80 | 200.1.2.2:80 |
| tcp | 200.1.1.3 | 192.168.1.3:1025 | 200.1.2.2:80 | 200.1.2.2:80 |

**任务 7-3　使用 PPP 封装实现授权接入广域网**

　　PPP 协议支持验证功能，默认情况下是不使用该功能的，只要在两端配置了 PPP 封装就可以进行通信。验证的目的是防止未经授权的用户接入。配置了验证功能后，在建立 PPP 连接时，服务端会核实客户机的身份，如果身份合法，则可以建立 PPP 连接。

　　PPP 协议支持两种验证方法：PAP 和 CHAP，配置时只需配置其中的一种。这里介绍 PAP 验证法。PAP 验证可以配置为双向的，两端都需要验证对方的身份，只有双方的验证都通过了，PPP 连接才会建立。

　　假设希望能够在两个分公司之间申请一条广域网专线进行连接。现有路由器两台，客户机与 ISP 进行链路协商时要验证身份，配置路由器保证链路建立，并考虑其安全性。

　　配置环境如图 7-29 所示。

　　（1）在 Cisco Packet Tracer 8.0 中画好拓扑图，R1 和 R2 之间通过 DCE 串口线连接，R1 时钟速率为 64 000 bit/s，如图 7-30 所示。

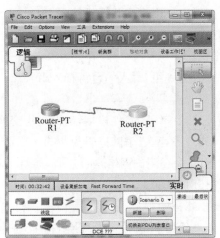

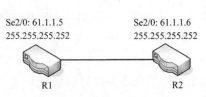

图 7-29　任务 7-3 配置环境

图 7-30　实验拓扑图

（2）在路由器 R1 上的配置。

Router＞enable

Router＃configure terminal

Router(config)＃hostname R1

R1(config)＃username r1 password 123　　//配置本地验证使用的用户名和密码

R1(config)＃interface se0/0

R1(config-if)＃ip address 61.1.1.5 255.255.255.252

R1(config-if)＃clock rate 64000

R1(config-if)＃no shutdown

R1(config-if)＃encapsulation ppp　　//指定该端口采用 PPP 协议封装

R1(config-if)＃ppp authentication pap　　//设置 PPP 验证方式为 PAP

R1(config-if)＃ppp pap sent-username r2 password 456　　//向对方发送用户名和密码

（3）在路由器 R2 上的配置。

Router＞enable

Router＃configure terminal

Router(config)＃hostname R2

R2(config)＃username r2 password 456

R2(config)＃interface se0/0

R2(config-if)＃ip address 61.1.1.6 255.255.255.252

R2(config-if)＃no shutdown

R2(config-if)＃encapsulation ppp

R2(config-if)＃ppp authentication pap

R2(config-if)＃ppp pap sent-username r1 password 123

（4）使用 ping 命令测试 R1 和 R2 接口之间的连通性。

## 项目实训 7　将网络接入 Internet

【实训目的】

在机房使用机房计算机接入 Internet。要求学生掌握 PC 局域网接入方式，会进行基本硬件连接，会配置 IP 地址，能使用简单网络命令测试网络连通性。

【实训环境】

每人为一组，每人一台可接入 Internet 的计算机。

【实训内容】

接好双绞线等硬件连接，确保机房交换机工作正常。配置好自己计算机的 IP 地址，如 172.168.1.3，配置子网掩码为 255.255.255.0，DNS 服务器的 IP 地址为 222.246.129.80。使用 ping 命令测试网络是否连通，如对于相邻计算机 ping 172.168.1.4，DNS 服务器 ping 222.246.129.80。

【技能拓展】

如果使用 ping 命令发现网络不能连通，需检测出网络出错点并修复网络。

## 项目习作 7

一、选择题

1.在常见的传输介质中,(    )的带宽最高,信号传输衰减最小,抗干扰能力最强。

A.双绞线　　　　　B.光纤　　　　　　C.同轴电缆　　　　D.微波

2.下列(    )选项按照顺序包括了 TCP/IP 参考模型的四个层次。

A.网络接口层　网络层　传输层　应用层

B.传输层　网络接口层　网络层　应用层

C.网络接口层　网络层　应用层　传输层

D.网络层　网络接口层　传输层　应用层

3.如果有四台 PC 需要通过一台集线器连接起来,采用线缆类型为粗同轴电缆,则理论上任意两台 PC 的最大间隔距离是(    )。

A.1 000 m　　　　B.350 m　　　　　C.200 m　　　　　D.500 m

4.在数据传输过程中路由是在(    )实现的。

A.运输层　　　　　B.物理层　　　　　C.网络层　　　　　D.应用层

5.B 类地址中用(    )位来标识网络中的一台主机。

A.8　　　　　　　B.14　　　　　　　C.16　　　　　　　D.24

6.210.42.192.1 属于(    )IP 地址。

A.A 类　　　　　　B.B 类　　　　　　C.C 类　　　　　　D.D 类

7.网络层的主要功能是实现(    )的正确传输。

A.位流　　　　　　B.帧　　　　　　　C.分组　　　　　　D.报文

8.教育部门的域名是(    )。

A.edu　　　　　　B.net　　　　　　　C.com　　　　　　D.org

9.交换式局域网的核心设备是(    )。

A.局域网交换机　　B.中继器　　　　　C.集线器　　　　　D.路由器

10.现有 IP 地址采用(    )标记法。

A.点分十六进制　　B.点分十进制　　　C.冒号十六进制　　D.冒号十进制

二、问答题

1.ADSL 接入 Internet 具有哪些特点?

2.广域网有什么特点?

3.HFC 的优缺点是什么?

4.NAT 有哪三种实现方法,以及 NAT 的局限性是什么?

5.PPP 有哪些优点?

6.ADSL 有哪些优点?

项目 08  搭建网络服务器

8.1  项目描述

计算机网络的一切应用都依靠网络服务器和操作系统实现。网络服务器在网络操作系统的管理与控制下，为与其相连的外部设备以及专用通信设备提供资源共享，并为网络用户提供集中计算、数据库管理和 Web 应用等服务。

本项目对应的工作任务见表 8-1。

表 8-1  项目对应的工作任务

| 工作项目（校园或企业需求） | 教学项目（工作任务） | 参考课时 |
|---|---|---|
| 要求学会 Windows Server 2016 的安装与各项功能配置 | 任务 8-1：安装 Windows Server 2016。学会虚拟机的安装以及在虚拟机中安装 Windows Server 2016 | 4 |
| | 任务 8-2：使用 DHCP 服务实现 IP 地址的自动分配。在 Windows Server 2016 中安装 DHCP，使 IP 地址自动分配 | 4 |
| | 任务 8-3：使用 DNS 服务实现域名解析。在 Windows Server 2016 中安装 DNS，完成域名解析 | 4 |
| | 任务 8-4：使用 WWW 服务搭建信息浏览网站。在 Windows Server 2016 中安装 WWW 服务，能进行网站浏览 | 4 |
| | 任务 8-5：使用 FTP 服务实现文件的上传和下载。在 Windows Server 2016 中安装 FTP 服务，能进行文件上传和下载 | 4 |
| 思政融入和项目职业素养要求 | 在介绍搭建网络服务器时，让学生搜集日常使用的网络系统服务，阐述这些服务器提供服务的好处，体会到知识改变世界，激励学生努力学习，研究更先进的技术报效祖国。为了进一步激发学生的学习热情，现场使用虚拟机部署 DNS、DHCP、Web 等服务器，让学生能够深切体会相关服务提供方式，课后带着兴趣自习 | |

8.2  项目知识准备

8.2.1  网络操作系统概述

1. 网络操作系统的概念

网络操作系统是使网络上各计算机能方便而有效地共享网络资源以及为网络用户提供

所需的各种服务的软件和有关规程的集合。

网络操作系统的基本任务是屏蔽本地资源与网络资源的差异性,为用户提供各种基本网络服务功能,完成网络共享系统资源的管理,并提供网络系统安全性的管理和维护。

**2. 网络操作系统的功能**

网络操作系统的功能包括处理机管理、存储器管理、设备管理、文件系统管理以及为了方便用户使用操作系统而向用户提供的用户接口,网络环境下的通信、网络资源管理及网络应用等特定功能。主要包括以下几个方面:

(1)网络通信

这是网络最基本的功能,其任务是在源主机和目标主机之间实现无差错的数据传输。

(2)资源管理

对网络中的共享资源(硬件和软件)实施有效的管理,协调诸用户对共享资源的使用,保证数据的安全性和一致性。

(3)网络服务

在网络中能提供各种类型的服务,如电子邮件服务、文件服务、共享硬盘服务和共享打印服务。

(4)网络管理

网络管理最主要的任务是安全管理,一般是通过"存取控制"来确保存取数据的安全性,以及通过"容错技术"来保证系统发生故障时数据的安全性。

(5)互操作能力

在客户/服务器模式的 LAN 环境下,连接在服务器上的多种客户机和主机,不仅能与服务器通信,而且还能以透明的方式访问服务器上的文件系统。

**3. 典型的网络操作系统**

目前典型的网络操作系统主要有三大阵营:UNIX、Linux 和 Windows 系列。

(1)UNIX

UNIX 系统由 AT&T 和 SCO 公司推出,支持网络文件系统服务并提供数据,功能强大,目前常用的 UNIX 系统版本主要有:UNIX SUR 4.0、HP-UX 11.0,SUN 的 Solaris 8.0等。这种网络操作系统稳定性能和安全性能非常好,历史悠久,其良好的网络管理功能已为广大网络用户所接受,拥有丰富的应用软件的支持。但由于它多数是以命令行方式来进行操作的,不容易掌握,特别是对于初级用户来说。正因如此,小型局域网基本不使用 UNIX作为网络操作系统,UNIX 一般用于大型的网站或大型的企、事业局域网中。目前,UNIX系统因其体系结构不够合理,市场占有率呈下降趋势。

(2)Linux

Linux 是在 UNIX 基础上发展起来的,是一种新型的网络操作系统,是所有服务器中最年轻且功能强大的网络操作系统。它最大的特点就是源代码开放,可以免费得到许多应用程序。目前也有中文版本的 Linux,如 Redhat(红帽子)、红旗 Linux 等。Linux 在国内得到了用户的充分肯定,主要是在安全性和稳定性方面,它与 UNIX 有许多类似之处。但目前这类操作系统仍主要应用于中、高档服务器中。

Linux 适用于需要运行各种网络应用程序并提供各种网络服务的场合。正是因为Linux 的源代码开放,使得它可以根据自身需要进行专门的开发,因此它更适合于需要自行开发应用程序的用户和那些需要学习 UNIX 命令工具的用户。

（3）Windows

Windows 操作系统由全球最大的软件开发商 Microsoft（微软）公司开发。微软公司的 Windows 系统不仅在个人操作系统中占有绝对优势，它在网络操作系统中也具有非常强劲的力量。这类操作系统在整个局域网配置中是最常见的，但由于它对服务器的硬件要求较高，且稳定性不是很高，所以微软的网络操作系统一般只是用在中、低档服务器中，高端服务器通常采用 UNIX、Linux 或 Solaris 等非 Windows 操作系统。在局域网中，微软的网络操作系统主要有 Windows Server 2003/2008/2012/2016 等，工作站系统可以采用任一 Windows 或非 Windows 操作系统，包括个人操作系统，如 Windows XP/7/8/10/11 等。

总的来说，对特定计算环境的支持使得每一个操作系统都有适合于自己的工作场合，这就是系统对特定计算环境的支持。对于不同的网络应用，需要有目的地选择合适的网络操作系统。

### 8.2.2 DHCP 服务的工作过程

在使用 TCP/IP 协议的网络上，每一台计算机都拥有唯一的计算机名和 IP 地址。当用户将计算机从一个子网移到另一个子网的时候，必须改变该计算机的 IP 地址。如果采用静态 IP 地址的分配方法，将增加网络管理员的负担，而 DHCP 可以将服务器 IP 地址库中的 IP 地址动态分配给局域网中的客户机，不需要网络管理员为局域网中的每台计算机分配 IP 地址。

微课 14

DHCP 服务及其工作过程

**1. DHCP 的概念**

DHCP(Dynamic Host Configuration Protocol，动态主机配置协议)是一个局域网的网络协议，使用 UDP 协议工作，主要有两个用途：为内部网络或网络服务供应商自动分配 IP 地址，网络管理员对所有计算机进行中央管理。

**2. DHCP 的工作过程**

DHCP 工作时要求客户机和服务器进行交互，由客户机通过广播方式向服务器发起申请 IP 地址的请求，然后由服务器分配一个 IP 地址以及其他的 TCP/IP 设置信息。整个过程可以分为 DHCP 请求、DHCP 提供、DHCP 选择和 DHCP 确认四个步骤，如图 8-1 所示。

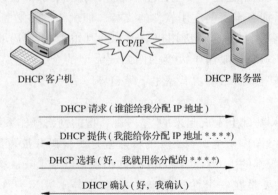

图 8-1　DHCP 服务器分配 IP 地址的过程

（1）DHCP 请求

即 DHCP 客户机寻找 DHCP 服务器的阶段。客户机以广播方式发送

DHCPDISCOVER 包,只有 DHCP 服务器才会响应。

(2)DHCP 提供

即 DHCP 服务器提供 IP 地址的阶段。DHCP 服务器接收到客户机的 DHCPDISCOVER 报文后,从 IP 地址池中选择一个尚未分配的 IP 地址分配给客户机,向该客户机发送包含租借的 IP 地址和其他配置信息的 DHCPOFFER 包。

(3)DHCP 选择

即 DHCP 客户机选择 IP 地址的阶段。如果有多台 DHCP 服务器向该客户机发送 DHCPOFFER 包,客户机从中随机挑选,然后以广播方式向各 DHCP 服务器回应 DHCPREQUEST 包,宣告使用它挑中的 DHCP 服务器提供的地址,并正式请求该 DHCP 服务器分配地址。其他所有发送 DHCPOFFER 包的 DHCP 服务器接收到该数据报后,将释放已经 OFFER(预分配)给客户机的 IP 地址。

(4)DHCP 确认

即 DHCP 服务器确认所提供 IP 地址的阶段。当 DHCP 服务器收到 DHCP 客户机回答的 DHCPREQUEST 包后,便向客户机发送包含它所提供的 IP 地址及其他配置信息的 DHCPACK 确认包。然后,DHCP 客户机将接收并使用 IP 地址及其他 TCP/IP 配置参数。

### 8.2.3 域名空间与解析

在计算机网络中,要知道对方的 IP 地址才能进行通信。然而 IP 地址难以记忆,如 210.42.192.1,为了方便记忆,采用域名来代替 IP 地址标识站点地址,如 www.baidu.com 代表百度网站,www.tsinghua.edu.cn 代表清华大学网站。

微课15

DNS 概念

因此,域名是为了方便用户记忆而专门建立的一套地址转换系统,称为 DNS(Domain Name System,域名系统)。要访问一台 Internet 上的服务器,最终必须通过 IP 地址来实现,域名解析就是将域名重新转换为 IP 地址的过程。一个域名对应一个 IP 地址,一个 IP 地址可以对应多个域名。域名解析需要由专门的域名解析服务器也就是 DNS 服务器来完成。从某种意义上讲,域名服务对于计算机不是必需的,它只是对于用户更加友好的一种特别服务。

**1. DNS 的结构**

为了方便管理及确保网络上每台主机的域名绝对不会重复,整个 DNS 结构设计成树状结构,任何一个连接在 Internet 上的主机或路由器,都有一个唯一的层次结构的名字,即域名。域还可以继续划分为子域,如二级域、三级域等。

每一层由一个子域名组成,子域名间用 "." 分隔。最上面的一层为根域,最下面的一层为主机名。每一级的域名都由英文字母和数字组成(不超过 63 个字符,不区分大小写)。如图 8-2 所示。

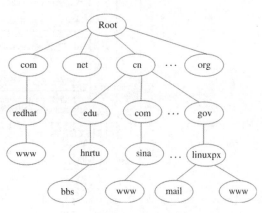

图 8-2 域名的层次结构示意图

## 2. 域名空间的划分

在 Internet 中,域名空间的顶级域规定了通用的顶级域名。由于美国是 Internet 的发源地,顶级域名以所属的组织定义,常见的有七个,见表 8-2。

表 8-2　　　　　　　　　　　　　　顶级域名

| 顶级域名 | 域名类型 | 顶级域名 | 域名类型 |
|---|---|---|---|
| com | 商业组织 | mil | 军事部门 |
| edu | 教育机构 | net | 网络支持中心 |
| gov | 政府部门 | org | 各种非营利性组织 |
| int | 国际组织 | 国家代码 | 各个国家 |

其他国家的顶级域名一般为国家代码,组织代码则为二级域名。部分国家或地区的顶级域名代码见表 8-3。

表 8-3　　　　　　　　　　　部分国家或地区的顶级域名代码

| 国家或地区 | 代码 | 国家或地区 | 代码 | 国家或地区 | 代码 |
|---|---|---|---|---|---|
| 中国 | cn | 中国台湾 | tw | 加拿大 | ca |
| 日本 | jp | 中国香港 | hk | 俄罗斯 | ru |
| 韩国 | kr | 英国 | uk | 澳大利亚 | au |
| 丹麦 | de | 法国 | fr | 意大利 | it |

## 3. DNS 域名解析的过程

例如,当用户在浏览器中输入 www.hnrtu.edu.cn 时,DNS 解析大概要执行 12 个步骤,具体如图 8-3 所示。

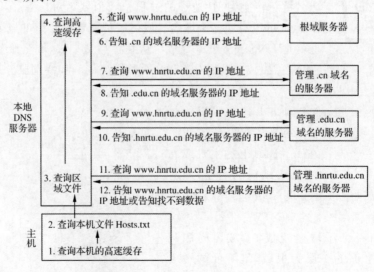

图 8-3　DNS 解析过程

### 8.2.4　WWW 概述

万维网 WWW 是 World Wide Web 的简称,也称为 3W,是 1989 年设在瑞士日内瓦的欧洲粒子物理研究中心的 Tim Berners-Lee 发明的。WWW 是集文本、图像、声音、影视等多种媒体于一体的信息服务系统,同时具有交互式服务功能,是目前用户获取网络信息的最主要手段,已经进入广告、销售、电子商务等各个行业。

WWW 包含的术语有网页、首页、超链接、超文本和超文本标记语言、URL 统一资源定位器和 WWW 浏览器等。

**1. 网页**

网页是 Web 存放信息的基本单位。网页一般包括文本、图像、声音、视频、动画、表格、超链接等基本元素。网页信息是通过 HTML 语言来实现的,并通过超文本链接来建立各个网页之间的联系以便于用户浏览。

**2. 首页**

首页是一个网站的入口网页,即在浏览器输入某网站域名时,浏览器打开的第一个页面就是该网站的首页。

**3. 超链接**

超链接是指从一个网页指向另一个目标的连接关系。这个目标可以是一个网页、一幅图片,也可以是同一网页上的不同位置,还可以是一个邮件地址、一个文件或者是一个程序。而在一个网页中用来超链接的对象,可以是一段文本或一幅图片。

在网页中,默认状态下,一般具有超链接的文本是蓝色,文本下有下划线。当鼠标移动到具有超链接的文本上时,鼠标会变成一个手的形状。单击此超链接的文本,就会跳转到另一个目标上。

**4. 超文本和超文本标记语言**

超文本是用超链接的方法,将各种不同空间的文字信息组织在一起的网状文本。目前超文本普遍以电子文档方式存在,其中的文字包含有可以链接到其他位置或者文档的链接,允许从当前阅读位置直接切换到超文本链接所指向的位置。也就是说,超文本是指具有超链接的文本。超文本的格式有很多种,其中现在用得最普遍的是超文本标记语言(Hyper Text Markup Language,HTML)。超文本标记语言是标准通用标记语言下的一个应用,也是一种规范,它通过标记符号来标记要显示的网页中的各个部分。超文本标记语言文档制作不是很复杂,但功能强大,支持不同数据格式的文件嵌入,这也是万维网(WWW)盛行的原因之一,其主要特点有:简易性、可扩展性、平台无关性和通用性等。

微课 16

DNS 域名解析过程

一个网页对应一个 HTML 文件,标准的超文本标记语言文件都具有一个基本的整体结构,标记一般都是成对出现。例如标记符<html>,说明该文件是用超文本标记语言来描述的,它是文件的开头,而</html>则表示该文件的结尾。<body>和</body>这两个标记符分别表示主

微课 17

WWW 的概念

微课 18

WWW 的工作原理

体内容的开始和结尾。

如图 8-4 所示为一段 HTML 代码,显示出的网页如图 8-5 所示。

```
<html>

<head>
<meta http-equiv="Content-Language" content="zh-cn">
<meta http-equiv="Content-Type" content="text/html; charset=gb2312">
<title>计算机网络技术</title>
</head>

<body bgcolor="#C0C0C0">

<p align="center"><font size="7" face="华文隶书">计算机网络技术</font></p>
<p align="center"><font size="7" face="华文隶书">项目化教程</font></p>

</body>

</html>
```

图 8-4　一段 HTML 代码

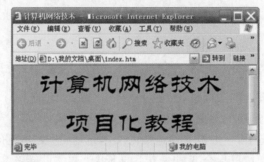

图 8-5　HTML 代码效果

**5. URL 统一资源定位器**

URL(Uniform Resource Locator)统一资源定位器是用于完整描述 Internet 上网页和其他资源地址的一种标识方法。Internet 上的每一个网页都具有一个唯一的名称标识,即 URL 地址。简单地说,URL 地址就是 Web 地址,即"网址"。

URL 的格式一般由协议类型、主机地址(或域名)、端口号及目录组成。通常写为:协议类型://地址:端口号/服务器子目录/文件名。

例如:

http://www.hnevc.com/View.aspx? parentid=49&id=281

http——Internet 服务器类型。常用的协议有 http、ftp、telnet、file 等。

www.hnevc.com——提供信息服务的主机在 Internet 上的域名。这是湖南网络工程职业学院的域名。端口号可以省略,默认情况下,http 的端口号为 80。

View.aspx? parentid=49&id=281——路径和文件名,是指信息资源在服务器上的存放路径和文件名。

**6. WWW 浏览器**

WWW 浏览器是在客户机上用来浏览 Internet 上的 WWW 页面的软件。在 WWW 服务系统中,浏览器负责接收用户的请求,并利用 HTTP 协议将用户的请求传送给 Web 服务器。在服务器请求的页面送回浏览器后,浏览器再将页面进行解释,显示在用户的屏幕上。

目前,常用的 WWW 浏览器主要有 Microsoft 公司的 IE 浏览器以及随着 360 安全卫士的广泛使用而流行的 360 安全浏览器。

### 8.2.5 FTP 服务

FTP 是文件传输协议(File Transfer Protocol)的缩写。FTP 允许用户从远程计算机上获得一个文件副本传送到本地计算机上,或将本地计算机上的一个文件副本传送到远程计算机上。

微课19

FTP 服务系统的作用、系统组成、工作过程

FTP 提供了在 Internet 上任意两台计算机之间相互传输文件的机制,不仅允许在不同主机和不同操作系统之间传输文件,而且还允许含有不同的文件结构和字符集。使用 FTP 可传送任何类型的文件,如文本文件、二进制文件、声音文件、图像文件和数据压缩文件等。

FTP 采用客户机/服务器的工作方式。FTP 服务器是指提供 FTP 服务的计算机,负责管理一个大的文件仓库,FTP 客户机是指用户的本地计算机,FTP 使每个联网的计算机都拥有一个容量巨大的备份文件库。将 FTP 服务器上的文件复制到自己的计算机上的过程称为下载。将自己的计算机上的文件复制到 FTP 服务器上的过程称为上传,如图 8-6 所示。

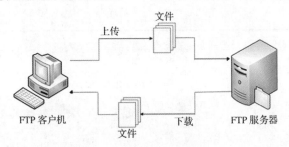

图 8-6 文件上传与下载的过程

FTP 传输有两种模式:ASCII 传输模式和二进制传输模式。

(1)ASCII 传输模式

假定用户正在复制的文件包含简单的 ASCII 码文本,在远程机器上运行的不是 UNIX,当文件传输时 FTP 通常会自动地调整文件的内容以便于把文件解释成另外那台计算机存储文本文件的格式。

但是如果用户正在传输的文件包含的不是文本文件,而是程序、数据库、字处理软件或者压缩文件,在复制非文本文件之前,可以用 Binary 命令告诉 FTP 逐字复制,不要对这些文件进行处理,这就是二进制传输。

(2)二进制传输模式

在二进制传输中会保存文件的位序,以便原始和拷贝的信息是逐位对应的,即使目的机器上包含位序列的文件没有意义。

如果在 ASCII 方式下传输二进制文件,即使不需要也会转译,这使传输速度变慢,也会损坏数据,使文件变得不能使用。

## 8.3 项目实践

### 任务 8-1 安装 Windows Server 2016

Windows Server 2016 操作系统是目前业界主流的一款企业级服务器操作系统。微软公司在 Server Core、PowerShell 命令行、虚拟化技术、硬件错误架构、随机地址空间分布等多个方面有了很大改进。

在虚拟机上安装 Windows Server 2016 操作系统能模拟若干台虚拟的计算机，并将其连接成一个网络。这些虚拟机能各自安装和运行独立的操作系统，互不干扰。下面介绍如何在虚拟机上进行 Windows Server 2016 操作系统的安装。

**1. 在 VMware Workstation 上创建虚拟机**

在 VMware Workstation 上创建虚拟机的步骤如下：

（1）在 VMware 主界面单击"文件"菜单项→选择"创建新的虚拟机"，如图 8-7 所示。

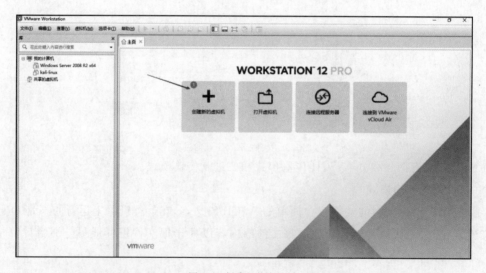

图 8-7 创建新的虚拟机

（2）在打开的"新建虚拟机向导"对话框中选择"自定义（高级）"单选项，单击"下一步"按钮，如图 8-8 所示。

（3）在弹出的"选择虚拟机硬件兼容性"对话框中，选择安装模式，单击"下一步"按钮，如图 8-9 所示。

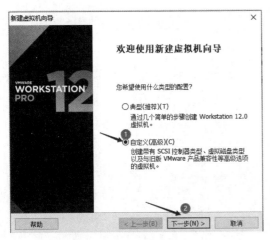

图 8-8　新建虚拟机向导

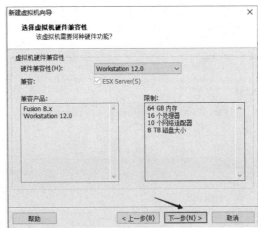

图 8-9　选择安装模式

（4）选择"安装程序光盘映像文件（iso）"单选项，设置为 Windows Server 2016 下载地址，单击"下一步"按钮，如图 8-10 所示。

（5）在打开的"简易安装信息"对话框中，不要输入产品密钥，在"个性化 Windows"中设置全名和密码，单击"下一步"按钮，如图 8-11 所示。

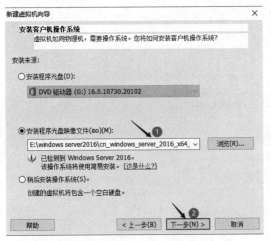

图 8-10　选择"安装程序光盘映像文件（iso）（M）"

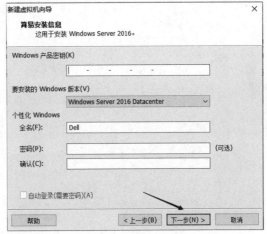

图 8-11　设置全名和密码

（6）在"新建虚拟机向导"对话框中单击"下一步"按钮，选择继续安装，但必须手动激活，在弹出的提示框上，选择"是"，如图 8-12 所示。

（7）设置虚拟机名称和安装位置（C 盘以外盘符），单击"下一步"按钮，如图 8-13 所示。

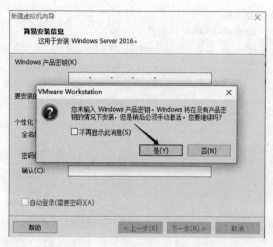

图 8-12　在手动激活对话框中选择"是"

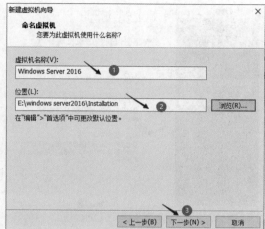

图 8-13　设置虚拟机名称和安装位置

（8）选择"BIOS"，单击"下一步"按钮，如图 8-14 所示。

（9）在打开的"处理器配置"对话框中，设置处理器的数量和每个处理器的内核数，单击"下一步"按钮，如图 8-15 所示。

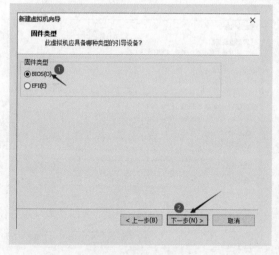

图 8-14　选择"BIOS"

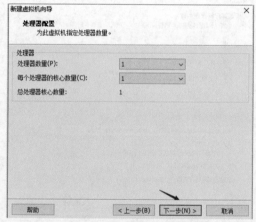

图 8-15　设置处理器数量和内核数

（10）在打开的"此虚拟机的内存"对话框中设置虚拟机的内存大小，单击"下一步"按钮，如图 8-16 所示。

（11）在"网络类型"对话框中，将网络连接的类型设置为"使用网络地址转换（NAT）（E）"，单击"下一步"按钮，如图 8-17 所示。

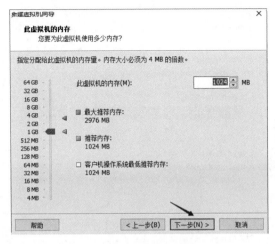

图 8-16  设置虚拟机内存大小

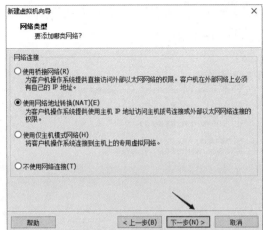

图 8-17  设置网络类型

(12)在"选择 I/O 控制器类型"对话框中,选择虚拟机 I/O 控制器类型,单击"下一步"按钮,如图 8-18 所示。

(13)在"选择磁盘类型"对话框中,选择"SCSI(S)(推荐)",单击"下一步"按钮,如图 8-19 所示。

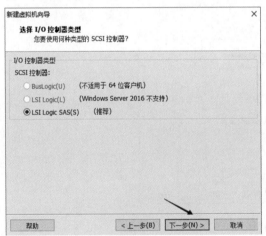

图 8-18  选择 I/O 控制器类型

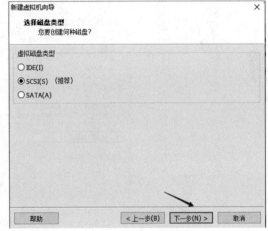

图 8-19  设置虚拟磁盘类型

(14)在"选择磁盘"对话框中,选择"创建新虚拟磁盘",单击"下一步"按钮,如图 8-20 所示。

(15)在"指定磁盘容量"对话框中,为虚拟机指定最大可使用的空间大小(默认为 60 GB),单击"下一步"按钮,如图 8-21 所示。

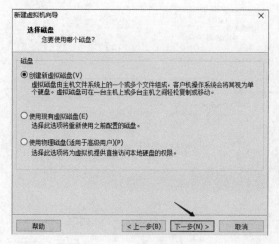

图 8-20　创建新虚拟磁盘

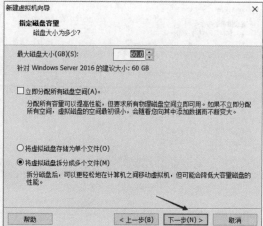

图 8-21　指定磁盘容量

（16）设置磁盘文件的位置→选择"下一步"→打开"准备创建虚拟机"对话框，单击"完成"按钮，如图 8-22 所示。

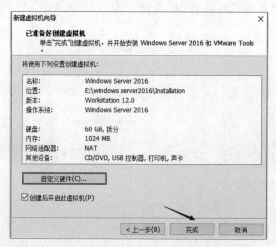

图 8-22　准备创建虚拟机

（17）选择要安装的系统，这里我们选择安装第四个：安装最全的系统，如图 8-23 所示。单击"下一步"按钮，等待系统安装，安装完成后进入系统首页，如图 8-24 所示。

选择要安装的操作系统(S)

| 操作系统 | 体系结构 | 修改日期 |
|---|---|---|
| Windows Server 2016 Standard | x64 | 2021/10/14 |
| Windows Server 2016 Standard (桌面体验) | x64 | 2021/10/14 |
| Windows Server 2016 Datacenter | x64 | 2021/10/14 |
| Windows Server 2016 Datacenter (桌面体验) | x64 | 2021/10/14 |

图 8-23　选择安装系统

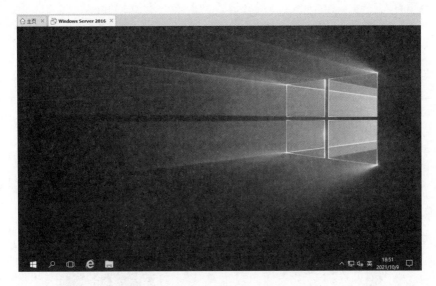

图 8-24　创建了虚拟机的首页

**2. 安装激活 Windows Server 2016**

（1）激活系统，单击"开始"菜单→Windows 系统→命令提示符（注意：要以"管理员的身份"运行），如图 8-25 所示。

图 8-25　命令提示符下以"管理员的身份"运行

（2）命令提示符下，依次输入：

①slmgr /ipk CB7KF-BWN84-R7R2Y-793K2-8XDDG

②slmgr /skms kms. 03k. org

③slmgr /ato 命令，即可激活成功，如图 8-26 所示。

图 8-26　命令提示符下依次输入激活命令

## 任务 8-2　使用 DHCP 服务实现 IP 地址的自动分配

　　在使用 DHCP 服务功能时，必须为要安装 DHCP 服务器的计算机指定静态 IP 地址。这里，设置其静态 IP 地址为 10.10.1.4。

　　安装与配置 DHCP 服务器的步骤如下：

　　(1)在桌面上右击"计算机"图标，在弹出的快捷菜单中选择"管理"，打开"服务器管理器"窗口，在左窗格中单击"角色"，在右窗格中单击"添加角色"，如图 8-27 所示。

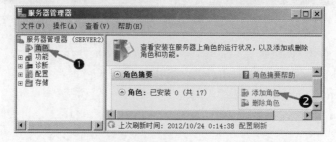

图 8-27　"服务器管理器"窗口

　　(2)打开"添加角色向导"对话框，在左窗格中单击"服务器角色"，在右窗格中勾选"DHCP 服务器"，在左窗格中单击"确认"，如图 8-28 所示。

图 8-28 添加角色

（3）在打开的对话框中单击"安装"，系统开始安装，安装完成后单击"关闭"。

（4）为 DHCP 服务器建立作用域。单击"开始"→"管理工具"→"DHCP"，打开"DHCP"控制台，鼠标右击"IPv4"，在弹出的快捷菜单中选择"新建作用域"，如图 8-29 所示。

（5）在打开的"欢迎使用作用域向导"对话框中单击"下一步"按钮，在打开的"作用域名称"对话框中，为作用域输入名称及描述，单击"下一步"按钮，如图 8-30 所示。

图 8-29 选择"新建作用域"

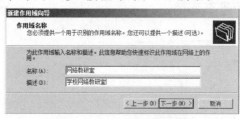

图 8-30 输入作用域名称及描述

（6）在"IP 地址范围"对话框中编辑起始和结束 IP 地址，并设好长度和子网掩码，单击"下一步"按钮，如图 8-31 所示。

（7）在"添加排除"对话框中指定排除的 IP 地址范围和 IP 地址，单击"下一步"按钮，如图 8-32 所示。

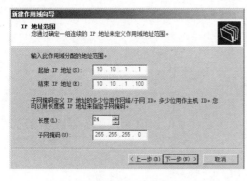

图 8-31 指定作用域 IP 地址范围

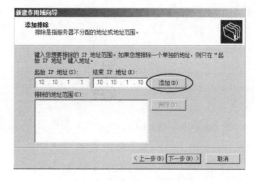

图 8-32 排除 IP 地址

（8）在"租用期限"对话框中输入期限的时间，单击"下一步"按钮，如图 8-33 所示。

（9）在"配置 DHCP 选项"对话框中选择"否，我想稍后配置这些选项"，单击"下一步"按钮，如图 8-34 所示。在"正在完成新建作用域向导"对话框中单击"完成"按钮。

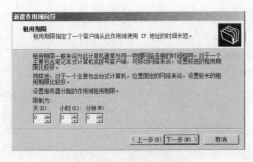
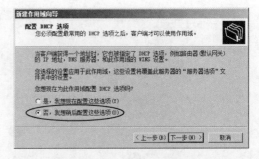

图 8-33  "租用期限"对话框          图 8-34  稍后配置 DHCP 选项

(10)返回"DHCP"控制台,右击"作用域〔10.10.1.0〕网络教研室",选中"激活",激活该作用域,如图 8-35 所示。

(11)在需要使用 DHCP 服务器获取 IP 地址的客户机桌面上,单击"开始"→"控制面板"→"网络和 Internet"→"更改适配器设置",右击"本地连接",选择"属性",在打开的对话框中选择"Internet 协议版本 4(TCP/IPv4)",单击"属性",打开如图 8-36 所示的对话框。选择"自动获得 IP 地址"和"自动获得 DNS 服务器地址"。

图 8-35  激活作用域          图 8-36  设置客户机 IP 地址和 DNS 服务器

(12)在客户机上依次单击"开始"→"程序"→"附件"→"命令提示符",输入"ipconfig/renew"命令,更新 IP 地址租约。然后输入命令"ipconfig/all"查看本机的 IP 地址、子网掩码和默认网关等,它们就是从 DHCP 服务器上获取的。

**任务 8-3  使用 DNS 服务实现域名解析**

要使 Windows Server 2016 的服务器成为 DNS 服务器,必须给该服务器配置静态 IP 地址,并安装 DNS 服务器角色。

安装 DNS 服务器角色的步骤如下:

(1)单击"开始"→"管理工具"→"服务器管理器",打开"服务器管理器"窗口,在左窗格中右击"角色",在弹出的快捷菜单中选择"添加角色",如图 8-37 所示。

(2)在打开的对话框中单击"下一步"按钮,在"选择服务器角色"对话框中勾选"DNS 服务器",单击"安装"按钮,如图 8-38 所示。

图 8-37　添加角色

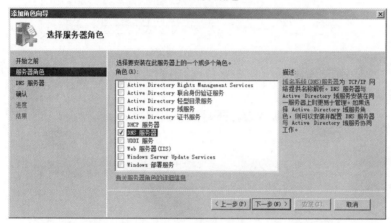

图 8-38　勾选 DNS 服务器

（3）在打开的"确认安装选择"窗口中单击"安装"按钮。系统开始 DNS 服务器安装,安装完成后,单击"关闭"按钮。

（4）单击"开始"→"管理工具"→"DNS",进入"DNS 管理器"窗口,在左窗格中右击"正向查找区域",在弹出的快捷菜单中选择"新建区域",如图 8-39 所示。

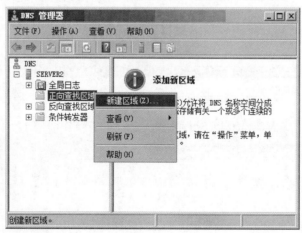

图 8-39　创建正向查找区域

（5）打开"欢迎使用新建区域向导"对话框,单击"下一步"按钮,在打开的"区域类型"对话框中选择"主要区域",单击"下一步"按钮,如图 8-40 所示。

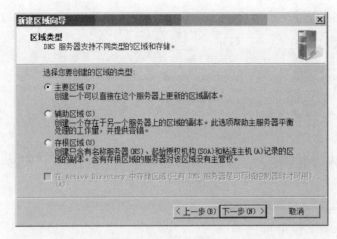

图 8-40  选择区域类型

（6）打开"区域名称"对话框，在"区域名称"编辑框中输入名称（如：hnwy.com），单击"下一步"按钮，如图 8-41 所示。

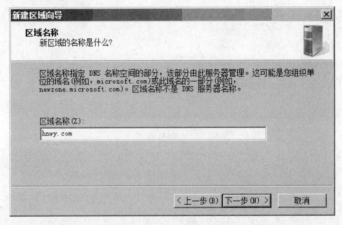

图 8-41  输入区域名称

（7）在"区域文件"对话框中已默认填入了区域文件名，单击"下一步"按钮，如图 8-42 所示。

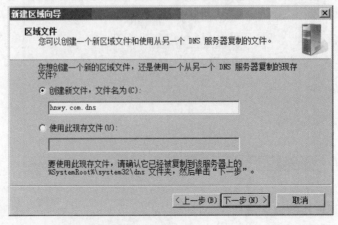

图 8-42  "区域文件"对话框

(8)在"动态更新"对话框中选择"不允许动态更新",单击"下一步"按钮,如图 8-43 所示。

(9)在"正在完成新建区域向导"对话框中单击"完成"按钮,如图 8-44 所示。

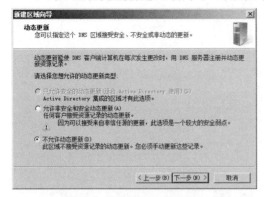 

图 8-43　"动态更新"对话框　　　　　　　图 8-44　完成新建区域

(10)进入"DNS 管理器"窗口,右击"反向查找区域",在弹出的快捷菜单中单击"新建区域",如图 8-45 所示。在打开的"欢迎使用新建区域向导"对话框中单击"下一步"按钮,选择"主要区域",单击"下一步"按钮,选择"IPv4 反向查找区域",单击"下一步"按钮,如图 8-46 所示。

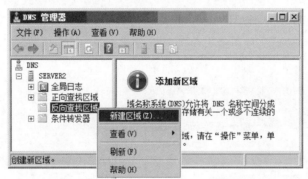

图 8-45　新建"反向查找区域"

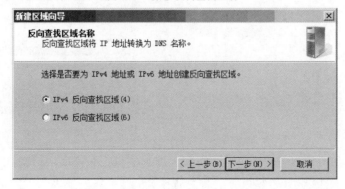

图 8-46　选择 IPv4 反向查找区域

(11)在"网络 ID"编辑框中输入此区域支持的网络 ID。如要查找 IP 地址为 10.10.1.1 的域名,就应该在"网络 ID"中输入 10.10.1,这样,10.10.1.0 网段内的所有反向查询都在该区域中被解析。单击"下一步"按钮,如图 8-47 所示。

(12)在"区域文件"对话框中默认有区域文件名称。单击"下一步"按钮,完成新建区域向导,如图 8-48 所示。

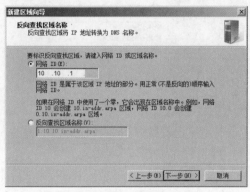
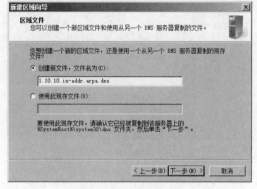

图 8-47　输入网络 ID　　　　　　　　　图 8-48　完成反向查找区域建立

(13)如果一台域控制器的名称为 www.hnwy.com,IP 地址为 10.10.1.1,则为 hnwy.com 添加主机记录的方法为:在"DNS 管理器"窗口中,右击"hnwy.com",选择"新建主机(A 或 AAAA)",如图 8-49 所示。

(14)在"新建主机"对话框中输入主机名称 www,IP 地址 10.10.1.1,勾选"创建相关的指针(PTR)记录"。单击"添加主机"按钮,如图 8-50 所示。

图 8-49　新建主机　　　　　　图 8-50　输入主机名称和 IP 地址

(15)在打开的对话框中单击"确定"按钮。添加主机记录完成后的窗口如图 8-51 所示。

(16)在需要 DNS 服务的客户机上将首选 DNS 服务器地址设为 DNS 服务器的 IP 地址,如图 8-52 所示。

图 8-51　添加主机记录完成

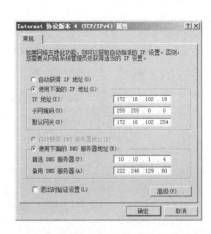

图 8-52　输入 DNS 服务器的 IP 地址

（17）在客户机的"Internet 协议版本 4（TCP/IPv4）属性"对话框中单击"高级"按钮，在打开的"高级 TCP/IP 设置"对话框中单击"添加"按钮，将与 DNS 服务器 IP 地址同在一个子网的 IP 地址及子网掩码填好，如图 8-53 所示。

（18）打开客户机 DOS 命令界面，输入 nslookup 命令，分别输入域名、IP 地址后若能正确解析，则表示 DNS 服务配置成功，如图 8-54 所示。

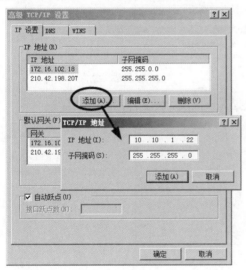

图 8-53　为客户机添加 IP 地址

图 8-54　在客户机测试 DNS 服务

**任务 8-4　使用 WWW 服务搭建信息浏览网站**

1. WWW 服务器的安装

WWW 服务器的安装步骤如下：

（1）单击"开始"→"管理工具"→"服务器管理器"，在打开的"服务器管理器"窗口中右击"角色"，在弹出的快捷菜单中选择"添加角色"，在打开的对话框中单击"下一步"按钮，打开

"选择服务器角色"对话框,在"角色"列表框中勾选"Web 服务器(IIS)",如图 8-55 所示。

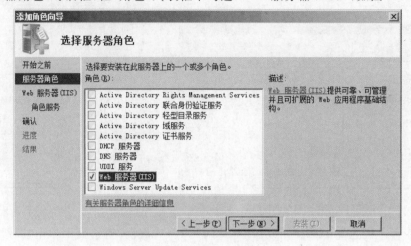

图 8-55 勾选 Web 服务器(IIS)

(2)单击"下一步"按钮,在"应用程序开发"中勾选所需的服务项目。单击"下一步"按钮,会弹出"是否添加应用程序开发所需的功能?"提示框,单击"添加必需的功能",单击"下一步"按钮,如图 8-56 所示。

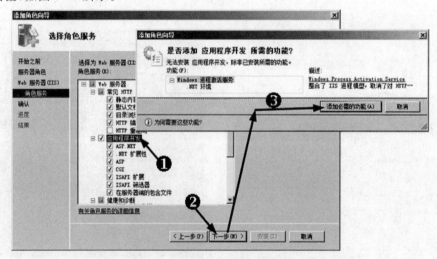

图 8-56 选择应用程序开发的选项

(3)在弹出的"确认安装选择"对话框中单击"安装"按钮,系统开始安装,安装结束后,单击"关闭"按钮。

**2. 创建与访问 Web 网站**

创建与访问 Web 网站的步骤如下:

(1)单击"开始"→"管理工具"→"Internet 信息服务(IIS)管理器"(以后简写为"IIS 管理器"),打开"IIS 管理器"窗口,在左窗格中依次展开服务器的名称(如:SERVER2/网站),在此可看到系统已默认建立了名称为"Default Web Site"的网站,在右窗格中单击"停止"可停止该网站,在左窗格中右击"网站",在弹出的快捷菜单中选择"添加网站",如图 8-57 所示。

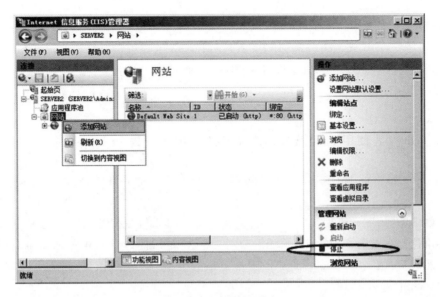

图 8-57　右击"网站"节点

（2）在打开的"添加网站"对话框中填入或选择网站名称、物理路径、IP 地址和端口号等信息，单击"确定"按钮，如图 8-58 所示。

（3）系统返回"IIS 管理器"窗口，在左窗格中单击新建的"web 站点 A"，在中间窗格中通过移动垂直滚动条找到并双击"默认文档"图标，在右窗格中单击"添加"链接项，在打开的"添加默认文档"对话框中输入默认文档的名称，单击"确定"按钮，如图 8-59 所示。

图 8-58　"添加网站"对话框

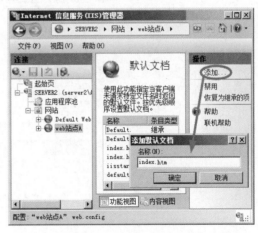

图 8-59　"添加默认文档"对话框

（4）将制作的包括默认文档在内的网页文件复制到"web 站点 A"主目录（E:\web-1）下，在客户机浏览器的地址栏中按照"http:∥IP 地址或域名"格式输入地址，访问新建立的网站，如图 8-60 所示。

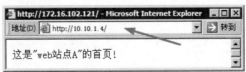

图 8-60　访问"web 站点 A"

注意：可用记事本制作简单的网页文件，其方法是：启动记事本，在打开的空文件内输入网页显示的内容（如："这是 web 站点 A 的首页！"），将文件保存到指定的目录（如：E:\web-1）后将文件名修改为指定的文件名（如：index.htm）便可。

## 任务 8-5　使用 FTP 服务实现文件的上传和下载

FTP 服务器角色是 IIS 7.0 集成的服务组件之一。利用 IIS 7.0 可以轻松搭建 FTP 服务器。

（1）单击"开始"→"管理工具"→"选择服务器管理器"，在打开的窗口的左窗格中单击"服务器角色"，在右窗格中单击"角色"，打开"角色"对话框，勾选"Web 服务器（IIS）"复选框，在打开的"角色"列表框中，勾选"FTP 服务器"，单击"下一步"按钮，如图 8-61 所示。

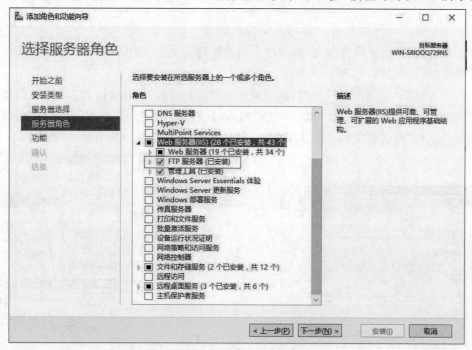

图 8-61　勾选"FTP 服务器"

（2）在打开的"确认安装选择"对话框中单击"安装"按钮，系统开始安装，安装完成后，单击"关闭"按钮结束安装。

（3）单击"开始"→"计算机管理"→"Internet Information Services"，打开"Internet Information Services"窗口，在左窗格中依次展开计算机名/网站/"添加 FTP 站点"，启动 FTP 服务。如图 8-62 所示。

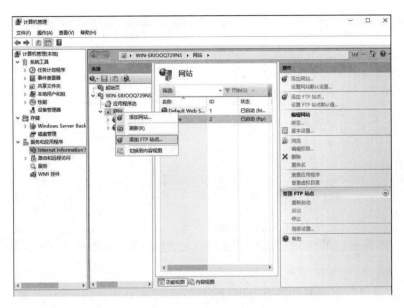

图 8-62 启动 FTP 站点

（4）打开 IE 浏览器，在 Internet 选项中设置使用被动 FTP，如图 8-63 所示。然后进行 FTP 服务器的设置。单击"开始"→"管理工具"→"Internet 信息服务(IIS)7.0 管理器"。在打开的窗口中右击"Default FTP Site"，在弹出的快捷菜单中选择"属性"，如图 8-64 所示。

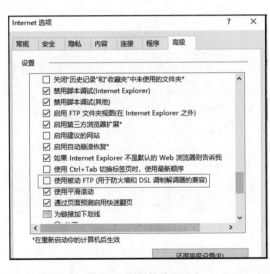

图 8-63 设置被动 FTP

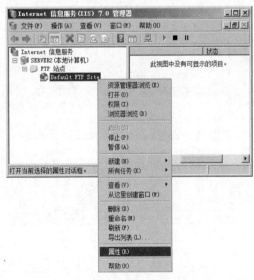

图 8-64 FTP 站点属性

（5）在"Default FTP Site 属性" 对话框中，选择"FTP 站点"。将本机 IP 地址赋给本 FTP 站点，其他选项不变，如图 8-65 所示。

（6）选择"安全账户"，勾选"允许匿名连接"，其他选项不变，如图 8-66 所示。

图 8-65　FTP 站点设置

图 8-66　安全账户设置

（7）选择"消息"，可设置用户在连接 FTP 站点时显示的标题、欢迎和退出的消息，如图 8-67 所示。

（8）选择"主目录"，在此可设置访问本站点内容的存放位置和访问的权限，如图8-68所示。

图 8-67　消息设置

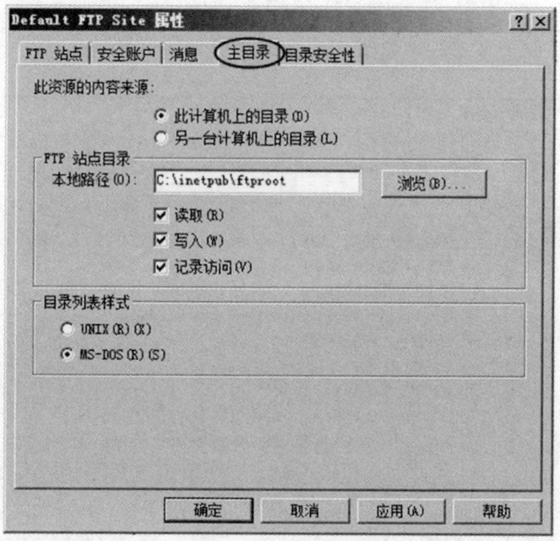

图 8-68　主目录的设置

（9）选择"目录安全性"，在此可设置授权或拒绝特定 IP 地址访问该 FTP 站点。如添加授权的 IP 地址访问，如图 8-69 所示。

（10）在客户机 IE 浏览器中输入"ftp：//10.10.1.4"，即可登录该 FTP 站点，如图 8-70 所示。

（11）在登录窗口的工具栏中单击"页面"→选择"在 Windows 浏览器中打开 FTP"，系统以 Windows 浏览器页面形式显示登录界面，如图 8-71 所示。

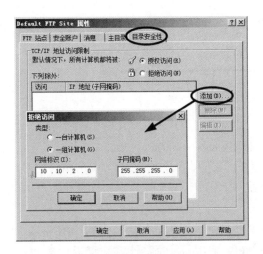

图 8-69　目录安全性设置

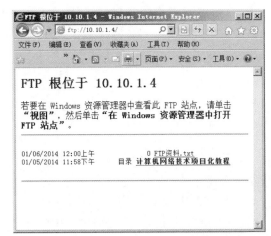

图 8-70　登录 FTP 站点界面

（12）从 FTP 登录窗口内拖曳文件（夹）到本地硬盘（如："E:"盘）的窗口完成下载；从本地硬盘（如："E:"盘）的窗口内将文件（夹）拖曳到 FTP 登录窗口完成上传，如图 8-72 所示。

图 8-71　选择"在 Windows 浏览器中打开 FTP"

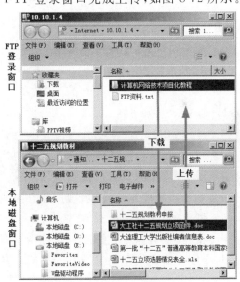

图 8-72　下载、上传文件（夹）

## 8.4　知识拓展

### 计算机网络的应用模式

计算机网络应用模式是指网络中服务器、工作站等设备组织和处理网络上的数据的方式。主要可以分为三类，即对等网模式 P2P、客户机/服务器模式 C/S 和浏览器/服务器模式 B/S。

#### 1. 对等网模式 P2P(Peer to Peer)

对等网模式也称工作组模式。网络中所有计算机地位平等，没有从属关系，也没有专用服务器和客户机。使用的协议为 NetBEUI，其典型连接模式如图 8-73 所示。

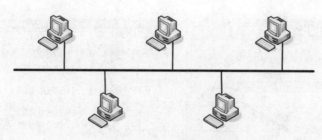

图 8-73　典型对等网连接模式图

对等网模式的网络客户较少,一般在 20 台计算机以内,适合于人员少、应用网络较多的中小型企业。

**2. 客户机/服务器模式 C/S(Client/Server)**

客户机/服务器模式就是将网络中的计算机分为两类,提供服务的一方称为服务器,获得服务的一方称为客户机。服务器用于处理客户机程序请求,并将计算结果返回客户机。客户机用于接待用户,提出计算请求。其典型连接模式如图 8-74 所示。

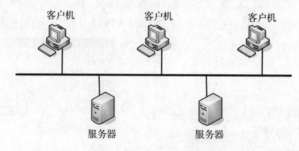

图 8-74　典型客户机/服务器连接模式图

客户机/服务器模式充分发挥了客户机 PC 的处理能力,很多工作可以在客户机处理后再交给服务器,所以其客户机响应速度较快。但是客户机需要安装专用软件,系统升级时,每一台客户机需要重新安装,维护和升级成本非常高。

**3. 浏览器/服务器模式 B/S(Browser/Server)**

浏览器/服务器模式指用户通过浏览器向服务器发出请求,服务器对浏览器的请求进行处理,将用户所需信息通过浏览器返回。其典型连接模式如图 8-75 所示。

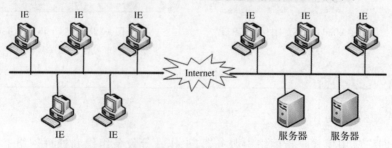

图 8-75　典型浏览器/服务器连接模式图

浏览器/服务器无须开发客户机软件,维护和升级比较简单;任何一台计算机只要装了浏览器软件,都可以访问服务器系统,具有良好的开放性和可扩充性。但是,因浏览器是为了 Web 而设计的,许多其他功能实现起来较难;Web 服务器负担较重。总的说来,浏览器/服务器模式是现在最为流行的网络应用模式。

## 项目实训 8　Windows Server 2016 安装与服务器配置

【实训目的】

使用虚拟机独立安装 Windows Server 2016 操作系统,并进行相关服务器配置。

【实训环境】

每人为一组,每人一台计算机,一台 Windows Server 2016 虚拟机。

【实训内容】

在 Windows Server 2016 虚拟机中配置 DHCP、DNS、WWW 和 FTP 服务器,实现以下功能。

1.在局域网中实现 DHCP 功能。

①配置分配区域为 172.16.220.50～172.16.220.100。

②指定网关为 172.16.220.1,DNS 服务器地址为 172.16.220.201。

2.在局域网中实现 DNS 功能。

①在 DNS 服务器上针对公司的域名 abc.com 创建一个主要区域。

②要求能解析域名:销售部(域名为 sale.abc.com,IP 地址为 172.16.220.201)。

3.为企业内部建立 WWW 站点。

配置内部网站服务器,配置相关主页。要求能用浏览器通过 IP 地址访问销售部网站(172.16.220.201)。

4.为企业建立、配置 FTP 服务器(ftp.abc.com)。

①允许匿名登录。

②限制整个 FTP 服务器允许的最大登录用户数为 10 人。

## 项目习作 8

一、选择题

1.网络操作系统是(　　)。

A.系统软件　　　B.系统硬件　　　C.应用软件　　　D.工具软件

2.下列(　　)列出的全部是网络操作系统。

A. Windows Server 2016、Windows 7、Linux

B. Windows Server 2016、Windows Server 2003、DOS

C. Windows Server 2016、UNIX、Netware、Linux

D. Active Directory、Windows Server 2016、Windows Server 2012

3.使用 DHCP 服务器的好处是(　　)。

A.降低 TCP/IP 网络的配置工作量

B.增加系统安全域依赖

C.对经常变动位置的工作站,DHCP 能迅速更新位置信息

D.以上都是

4.(　　)可以手工更新 DHCP 客户机的 IP 地址。

A. ipconfig　　　B. ipconfig/all　　　C. ipconfig/renew　　　D. ipconfig/release

5. 在互联网中使用 DNS 的好处是( )。

A. 友好性高,比 IP 地址易于记忆　　　　　B. 域名比 IP 地址更具持续性

C. 没有任何好处　　　　　　　　　　　　　D. 访问速度比直接使用 IP 地址更快

6. 在安装 DNS 服务器时,( )不是必需的。

A. 有固定的 IP 地址

B. 安装并启动 DNS 服务器

C. 有区域文件,或者配置转发器,或者配置根提示

D. 要授权

7. WWW 服务器使用( )协议为客户提供 Web 浏览服务。

A. FTP　　　　　　　B. HTTP　　　　　C. SMTP　　　　　　D. NNTP

8. Web 网站的默认 TCP 端口号为( )。

A. 21　　　　　　　　B. 80　　　　　　　C. 8080　　　　　　D. 1024

9. 用户将文件从 FTP 服务器复制到自己计算机的过程,称为( )。

A. 上传　　　　　　　B. 下载　　　　　　C. 共享　　　　　　D. 打印

10. 如果没有特殊申明,匿名 FTP 服务器的登录用户账号为( )。

A. user　　　　　　　　　　　　　　　　　B. anonymous

C. guest　　　　　　　　　　　　　　　　D. 用户自己的电子邮件地址

二、简答题

1. 什么是网络操作系统?目前有哪些常用的网络操作系统?

2. 简述 DHCP 的工作过程。

3. 作为 DHCP 服务器的计算机应满足哪些条件?

4. 当用户访问 Internet 时,为什么需要域名解析?

5. 简述 DNS 客户机通过 DNS 服务器对域名 www.hnrtu.edu.cn 的解析过程。

6. 人们采用统一资源定位器(URL)在全世界唯一标识某个网络资源,请描述其格式。

项目
09

# 构建网络管理平台

## 🏵 9.1 项目描述

网络构建完成以后,作为网络管理员需要考虑如何才能有效地管理网络,及时发现并处理网络故障,提高网络的性能,扩展网络规模。如果网络规模很小,作为网络管理员也许借助自己的网络知识就可以解决上述问题,但是如果网络规模较大,仅仅依靠网络管理员的手动管理很难及时有效地管理网络,因此就产生了网络管理系统。

网络管理系统就是利用网络管理软件实现网络管理功能的系统,简称网管系统。借助于网络管理系统,网络管理员不仅可以与被管理系统中的代理交换网络信息,而且可以开发网络管理应用程序。网络管理系统的性能完全取决于所使用的网络管理软件。

下面我们将通过网络管理系统的使用案例,向大家展示如何利用网络管理软件实现对网络性能的管理。本项目对应的工作任务见表9-1。

表 9-1　　　　　　　　　　　　　　　项目对应的工作任务

| 工作项目(校园或企业需求) | 教学项目(工作任务) | 参考课时 |
|---|---|---|
| 原有网络系统在使用过程中出现网络性能下降的问题,作为网络管理员需要对网络性能进行监控并找到问题出现的原因,优化网络性能以满足生产、生活的需要 | 任务9-1:SolarWinds Orion NPM v10 网络管理软件的安装 | 2 |
| | 任务9-2:Windows Server 2016 下 SNMP 服务的安装和配置 | 1 |
| | 任务9-3:SolarWinds Orion NPM v10 的使用 | 2 |
| 思政融入和项目职业素养要求 | 在介绍常用的网络管理平台时,采用案例结合法,现场操作与讨论相结合,锻炼学生的动手能力。让学生思考这些网络管理系统是否有漏洞,通过漏洞分析,呼吁学生做网络的"红客",不能做网络的"黑客",牢记习近平总书记的"网络安全为人民,网络安全靠人民"的重要论述 | |

## 🏵 9.2 项目知识准备

### 9.2.1 网络管理概述

**1.网络管理与网络管理系统**

网络管理(Network Management)是指网络使用期内为保证用户安全、可靠、正常使用网络服务而从事的全部操作和维护性活动。计算机网络管理分为两类:第一类是计算机网络应用程序、用户账号和存取权限的管理,属于与软件有关的网络管理问题;第二类是对构成计算机网络的硬件的管理,包括对交换机、路由器、防火墙、服务器、工作站、网卡和 UPS 等的管理。

网络管理系统是一个软、硬件结合,以软件为主的分布式网络应用系统,是用来管理网络、保障网络高效正常运行的软、硬件组合,是在网络管理平台基础上实现的各种网络管理功能的集合。网络管理系统可以帮助网络管理者监测、控制和记录网络资源的性能及使用情况,还可以生成网络信息日志,以便分析和研究网络。

**2.网络管理系统的主要功能**

根据国际标准化组织(ISO)的定义,网络管理系统主要具有五大功能,即故障管理、配置管理、性能管理、安全管理和计费管理。

(1)故障管理(Fault Management)

故障管理是指当网络出现故障时,通过网络管理系统迅速找到故障并及时排除。网络管理功能中故障管理是最基本的功能之一。

故障管理一般包括故障监测、故障报警、故障信息管理、排错支持、检索/分析故障信息等功能。

(2)配置管理(Configuration Management)

由于实际的网络往往是由多个厂家提供的产品、设备相互连接而成的,因此各设备需要相互了解和适应与其发生关系的其他设备的参数、状态等信息,否则就不能有效或者正常工作。尤其是网络系统常常是动态变化的,比如网络系统本身要随着用户的增减、设备的维修或更新来调整网络的配置。这样,就需要有足够的技术手段支持这种调整或改变,使网络能更有效地工作。配置管理的目的是管理网络的建立、扩充和开通,它要管理的是网络设备更新、新技术的应用、新业务的开通、新用户的加入、业务的撤销、用户的迁移等原因所导致的网络配置的变更。

配置管理一般包括配置信息的自动获取、自动配置和自动备份,配置一致性检查,用户操作记录等功能。

(3)性能管理(Performance Management)

性能管理主要是监视和分析被管网络及其所提供服务的性能,评估系统资源的运行状况及通信效率等系统性能。性能分析的结果可能会触发某个诊断测试过程或重新配置网络以维持网络的性能。性能管理收集和分析有关被管网络当前状况的数据信息,并维持和分析性能日志。

性能管理一般包括性能监控、阈值控制、性能分析、形成可视化的性能报告、网络对象性能查询等功能。

(4)安全管理(Security Management)

安全管理主要是对网络资源访问权限的管理,包括用户认证、权限审批和网络访问控制(防火墙)等。其目标是按照本地的安全策略来控制对网络资源的访问,以保证网络不被侵害(有意识的或无意识的),并保证重要的信息不被未授权的用户访问。

安全管理一般包含对授权机制、访问控制、加密和加密关键字的管理。

（5）计费管理（Accounting Management）

在网络中的信息资源是有偿使用的情况下，需要能够记录和统计哪些用户利用哪条通信线路传输了多少信息，以及做的是什么工作等。在非商业化的网络上，仍然需要统计各条线路工作的忙闲情况和不同资源的利用情况，以供决策参考。例如，当某条线路长期出现拥挤时应考虑是否需要扩容。因此，不管是在商业还是非商业网络中，都需要统计网络资源使用情况。计费管理不仅仅是正确地计算用户使用网络服务的费用，还要进行网络资源利用率的统计和网络的成本效益核算。

计费管理一般包含计费数据采集、数据管理与数据维护、计费政策制定、数据分析与费用计算、数据查询等功能。

**3. 网络管理系统的组成**

网络管理系统从逻辑的角度包括管理工作站、管理代理、管理信息库和网络管理协议四部分，其逻辑模型如图 9-1 所示。

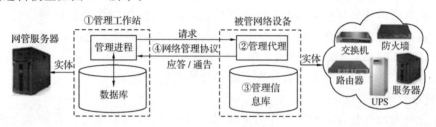

图 9-1　网络管理系统逻辑模型

（1）管理工作站（Administrator Workstation）

管理工作站一般是一个设备，也可以是共享系统的一个功能。管理工作站驻留在网络管理服务器上，实施网络管理功能。管理工作站基本构成如下：

● 管理进程：对网络设备和设施进行全面管理和控制的软件。它发出所有的控制与管理操作指令给管理代理，再由管理代理实现对网络设备的操作与控制，并接收来自管理代理的信息。

● 数据库：从所有被管网络对象的管理信息库（MIB）中获取信息的数据库。

（2）管理代理（Management Agent）

管理代理是驻留在被管网络设备中的软件模块，它可以获得本地设备的运转状态、设备特性、系统配置等相关信息。管理代理所起的作用是：

● 充当网络设备与管理进程之间通信的中介。

● 接收管理进程的指令收集数据，并将数据返回给管理进程。

● 通过控制本地被管网络设备的管理信息库（MIB）中的信息来管理该设备。

（3）管理信息库（Management Information Base，MIB）

每个管理代理都有自己的本地管理信息库，用于存储与本地设备或设施有关的管理对象的信息（如生产厂家、CPU 型号、带宽、内存等）。管理信息库是一个动态刷新的数据库，它包括网络设备的配置信息、数据通信的统计信息、安全性信息和设备特有信息。这些信息被动态送往管理器，形成网络管理系统的数据来源。管理代理正是通过对管理信息库的读和写来完成对网络设备信息的收集以及配置的。

（4）网络管理协议（Network Management Protocol，NMP）

网络管理协议规定了管理进程与管理代理之间交互会话时所必须遵循的相关规则与协定，用于在网络管理系统与管理对象之间传递操作命令，负责解释管理操作命令。

**4. 网管软件的分类**

随着网络技术的发展和网络规模的扩大，仅仅用人工方式进行网络管理已经不能适应网络管理的需要，由此产生了专业的网管软件用于实现网络的管理。根据网管软件的发展历史，网管软件一般划分为三代：

（1）命令行方式网管软件

命令行方式网管软件是网络管理员用字符命令的方式结合一些简单的网络监测工具来管理网络，这种管理方式不仅要求网络管理员精通网络的原理及概念，还要求网络管理员了解不同厂商的不同网络设备的配置方法，因此管理不方便，难度高。

（2）图形化界面网管软件

图形化界面网管软件由于具有良好的图形化界面，网络管理员在管理网络时不需要过多了解设备的配置方法，就能图形化地对多台设备同时进行配置和监控，因此使用这种方式大大提高了工作效率，但对于网络的管理仍然主要依靠网络管理员的技术水平和管理水平，存在由人为因素造成网络的各种故障和性能不佳的问题。

（3）智能化网管软件

智能化网管软件是目前网管软件的主流，是真正将网络和管理进行有机结合的软件系统，具有"自动配置"和"自动调整"的功能。对网络管理员而言，只需要将用户情况、设备情况以及用户与网络资源之间的分配关系输入网管系统，系统就能自动地建立图形化的人员与网络的配置关系，并自动鉴别用户身份，分配用户所需的资源（如电子邮件、Web、文档服务等），实现对网络的智能化管理。

### 9.2.2 网络管理协议

随着网络规模的扩大和复杂性的增加，人工网络管理已经不能满足网络迅速发展的要求。为此，许多大公司开始开发网络管理系统，但是这些网络管理系统往往是厂商在自己的网络系统中开发的专用系统，很难对其他厂商的网络系统、通信设备软件等进行管理，这种不能兼容的缺点使得网络规模不能满足生产、工作的需要。为了实现网络管理系统与产品的无关性，具有独立性的网络管理协议应运而生，主要包含以下几种协议：

**1. SNMP**

（1）SNMP 的基本概念

SNMP（Simple NetWork Management Protocol，简单网络管理协议）是最早提出的网络管理协议之一，来源于 1987 年发布的简单网关监控协议（SGMP）。SGMP 给出了监控网关（OSI 第三层路由器）的直接手段，SNMP 则是在其基础上发展而来。由于与 SNMP 相关的管理信息结构（SMI）以及管理信息库（MIB）非常简单，SNMP 能够迅速、简便地实现。目前 SNMP 已经成为网络管理领域中事实上的工业标准，并被广泛支持和应用，大多数网络管理系统和平台都是基于 SNMP 的。

SNMP 的体系结构分为 SNMP 管理者和 SNMP 代理者，每一个支持 SNMP 的网络设备中都包含一个网管代理，网管代理随时记录网络设备的各种信息，网络管理程序再通过SNMP 通信协议收集网管代理所记录的信息。

（2）SNMP 的基本组成

SNMP 管理模型中有三个基本组成部分：管理代理（Agent）、管理进程（Manager）和管理信息库（MIB），如图 9-2 所示。

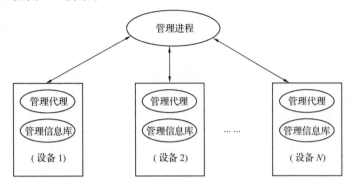

图 9-2　SNMP 简单网络管理协议组成图

**2. CMIS/CMIP**

CMIS/CMIP（Common Management Information Service/ Common Management Information Protocol，公共管理信息服务/公共管理信息协议）是 OSI 提供的网络管理协议簇。CMIS 定义了每个网络组成部分提供的网络管理服务，这些服务在本质上是很普通的，CMIP 则是实现 CMIS 服务的协议。出于通用性的考虑，CMIS/CMIP 的功能与结构跟SNMP 有很大不同，SNMP 是按照简单和易于实现的原则设计的，而 CMIS/CMIP 则能够提供支持一个完整网络管理方案所需的功能。

**3. CMOT**

CMOT（CMIS/CMIP Over TCP/IP，基于 TCP/IP 的公共管理信息服务与协议），使用了 OSI 的网络管理协议 CMIS/CMIP，但其运行环境是以 TCP/IP 为基础的。CMOT 既可以利用面向连接的 TCP 服务，也可以在无连接的 UDP 支持下工作，是一种使用 CMIP 来管理 IP 网络的网络管理协议。CMOT 的一个致命弱点在于它是一个过渡性的方案，而很少有人会把注意力集中在一个短期方案上。相反，许多重要厂商都加入了 SNMP 潮流并在其中投入了大量资源。事实上，虽然存在 CMOT 的定义，但该协议已经很长时间没有得到任何发展了。

**4. LMMP**

LMMP（LAN Man Management Protocol，局域网个人管理协议）试图为 LAN 环境提供一个网络管理方案，该协议直接位于 IEEE 802 逻辑链路层上，它可以不依赖任何特定的网络层协议进行网络传输。由于不要求任何网络层协议，LMMP 比 CMIS/CMIP 或CMOT 都易于实现，然而没有网络层提供路由信息，LMMP 信息不能跨越路由器，所以它只能在局域网中发展。但是，跨越局域网传输局限的 LMMP 信息转换代理能解决这一问题。

### 9.2.3　常见的网络管理软件

在全球网络管理软件市场中，国外网络管理系统的开发相对成熟。目前国外品牌在中国网络管理软件市场占据着领先地位，但国产网络管理软件的性能特点与中国网络管理软件的应用环境相适应，市场空间不断扩大。国内外主流网络管理软件见表 9-2。

表 9-2                                     国内外主流网络管理软件

| 国外网管产品 | | |
| --- | --- | --- |
| IBM Tivoli NetView | HP OpenView | Cisco Works |
| SolarWinds | CA Unicenter | BMC Patrol |
| Adventnet Opmanager | Ipswitch Whatsup | SuperScan 端口扫描工具 |
| 国内网管产品 | | |
| SiteView | BitView | 网强网络管理系统 |
| 神州泰岳 Ultra-NMS | 青鸟网硕 NetSureXpert | 华为 eSight |
| H3C iMC | 锐捷网络 StarView | 网路岗 |
| 聚生网管 | lanecat 网猫 | 北塔 |
| WorkWin | | |

**1. IBM Tivoli NetView**

IBM Tivoli NetView 是 IBM 公司为网络管理员提供的一种功能强大的解决方案,应用也非常广泛。它可以在短时间内对大量信息进行分类,捕获解决网络问题的数据,确保问题迅速解决,并保证关键业务系统的可用性。Tivoli NetView 软件中包含一种全新的网络客户程序,这种基于 Java 的控制台比以前的控制台具有更大的灵活性、可扩展性和直观性,允许网络管理员从网络上的任何位置访问 Tivoli NetView 数据。

IBM Tivoli NetView 的新特性可让网络管理员通过简单的配置说明来指导 NetView 的映像布局过程,可自动生成一些与网络管理员对网络的直观认识更加贴近的拓扑视图,将有关网络的地理、层次与优先信息直接合并到拓扑视图中。此外,Tivoli NetView 的开放性体系结构可让网络管理员对来自其他单元管理器的拓扑数据加以集成,使网络管理员能够通过一个中央控制台对多种网络资源进行管理。

**2. HP OpenView**

HP OpenView 是 HP 公司开发的网络管理平台,是一种当前网络管理领域比较流行的、开放式、模块化、分布式的网络系统管理解决方案,是第一个跨平台的网络管理系统,被称为"全球 20 大软件公司必备产品"之一。它集成了网络管理和系统管理的优点,并把二者有机地结合在一起,形成了一个单一而完整的管理系统,能够回答网络系统"发生了什么"和"发生的原因",帮助网络管理员及时了解整个网络当前的真实状况,掌握和主动控制网络性能。

作为网络管理平台,其 Network Node Manager(NNM)和 Network Node Manager Extended Topology 共同构成了业界最为全面、开放、广泛和易用的网络管理解决方案之一。

NNM 具有如下特征:

(1)自动发现和监控网络节点,自动产生网络拓扑图,并对网络事件进行处理。

(2)分布式和可伸缩性,可为用户指定域分配采集器,采集器可向分布在广域网上的一个或多个管理器报告发现设备的情况与设备变化的情况,只有重要的数据才被传往管理器,减少了全网的信息流量,最大限度地节约了网络带宽。

(3)可以集成数百个 HP OpenView 解决方案合作伙伴开发的应用程序,以满足用户特定的网络、系统、应用及数据库管理需求。

（4）NNM 的发现过滤、拓扑过滤和图像过滤功能能够使用户根据自己的需要，选择要发现、监控的对象，定制 MAP，按一定的共同特征对被管对象进行分组。

### 3. SolarWinds

SolarWinds 是 SolarWinds 公司开发的一套非常全面的网络管理工具，包括网络恢复、错误监控、性能监控和管理工具等。SolarWinds 是专门为各种复杂的网络环境开发的网络管理、网络监控和网络探测工具，能够满足电信运营商、院校、企事业单位对网络管理和专业咨询的不同需求。SolarWinds 系列工具见表 9-3。

表 9-3　　　　　　　　　　　　　　SolarWinds 系列工具

| 类　　型 | 模块名称 |
|---|---|
| 网络的监控与管理 | Network Performance Monitor(NPM)网络性能监控 |
| | Network Configuration Manager(NCM)网络配置管理 |
| | NetFlow Traffic Analyzer(NTA)流量分析 |
| | IP Address Manager(IPAM)IP 地址管理 |
| | IP SLA Manager(IPSLA)IP 服务等级协议管理 |
| | User Device Tracker(UDT)终端用户追踪 |
| | Fail over Engine(FoE)热备 |
| | Enterprise Operations Console(EOC)企业级控制台 |
| | Polling Engine(PE)轮询引擎 |
| 应用的监控与管理 | Application Performance Monitor(APM)应用性能监控（现已更名为 Server & Application Monitor） |
| | Synthetic End User Monitor(SEUM)综合终端用户监控 |
| 日志的监控与管理 | Log & Event Manager(LEM)日志与事件管理 |
| 存储与备份的监控与管理 | Storage Monitor(SM)存储监控 |
| | Backup Profiler(Back-up Module)备份分析 |
| 虚拟化的监控与管理 | Virtual & Server Profiler 虚拟和服务器分析 |

其中主要模块的功能如下：

（1）Network Performance Monitor(NPM)

NPM 是全面的网络带宽性能监控和故障管理软件，能监控并收集来自路由器、交换机、防火墙、服务器和其他任何具有 SNMP 功能的设备中的数据，并能对这些数据进行统计、汇总和分析。NPM 将收集到的信息存储在一个 SQL Server 数据库里面，并提供一个用户友好的、高度可定制的 Web 控制台以便于查看当前和历史的网络状态。

（2）Storage Monitor(SM)

SM 是一款基于 Web 页面，整合了存储监控、报表、报警和预测分析等功能的产品，提供无代理、多厂商的存储性能监控。几乎支持所有厂商、所有类型的存储管理产品，可以在一个平台方便地管理大范围的设备。

（3）Synthetic End User Monitor(SEUM)

SEUM 是针对 Web 应用推出的综合终端用户监控模块，是针对用户需要去监控的重要应用而设计的一个产品模块。通过这个模块可以轻易找到 Web 应用出现故障的位置、时间以及是从何处访问出现了故障等信息。

（4）Network Configuration Manager（NCM）

NCM 提供简单易用的网络配置与更改管理。NCM 可单独使用，也可与 NPM 集成，从而提供统一直观的视图，帮助查看企业网络的安全状况，显示配置健康指数与性能统计。NCM 通过一个非常直观的 Web 界面，提供简单的鼠标点击操作可轻松访问配置数据，从而简化了在多供应商网络环境中对网络配置文件的管理。此外，NCM 不断监控设备配置，实时地通知配置的更改，帮助用户在这些更改产生影响之前解决问题。利用 NCM 可以快速修复问题，而无须通过 Telnet 或 SSH 手动地进入设备更改配置参数。

（5）Server & Application Monitor

Server & Application Monitor 是一款综合性服务器与应用程序管理产品，可以监控 Windows、UNIX 和 Linux 服务器的关键 IT 服务、基础应用程序组件和操作系统以及运行应用的服务器资源的性能。

**4. Cisco Works**

Cisco Works 是 Cisco 公司为网络系统管理提供的一个基于 SNMP 的管理软件系列，可集成在多个现行的网络管理系统上，如 SunNet Manager、HP OpenView 以及 IBM Tivoli NetView 等，为路由器管理提供了强有力的支持工具。它是一个综合的、经济有效的、功能强大的网络管理工具，能够对交换机、路由器、服务器、集线器等网络设备进行有效的管理。网络管理员可以通过 Web 页面的方式直观、方便、快捷地完成设备的配置、管理、监控和故障分析等任务。Cisco Works for Windows 拥有 Cisco 全套产品的数据库，能够调出各种产品的直观视图，深入每个物理端口去查询状态信息，其主要功能包括：

（1）自动发现和显示网络的拓扑结构和设备；

（2）生成和修改网络设备配置参数；

（3）网络状态监控；

（4）设备视图管理。

## 9.3　项目实践

任务 9-1　**SolarWinds Orion NPM v10 网络管理软件的安装**

下面以 SolarWinds 公司的 Network Performance Monitor（NPM）工具（SolarWinds-OrionNPM-10.0-SP1-SLX 版本）为例，介绍其安装和使用的方法。

**1. SolarWinds-OrionNPM-10.0-SP1-SLX 的安装环境**

SolarWinds-OrionNPM-10.0-SP1-SLX 的安装环境见表 9-4。

表 9-4　　　　　　　　　　　SolarWinds-OrionNPM-10.0-SP1-SLX 的安装环境

| 软　件 | 环　境 |
|---|---|
| 操作系统 | Windows Server 2016 |
| .NET Framework | Microsoft .NET Framework 3.5 SP1,安装过程中需要连接 Internet |
| Web 服务器 | Microsoft IIS version |
| SQL Server 服务器 | SQL Server 2016 Express,Standard 或 Enterprise |
| 浏览器 | Microsoft Internet Explorer version 6 及以上,具备 Active 脚本 |

**注意**:以上安装项目既可在物理机上实现,也可在虚拟机中实现。

**2. 下载、安装 Microsoft .NET Framework 3.5 SP1**

对于以前的版本,Windows Server 2008 的 .NET Framework 默认是 3.0 版本,而 Solar-Winds-OrionNPM-10.0-SP1-SLX 版本对 .NET Framework 的最低要求是 3.5 版本,为此需要从网上下载 Microsoft .NET Framework 3.5 SP1(完整软件包),然后执行以下的操作:

**注意**:对于 Windows Server 2016,已含有 .NET Framework 3.5 以上版本,此步骤可省略。

(1)安装前确保主机能连接 Internet→双击下载的文件"dotnetfx35.exe",系统先后提取文件和加载安装组件,如图 9-3 所示。

(2)加载完成后弹出"欢迎使用安装程序"对话框→选择"我已经阅读并接受许可协议中的条款"→单击"安装"按钮,如图 9-4 所示。

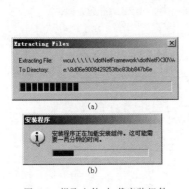 

图 9-3　提取文件、加载安装组件　　　　　图 9-4　"欢迎使用安装程序"对话框

(3)系统开始下载一些文件,下载完成后,先后弹出如图 9-5 所示对话框进行安装,安装完成后,单击"退出"按钮。

**3. 安装 IIS 服务**

(1)依次单击"开始"→"管理工具"→"服务器管理器",在打开的"服务器管理器"对话框的左窗格中单击"角色",在右窗格中单击"添加角色",如图 9-6 所示。

(2)打开"选择服务器角色"对话框,在"角色"列表框中勾选"Web 服务器(IIS)",在弹出的"是否添加 Web 服务器(IIS)所需的功能?"对话框中单击"添加必需的功能"按钮,单击"下一步"按钮,如图 9-7 所示。

图 9-5　安装 Microsoft .NET Framework 3.5 SP1

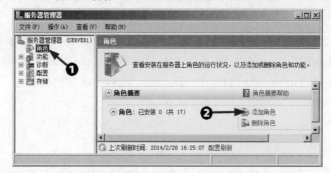

图 9-6　单击"角色"和"添加角色"

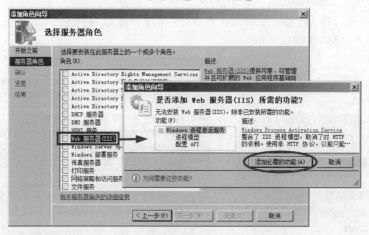

图 9-7　"选择服务器角色"对话框

（3）两次单击"下一步"按钮，单击"安装"按钮，如图 9-8 所示。

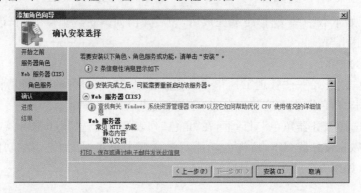

图 9-8　"确认安装选择"对话框

（4）系统进入服务程序安装过程，安装完成后单击"关闭"按钮。

**4. SQL Server 2016 的安装**

（1）将 SQL Server 2016 安装盘放入光驱，双击光盘驱动器，进入"SQL Server 安装中心"对话框，如图 9-9 所示。

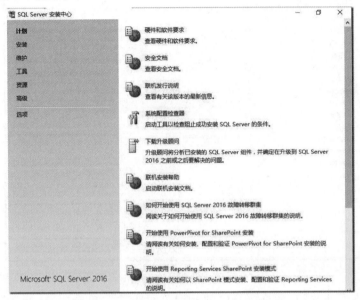

图 9-9 "SQL Server 安装中心"对话框

（2）在左窗格中单击"安装"，在右窗格中单击"全新 SQL Server 独立安装或向现有安装添加功能"，如图 9-10 所示。

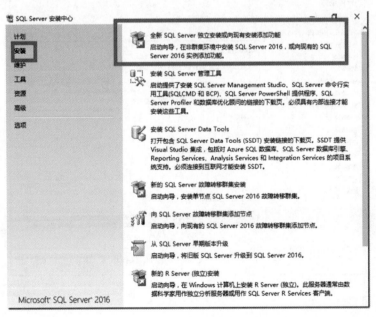

图 9-10 安装选项

(3)打开"产品密钥"对话框,选择版本或者输入产品密钥自动识别版本,单击"下一步"按钮,如图 9-11 所示。

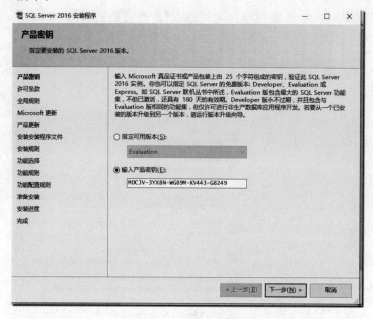

图 9-11 "产品密钥"对话框

(4)打开"许可条款"对话框,勾选"我接受许可条款",单击"下一步"按钮,如图 9-12 所示。

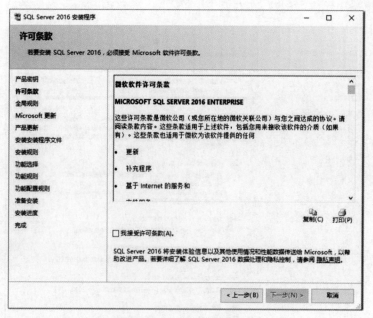

图 9-12 "许可条款"对话框

（5）进入"全局规则"对话框，这里可能要花费几秒钟，试具体情况而定，如图 9-13 所示。

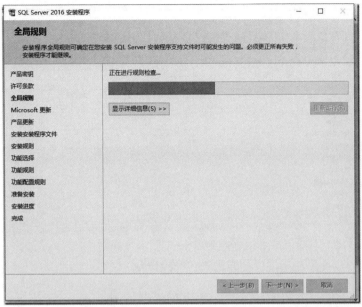

图 9-13　"全局规则"对话框

**注意**：当出现失败的检查项目时，需要更正所有失败后才能安装。

（6）所有检查都通过后，配置更新项，推荐"使用 Microsoft Update 检查更新"，单击"下一步"按钮，如图 9-14 所示。

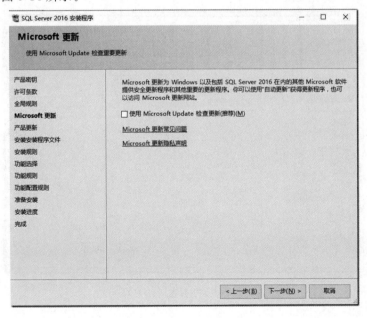

图 9-14　"Microsoft 更新"对话框

(7)选择安装更新的具体内容,单击"下一步"按钮,如图 9-15 所示。

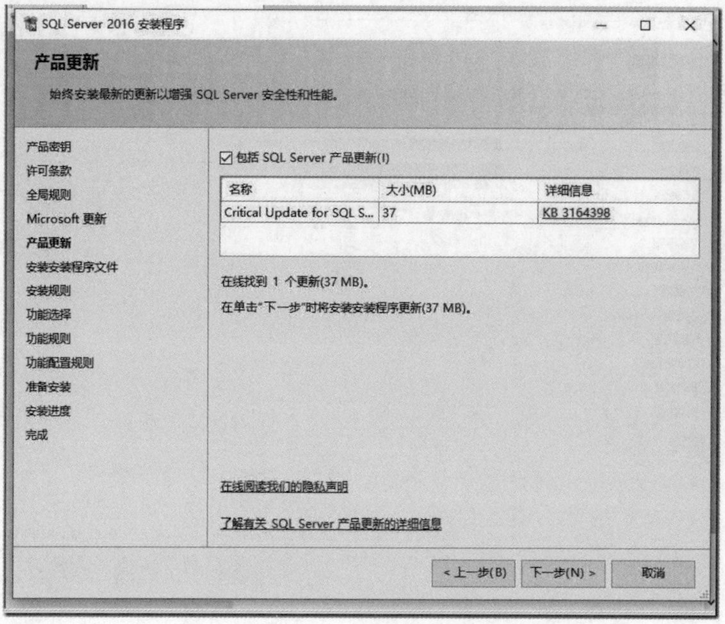

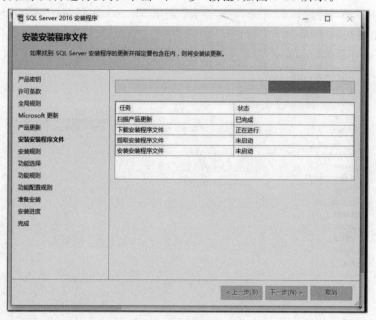

图 9-15 "产品更新"对话框

(8)对安装程序文件进行安装,单击"下一步"按钮,如图 9-16 所示。

图 9-16 "安装安装程序文件"对话框

（9）安装规则检查，若没有问题，则单击"下一步"按钮，如图 9-17 所示。

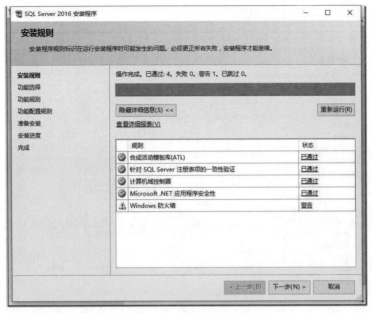

图 9-17　"安装规则"对话框

（10）打开"功能选择"对话框，进行功能选择，推荐"全选"，单击"下一步"按钮，如图 9-18 所示。

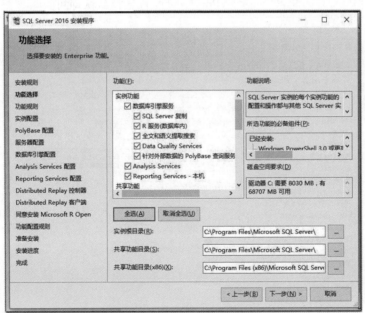

图 9-18　"功能选择"对话框

（11）打开"实例配置"对话框，进行实例配置，使用默认即可（如果之前安装过，这里需要特别注意），单击"下一步"按钮，如图9-19所示。

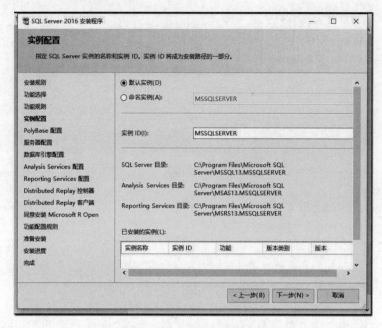

图9-19 "实例配置"对话框

（12）打开"PolyBase配置"对话框，PolyBase配置选择默认即可，单击"下一步"按钮，如图9-20所示。

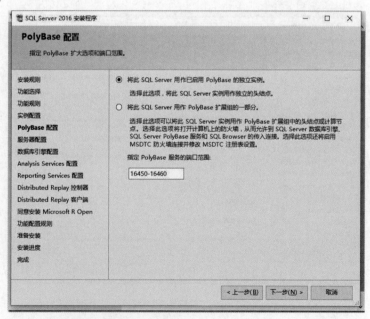

图9-20 "PolyBase配置"对话框

　　(13)打开"服务器配置"对话框,在此可为各种服务指定合法的账户和启动类型,在打开的对话框中单击"账户名"后面的下拉按钮,选择"NT AUTHORITY\SYSTEM"系统账户,单击"确定"按钮,单击各服务项"启动类型"后面的下拉按钮,选择服务项的启动类型(手动/自动/已禁用),单击"下一步"按钮,如图 9-21 所示。

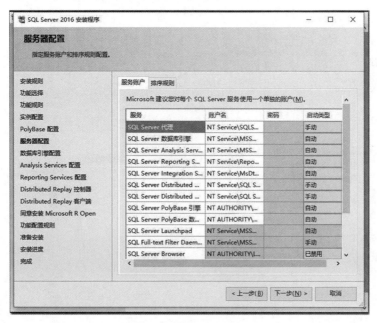

图 9-21　"服务器配置"对话框

　　(14)打开"数据库引擎配置"对话框,身份验证模式选中混合模式,输入管理员的密码(SQL Server 系统默认的管理员用户名为 sa),在"指定 SQL Server 管理员"处单击"添加当前用户"按钮,单击"下一步"按钮,如图 9-22 所示。

图 9-22　"数据库引擎配置"对话框

注意：在安装 SQL Server 之前，把 Windows 的管理员密码设置好，安装完 SQL Server 后不要修改管理员密码，否则可能导致 SQL Server 服务无法启动。

（15）打开"Analysis Services 配置"对话框，单击"添加当前用户"按钮，为"Analysis Services 配置"指定管理员为 Administrator，单击"下一步"按钮，如图 9-23 所示。

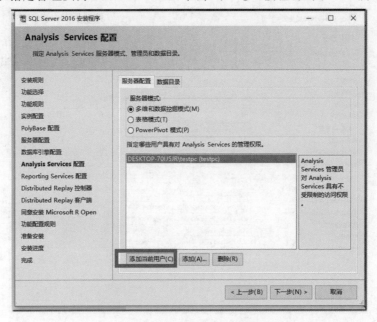

图 9-23　"Analysis Services 配置"对话框

（16）打开"Reporting Services 配置"（报表服务配置）对话框，选择"安装和配置"单选项，单击"下一步"按钮，如图 9-24 所示。

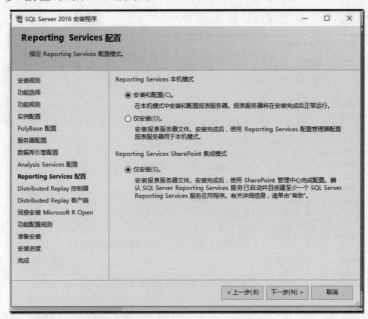

图 9-24　"Reporting Services 配置"对话框

(17)打开"Distributed Replay 控制器"对话框,推荐使用默认设置(添加当前用户),单击"下一步"按钮,如图 9-25 所示。

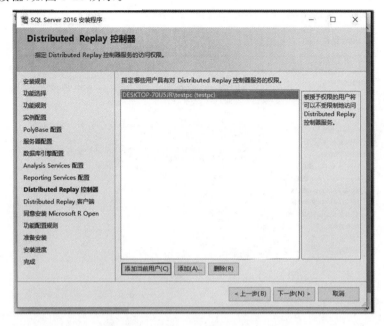

图 9-25  "Distributed Replay 控制器"对话框

(18)打开"Distributed Replay 客户端"对话框,推荐使用默认目录,单击"下一步"按钮,如图 9-26 所示。

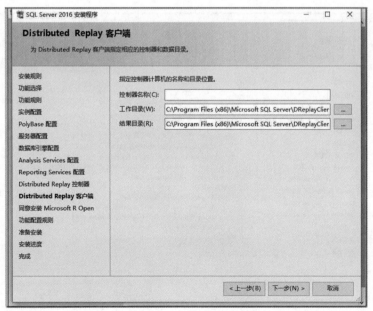

图 9-26  "Distributed Replay 客户端"对话框

（19）打开"同意安装 Microsoft R Open"（协议授权）对话框，单击"接受"按钮，单击"下一步"按钮，如图 9-27 所示。

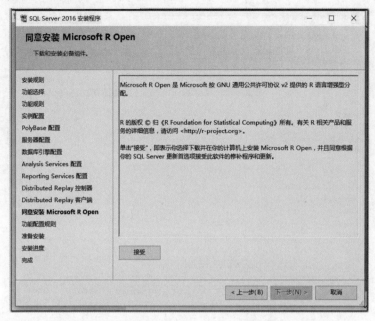

图 9-27 "同意安装 Microsoft R Open"（协议授权）对话框

（20）打开"准备安装"对话框，系统列出此前所有的配置信息，检查无误后单击"安装"按钮，如图 9-28 所示。

图 9-28 "准备安装"对话框

(21)打开"安装进度"对话框,开始 SQL Server 2016 的安装,如图 9-29 所示。

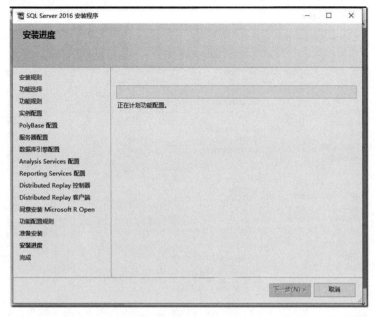

图 9-29 "安装进度"对话框 1

(22)安装开始后系统会显示各功能的安装状态,如图 9-30 所示,若最后全部显示"成功",则单击"下一步"按钮。

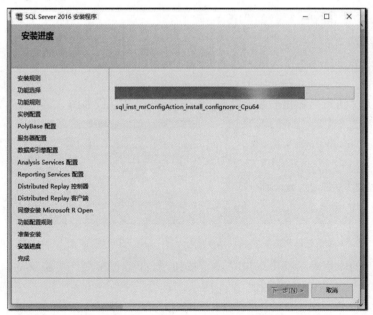

图 9-30 "安装进度"对话框 2

（23）打开"完成"对话框，完成 SQL Server 2016 的安装，并将安装日志保存到指定的路径，单击"关闭"按钮，如图 9-31 所示。

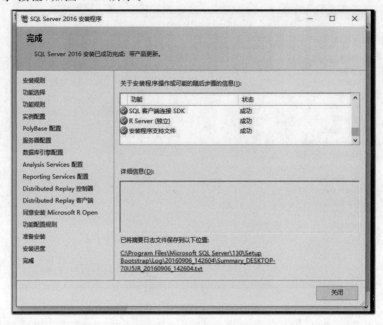

图 9-31 "完成"对话框

**5. 安装 SolarWinds-OrionNPM-10. 0-SP1-SLX**

安装过程如下：

（1）双击下载的安装包"SolarWinds-OrionNPM-10. 0-SP1-SLX"，系统开始提取文件，如图 9-32 所示。

（2）提取文件结束后弹出安装对话框，单击"Install"按钮，如图 9-33 所示。

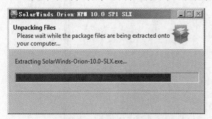

图 9-32 从安装包提取文件

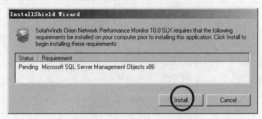

图 9-33 开始 NPM 安装

（3）在打开的欢迎对话框中单击"Next"按钮，打开是否接受许可协议的对话框，选择接受安装协议，单击"Next"按钮，如图 9-34 所示。

（4）选择安装的目标文件夹（安装路径），单击"Next"按钮，如图 9-35 所示。

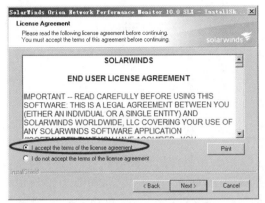

图 9-34　接受 NPM 安装协议

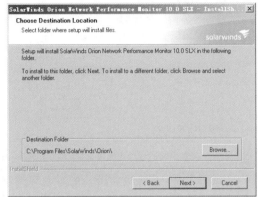

图 9-35　选择安装路径

（5）确认安装路径无误后，单击"Next"按钮，如图 9-36 所示。

（6）进入安装过程，如图 9-37 所示。

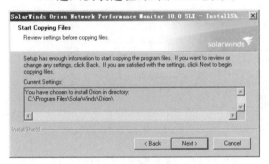

图 9-36　安装路径的摘要信息

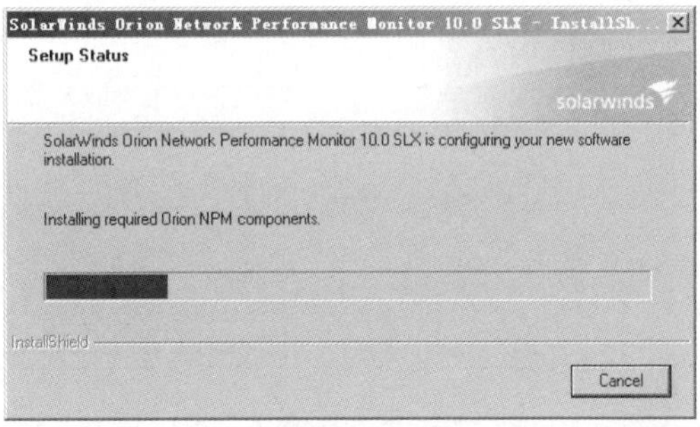

图 9-37　NPM 安装过程对话框

（7）安装完成后，会自动弹出软件授权码申请界面，单击"Skip This and Enter Software License Key Now"按钮，跳过申请，如图 9-38 所示。

（8）直接填入已获得的授权码（事先使用注册机算出授权码），单击"Continue"按钮，如图 9-39 所示。

图 9-38　跳过授权码申请

图 9-39　填入授权码

（9）弹出软件注册成功提示框，单击"Continue"按钮，如图 9-40 所示。

（10）在弹出的对话框中单击"Finish"按钮，完成安装，如图 9-41 所示。

图 9-40　成功注册提示框　　　　　　　　　　　图 9-41　完成安装

完成安装后,系统自动进入配置向导的欢迎对话框,单击"Next"按钮,如图 9-42 所示。

(11)指定存储数据的 SQL Server 服务器的位置。若 SQL Server 和 Orion NPM 软件安装在同一台机器上,则选择"(local)"(本地数据库)即可,否则应填写 SQL Server 服务器所在的 IP 地址,选择 SQL Server 的认证方式,单击"Next"按钮,如图 9-43 所示。

图 9-42　进入 NPM 配置向导　　　　　　　　　图 9-43　设置数据库服务器的位置

注意:如果在安装 SQL Server 数据库的过程中,选择的是"Windows 身份验证模式",则在图 9-43 中应选中"Use Windows Authentication"单选按钮,否则可选择"Use SQL Server Authentication",并输入管理员用户名"sa"和相应的密码(应与 SQL Server 安装过程中所输入的密码相同)。

(12)为确保所有的更新和改动都能正确安装,需要终止有关服务,为此,系统会弹出是否终止一些服务的提示框,单击"确定"按钮,以便终止这些服务,如图 9-44 所示。

(13)SolarWinds 需要指定一个 SQL Server 数据库实例用于收集和存储网络中的数据,在此,创建一个新的数据库并指定名称(NetPerfMon 为默认名称),单击"Next"按钮,如图 9-45 所示。

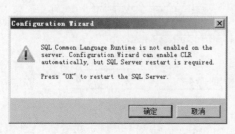

图 9-44　服务终止提示框　　　　　　　　　　　图 9-45　新建数据库

🐾**注意**：如果本次安装是全新安装，并且未在 SQL Server 中建立专用数据库，则选中"Create a new database"单选按钮，并填写数据库名称；如果此前安装过旧版 SolarWinds NPM 并且想使用旧的数据库，或者已经在 SQL Server 建立专用数据库，则选择"Use an existing database"并输入已存在的数据库名称。

（14）在打开的对话框中设置访问数据库的用户名（默认为 SolarWindsNPM）及密码，单击"Next"按钮，如图 9-46 所示。

（15）在打开的对话框中设置作为 Web 控制台的 Web 服务器的 IP 地址、端口号和主目录位置，单击"Next"按钮，如图 9-47 所示。

 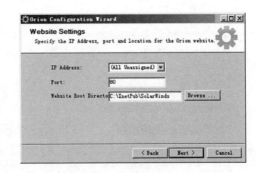

图 9-46　设置访问数据库的用户名及密码　　图 9-47　配置 Website

（16）提示是否新建 Website 的目录，单击"是"按钮，如图 9-48(a) 所示，提示是否使用现有的网站，单击"是"按钮，如图 9-48(b) 所示。

（17）打开服务设置对话框，对要安装的服务项目进行勾选确认（默认勾选所有），单击"Next"按钮，如图 9-49 所示。

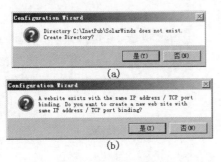 

图 9-48　目录和网站的确认对话框　　图 9-49　服务设置对话框

（18）弹出显示此前配置的摘要信息对话框，确认无误后单击"Next"按钮，如图 9-50 所示。

（19）系统执行配置程序进行配置，如图 9-51 所示。

（20）配置完成后，显示结果摘要，单击"Finish"按钮，如图 9-52 所示。

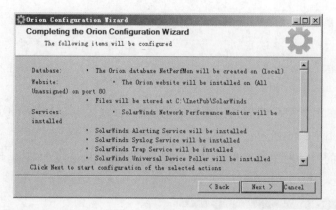

图 9-50　配置摘要信息对话框

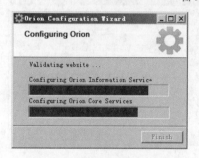

图 9-51　配置数据和服务的过程

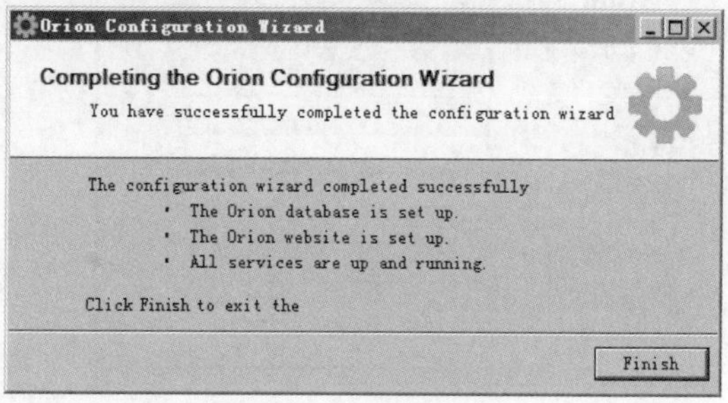

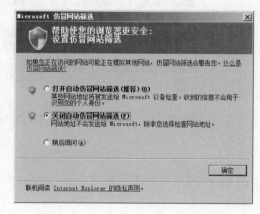

图 9-52　结果摘要对话框

（21）系统自动打开浏览器，进入 Web 页面的登录窗口→输入"admin"用户名和空密码→单击"LOGIN"按钮，如图 9-53 所示。

（22）弹出"Microsoft 仿冒网站筛选"对话框，选中"关闭自动仿冒网站筛选"单选按钮，单击"确定"按钮，如图 9-54 所示。

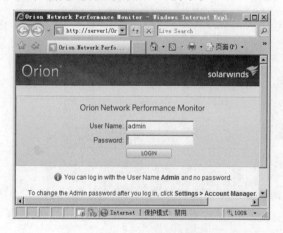

图 9-53　Web 页面的登录窗口

图 9-54　"Microsoft 仿冒网站筛选"对话框

(23)当管理员用户名和口令验证无误后，进入 SolarWinds Orion NPM 管理界面，如图 9-55 所示。

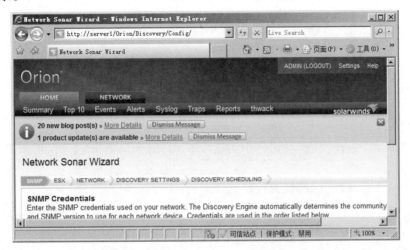

图 9-55 SolarWinds Orion NPM 管理界面

注意：进入 SolarWinds Orion NPM 管理界面的方式有本地登录和远程登录两种，其中本地登录方式可以通过"开始"菜单中"SolarWinds Orion"程序组下的"System Manager"或"Orion Web Console"启动管理界面；远程登录方式可以通过在其他计算机的浏览器地址栏中输入"http://服务器的 IP 地址:端口"进入管理界面。

## 任务 9-2 Windows Server 2016 下 SNMP 服务的安装和配置

SolarWinds Orion NPM 是基于 SNMP 进行管理的，支持 SNMP 的网络设备都可以对其进行管理。为了收集这些网络设备的信息，在发现网络设备之前要确保已完成下面的配置：

● 所有的 Windows 服务器已经安装并运行 SNMP 服务，除非只想监控 up/down 的状态；

● 所有 Linux/UNIX 服务器安装并运行 SNMP daemon，发送 Syslog 信息；

● 所有其他被监控的设备要开启 SNMP 服务。

对于安装 Windows Server 2016 的服务器，其安装和开启 SNMP 服务的步骤如下：

(1)以管理员身份登录 Windows Server 2016 系统，在桌面上依次单击"开始"→"管理工具"→"服务器管理器"菜单项，打开"服务器管理器"对话框，在左窗格中单击"功能"，在右窗格中单击"添加功能"，如图 9-56 所示。

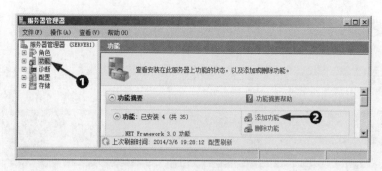

图 9-56　"服务器管理器"对话框

（2）在打开的"选择功能"对话框中勾选"SNMP 服务"，单击"下一步"按钮，如图 9-57 所示。

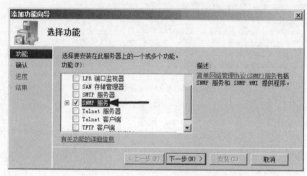

图 9-57　勾选"SNMP 服务"功能项

（3）在打开的对话框中单击"安装"按钮，开始安装，安装结束后单击"关闭"按钮。

（4）在桌面上依次选择"开始"→"管理工具"→"服务"，在打开的"服务（本地）"对话框中找到并右击"SNMP Service"服务项，在弹出的快捷菜单中选择"属性"选项，如图 9-58 所示。

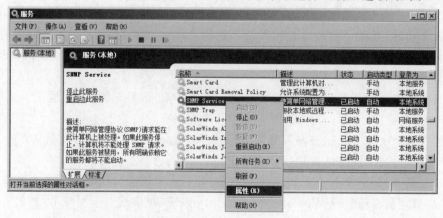

图 9-58　"服务（本地）"对话框

（5）打开"SNMP Service 的属性（本地计算机）"对话框，选择"代理"选项卡，在"联系人"编辑框中填入联系人的姓名，在"位置"编辑框中输入本服务器放置的位置，在"服务"区域内勾选所需要的服务项，单击"应用"按钮，如图 9-59 所示。

（6）在图 9-59 中选择"陷阱"选项卡，在"团体名称"编辑框中输入名称（如：public），单击"添加到列表"按钮。单击"添加"按钮，添加陷阱目标的 IP 地址（SolarWinds 服务器的 IP 地址),单击"应用"按钮,如图 9-60 所示。

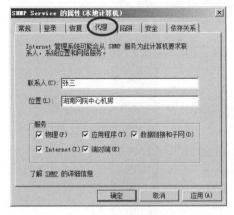 

图 9-59 "代理"选项卡　　　　　　　　　　图 9-60 "陷阱"选项卡

(7)在图 9-60 中选择"安全"选项卡,单击"添加"按钮,选择接受的社区名称,选中"接受来自任何主机的 SNMP 数据包"单选按钮,单击"确定"按钮,如图 9-61 所示。

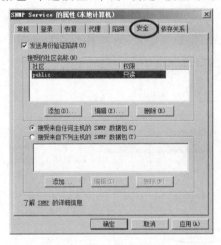

图 9-61 "安全"选项卡

**任务 9-3**　**SolarWinds Orion NPM v10 的使用**

**1.添加被监控的设备**

为了使监控平台能对设备的性能进行管理,首先需要在监控平台中添加或发现被监控的设备。其步骤如下:

(1)依次单击"开始"→"所有程序"→"SolarWinds Orion"→"System Manager",启动监控平台,如图 9-62 所示。

图 9-62　启动监控平台

（2）进入 SolarWinds Orion NPM 的主界面，在右窗格中单击"Add Node"标签或者在工具栏中单击"New"按钮来添加被监控的设备（添加节点），如图 9-63 所示。

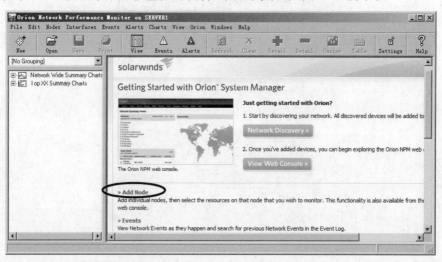

图 9-63　SolarWinds Orion NPM 主界面

**注意**：通过该界面可实现向 SolarWinds 中添加网络设备、节点、端口、CPU、内存、硬盘等监控对象，以及查看事件和节点流量、时延、收发速率、吞吐量等数据，并可以对被监控对象的异常进行报警。

（3）在弹出的"Add Node"对话框中填写被监控的设备的 IP 地址、SNMP 团体名称，选择 SNMP 端口（建议保持默认的 161 端口），选择 SNMP 版本（建议使用 SNMPv2c），单击"Next"按钮，如图 9-64 所示。

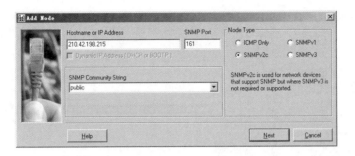

图 9-64　"Add Node"对话框

（4）系统开始探测指定的网络设备，若设定的 IP 地址、SNMP 版本、SNMP 团体名称与设备的配置等都匹配正确，则将完成对被监控设备的探测并显示探测到的信息。在探测的列表中选择需要进行管理的内容（此处单击"Select All"按钮），单击"OK"按钮，完成添加节点的操作，如图 9-65 所示。

**注意**：图 9-65 中添加的设备为服务器，用户可根据需要选择被监控的端口以及端口的内容。若监控服务器或 PC，则会有"CPU""Memory"等监控对象。

完成节点添加后，系统自动返回 SolarWinds Orion NPM 主界面，并在界面的左侧列出所添加的设备，如图 9-66 所示。

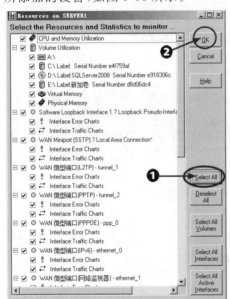

图 9-65　选择监控管理的性能项目

图 9-66　成功添加被监控的设备

**2. 查看被监控设备的性能**

被监控的设备一旦添加成功，即刻便被监控并实时生成各种数据报告，通过这些数据报告可以查看、分析网络整体或者某个设备端口的运行情况。

在图 9-66 的左窗格中展开添加的服务器"SERVER1"，单击某接口展开各种性能的图表的列表，单击选择这些图表后会在右窗格中以折线图、柱状图或组合图表的方式列出统计数据，如图 9-67 所示。

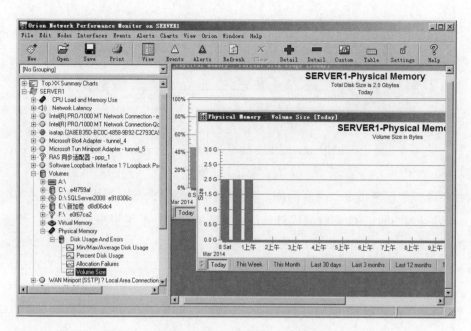

图 9-67　监控对象的详细性能图

**3. 配置告警**

SolarWinds 的告警功能可在事故发生后,第一时间告知管理员。

新建一个告警,使得监控平台在硬盘空间利用率大于 90% 时告警。其配置步骤如下:

(1)在监控平台的菜单栏中单击"Alerts"→"Configure Basic Alerts",进入基本告警方式的配置,如图 9-68 所示。

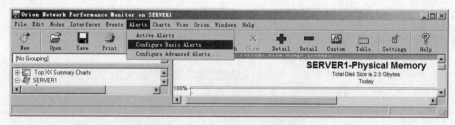

图 9-68　进入基本告警方式的配置

(2)弹出配置告警对话框,单击"New Alert"按钮,新建一个监控类别,如图 9-69 所示。

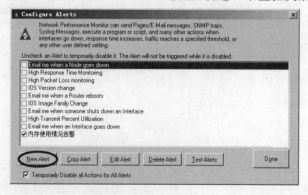

图 9-69　配置告警对话框

（3）在弹出的对话框的"General"选项卡中，输入告警的名称，并启用该告警，如图 9-70 所示。

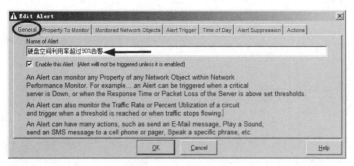

图 9-70 输入告警的名称

（4）在图 9-70 中选择"Property To Monitor"选项卡，对监控属性进行选择，本处勾选容量利用率作为报警触发项，如图 9-71 所示。

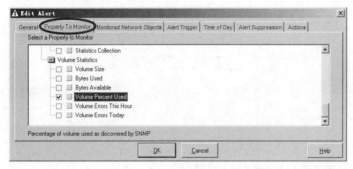

图 9-71 设置触发告警的监控属性

（5）在图 9-71 中选择"Monitored Network Objects"选项卡，对监控对象进行选择，如图 9-72 所示。

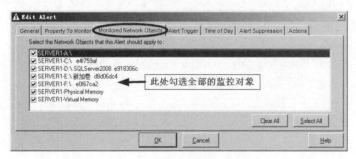

图 9-72 选择监控对象

(6)在图 9-72 中选择"Alert Trigger"选项卡，配置告警的触发条件，如图 9-72 所示。

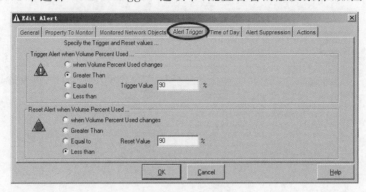

图 9-73 配置告警的触发条件

(7)在图 9-73 中选择"Time of Day"选项卡，设置发送告警的时间段，本处设置为全时段，如图 9-74 所示。

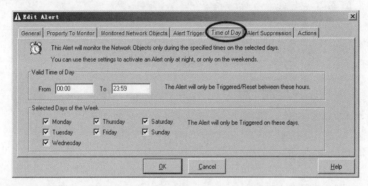

图 9-74 设置发送告警的时间段

(8)在图 9-74 中选择"Alert Suppression"选项卡，设置告警抑制，对所有告警不抑制，用来排除某些特定对象，排除对象可以选择部分条件匹配或全部条件匹配，如图 9-75 所示。

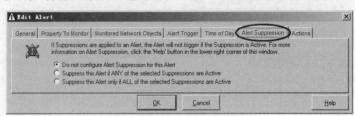

图 9-75 设置告警抑制

**注意**：如果一台交换机被彻底"down 掉"，那么它连接的所有 PC 和网络设备都会出现网络问题。如果此时不设置告警抑制，它下面的设备就会出现由该交换机引起的各种问题。设置告警抑制的好处是当交换机被"down 掉"后，抑制它下面的网络设备出现告警提示。

(9)在图 9-75 中选择"Actions"选项卡，单击"Add Alert Action"按钮，在打开的对话框中选择告警行为，此处设置为通过发送邮件告警，为此选择"Send an E-Mail/Page"，单击"OK"按钮，如图 9-76 所示。

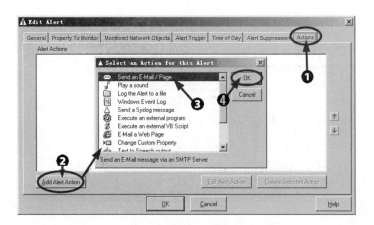

图 9-76　选择告警行为

注意：告警行为是满足告警触发条件以后所做的动作，可以选择的告警行为有发送邮件、播放声音、记录告警到文件、弹出消息窗口（Windows message）、记录告警到 Windows Event Log、记录告警到 NPM Event Log、调用一个外部程序、调用一个 VB 脚本、发送手机短信等。

（10）弹出"Edit E-Mail/Page Action…"对话框，选择"E-Mail/Pager Addresses"选项卡，填写收件人的邮箱地址，如图 9-77 所示。

图 9-77　设置收件人的邮箱地址

（11）在图 9-77 中选择"SMTP Server"选项卡，填写邮件服务器的域名地址，如图 9-78所示。

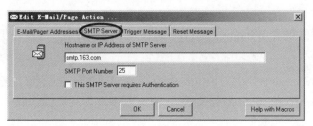

图 9-78　设置邮件服务器的域名地址

（12）在图 9-78 中选择"Trigger Message"选项卡，根据实际监控内容设置告警信息的具体内容，如图 9-79 所示。

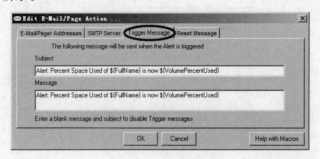

图 9-79　告警信息的设置

（13）在图 9-79 中选择"Reset Message"选项卡，根据实际监控内容设置告警触发后的重置消息，如图 9-80 所示。

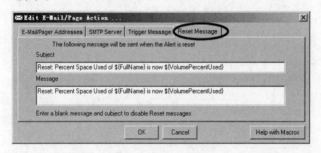

图 9-80　重置信息的设置

## 项目实训 9　网络管理软件的安装与使用

【实训目的】

会安装与配置 SolarWinds Orion NPM 网管软件，能使用该软件管理局域网。

【实训环境】

每人 1 台 Windows XP/7 物理机，1 台 Windows Server 2016 虚拟机（能接入互联网），SQL Server 2016 安装包（ISO 文件），SolarWinds-OrionNPM-10.0-SP1-SLX 安装包。

【实训内容】

1. 以管理员身份登录 Windows Server 2016 虚拟机，设置 IP 地址等参数，使其能接入互联网。

2. 下载、安装 Microsoft. NET Framework 3.5 SP1。

3. 安装 IIS、SNMP 服务，并配置 SNMP 服务。

4. 安装 SQL Server 2016。

5. 安装与配置 SolarWinds Orion NPM，登录 SolarWinds NPM 管理系统，添加本服务器为管理监控对象，查看监控数据并设置邮件告警。

## 项目习作 9

一、选择题

1. 网络管理的功能包括(　　　)。

A. 故障管理、配套管理、性能管理、安全管理和费用管理

B. 人员管理、配套管理、质量管理、黑客管理和审计管理

C. 小组管理、配置管理、特殊管理、病毒管理和统计管理

D. 故障管理、配置管理、性能管理、安全管理和计费管理

2. 对网络运行状况进行监控的软件是(　　　)。

A. 网络操作系统　　　B. 网络通信协议　　　C. 网管软件　　　D. 网络安全软件

3. 当前最流行的网络管理协议是(　　　)。

A. TCP/IP　　　B. SNMP　　　C. SMTP　　　D. UDP

4. 网络管理工作站直接从(　　　)收集网络管理信息。

A. 网络设备　　　B. 管理代理　　　C. 管理进程　　　D. 网络管理数据库

二、问答题

1. 简述网络管理系统的组成,并说明各部分的功能。

2. 网管软件的分类有哪些? 主流网管软件有哪些? 它们分别基于什么网络管理协议?

3. 网络管理协议有哪些?

项目
10
# 维护网络安全

## ❈ 10.1 项目描述

随着信息科技的迅速发展以及计算机网络的普及,计算机网络深入政府、军事、文教、金融及商业等诸多领域。资源共享和网络安全一直作为一对矛盾体而存在,随着计算机网络资源共享进一步加强,信息安全问题日益突出。

利用计算机网络犯罪具有高技术性和隐蔽性的特点,对网络安全构成了很大的威胁。有关统计资料报道,计算机网络犯罪案件正以每年 100% 的速度增长,Internet 被攻击事件则以每年 10 倍的速度增长。计算机病毒自 1983 年由美国计算机专家提出概念并进行验证以来,其数量正以几何级增长,对网络造成了很大的威胁。

本项目对应的工作任务见表 10-1。

表 10-1 本项目对应的工作任务

| 工作项目(校园或企业需求) | 教学项目(工作任务) | 参考课时 |
|---|---|---|
| 本校园网络是千兆局域网,要求学会单机防病毒系统设置,数据加密、解密方法以及防火墙设置 | 任务 10-1:使用加密软件实现文件内容的加密。通过 RSA 1.0 软件的使用,掌握基本的 1 024 位数据加密、解密方法 | 2 |
| | 任务 10-2:使用访问控制列表 ACL 进行网络安全管理。通过在 Cisco Packet Tracer 8.0 中模拟校园网访问控制配置,掌握防火墙的基本设置 | 4 |
| 思政融入和项目职业素养要求 | 在维护网络安全的项目中加入信息安全意识教育,通过 CIH 病毒、勒索病毒、网络钓鱼诈骗等案例,在向学生介绍病毒原理和安全防范措施的同时,进行《中华人民共和国网络安全法》的普法工作,强调法律法规意识,防范网络犯罪 | |

## ❈ 10.2 项目知识准备

### 10.2.1 网络安全及其策略

我国 Internet 持续快速发展,各种互联网新业务如雨后春笋般涌现,Internet 的社会基础设计功能表现得越来越明显。网络安全已成为商家、技术研究部门以及国家和政府关注的焦点。

**1. 网络安全的定义**

国际标准化组织(ISO)在 ISO 7498-2 文献中对安全的定义:安全就是最大限度地降低数据和资源被攻击的可能性。

《中华人民共和国计算机信息系统安全保护条例》第三条规范了包括计算机网络系统在内的计算机信息系统安全的概念:"计算机信息系统的安全保护,应当保障计算机及其相关的和配套的设备、设施(含网络)的安全,运行环境的安全,保障信息的安全,保障计算机功能的正常发挥,以维护计算机信息系统的安全运行。"

从本质上讲,网络安全是指网络系统的硬件、软件和系统中的数据受到保护,不受偶然的或恶意的攻击而遭到破坏、更改、泄露,系统连续、可靠、正常地运行,网络服务不间断。

**2. 网络安全面临的主要威胁**

影响网络安全的因素很多,有些因素是人为的,有些因素是非人为的。人为的因素又包括无意的失误和恶意的攻击。非人为的因素包括地震、雷击、洪水或其他不可抗拒的自然灾害,此外,还包括网络设备的自然损坏、硬盘或其他存储设备的老化、无规则的停电引起的设备故障等。人为的恶意攻击是计算机网络安全面临的最大威胁。

网络安全面临的威胁因素如图 10-1 所示。

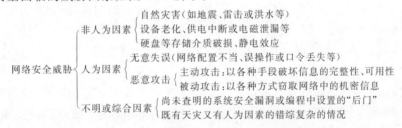

图 10-1　网络安全面临的威胁因素

**3. 网络安全的基本要素**

网络安全的五个基本要素包括保密性、完整性、可用性、可控性和不可否认性。

(1)保密性

保密性是指保证信息不被非授权用户访问,即使非授权用户得到信息也无法知晓信息内容,因而不能使用。通常通过访问控制阻止非授权用户获得机密信息,还通过加密阻止非授权用户获知信息内容,确保信息不暴露给未授权的实体或进程。

(2)完整性

完整性是指只有得到允许的人才能修改实体或进程,并且能判断实体或进程是否已被修改。通过访问控制阻止篡改行为,同时通过消息摘要算法来验证信息是否被篡改。

(3)可用性

可用性是对信息资源服务功能和性能可靠性的度量,涉及物理、网络、系统、数据、应用和用户等多方面的因素,是对信息网络总体可靠性的要求。授权用户根据需要可以随时访问所需信息,即攻击者不能占用所有的资源而阻碍授权用户工作。使用访问控制机制阻止非授权用户进入网络。

(4)可控性

可控性主要指对危害国家信息安全的行为的监视审计。控制授权范围内的信息的流向及行为方式。使用授权机制控制信息传播的范围、内容,必要时能恢复密钥,实现对网络资源及信息的可控性。

(5)不可否认性

不可否认性是对出现的安全问题提供调查的依据和手段。使用审计、监控或防抵赖等安全机制,使攻击者、破坏者和抵赖者"逃不脱",并进一步对网络出现的安全问题提供调查依据和手段,实现信息安全的可审查性,一般通过数字签名等技术来实现不可否认性。

**4. 网络安全策略**

设计网络安全体系的首要任务是制定网络安全策略,解决保护哪些资源及如何保护等问题。

制定网络安全策略的两种思想:凡是没有明确表示允许的就要被禁止;凡是没有明确表示禁止的就要被允许。前一种思想规定了允许用户做什么,后一种思想规定了用户不能做什么。在网络安全策略上,一般采用第一种思想。

网络安全策略一般包括物理安全策略和访问控制策略。

(1)物理安全策略

物理安全策略的目的是保护计算机、网络服务器及打印机等硬件实体和通信链路免受自然灾害、人为破坏和搭线攻击;验证用户的身份和使用权限,防止用户越权操作;确保计算机系统有一个良好的电磁兼容工作环境;建立完备的安全管理制度,防止非法进入计算机控制室和各种偷窃、破坏活动的发生。

抑制和防止电磁泄漏(TEMPEST 技术)是物理安全策略面对的一个主要问题。目前主要防护措施有两类。一类是对传导发射的防护,主要采取对电源线和信号线加装性能良好的滤波器,减小传输阻抗和导线间的交叉耦合。另一类是对辐射的防护,这类防护措施又可分为以下两种:一是采用各种电磁屏蔽措施,如对设备的金属屏蔽和各种接插件的屏蔽,同时对机房的下水管、暖气管和金属门窗进行屏蔽和隔离;二是干扰的防护措施,即在计算机系统工作的同时,利用干扰装置产生一种与计算机系统辐射相关的伪噪声向空间辐射来掩盖计算机系统的工作频率和信息特征。

(2)访问控制策略

访问控制策略是网络安全防范和保护的主要策略,它的主要任务是保证网络资源不被非法使用和非法访问。它也是维护网络系统安全、保护网络资源的重要手段。各种安全策略必须相互配合才能真正起到保护作用,但访问控制策略可以说是保证网络安全的核心策略之一。它包括入网访问控制、网络权限控制、目录级安全控制、属性安全控制、网络服务器安全控制、网络监测和锁定控制、网络端口和节点的安全控制以及防火墙控制等。

## 10.2.2　防病毒技术

Internet 迅猛发展,网络应用日益广泛和深入。除了操作系统和 Web 程序的漏洞,Internet 软件和应用也成为病毒的攻击目标。同时,病毒的数量和破坏力越来越大,而且病毒的"工业化"和"流程化"等特点越来越明显。

**1. 计算机病毒的定义和特征**

计算机病毒是指编制的或者在计算机程序中插入的破坏计算机功能或者破坏数据,影响计算机使用并且能自我复制的一组计算机指令或程序代码。计算机病毒是人为编制的一组程序或指令集合,一旦进入计算机并得以执行,就会对计算机的某些资源进行破坏,再搜

寻其他符合传染条件的程序或存储介质,达到自我繁殖的目的。计算机病毒具有以下特征:

(1)传染性

计算机病毒的传染性就是指病毒具有把自身复制到其他程序的能力。这是计算机病毒的最基本的特征。例如,磁碟机(又名"千足虫")病毒就是如今比较流行、感染率比较高的病毒。计算机感染该病毒后,会在每个磁盘下生成两个文件,如图 10-2 所示。

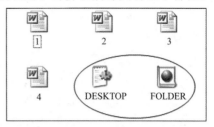

图 10-2　感染病毒后生成的两个文件

(2)破坏性

病毒的破坏程度取决于病毒作者的主观愿望和技术水平。任何病毒只要侵入系统,就会对系统及应用程序产生不同程度的影响。轻者会降低计算机的工作效率,占用系统资源,重者可导致系统崩溃。病毒的破坏性一般表现为对计算机数据信息的直接破坏,干扰系统运行,占有磁盘空间,抢占系统资源,干扰 I/O 设备,非法使用网络资源等。

(3)潜伏性及可触发性

大部分病毒感染系统后不会马上发作,它隐藏在系统中,像定时炸弹一样,在满足其特定条件后才启动。

常见的触发条件有:

①输入特定字符。如 AIDS 病毒,一旦输入 A、I、D、S 就会触发该病毒。

②使用特定文件。

③某个特定日期或特定时刻。如黑色星期五病毒,每逢是星期五的 13 日就会发作。

④病毒内置的计数器达到一定的次数。如 2708 病毒,当系统启动次数达到 32 次后即破坏串口和并口地址。

⑤系统开启了某种特定端口。如冲击波病毒向某网段的计算机 135 端口发送攻击代码。

(4)非授权性

一般正常程序是由用户调用,再由系统分配资源,完成用户交给的任务。而病毒具有正常程序的一切特性,它隐藏在正常程序中,当用户调用正常程序时窃取系统的控制权,先于正常程序执行。

(5)隐蔽性

计算机病毒具有很强的隐蔽性,病毒的代码短小,通常不超过几百 KB,一般附在正常的程序之中或藏在磁盘隐蔽的地方。有些病毒会使用透明图标、注册表内的相似字符集等,而且有的病毒在感染了系统之后,计算机仍能正常工作,用户察觉不到。

常见的隐蔽方法有以下几种:

①隐藏在引导区,如小球病毒。

②附加在正常文件后面。

③隐藏在文件空闲的字节里。如 CIH 病毒把自己分成几个部分,隐藏在文件的空闲字节里,不改变文件长度。

④隐藏在邮件附件里或网页里。

（6）寄生性

计算机病毒一般寄生在其他程序之中，当执行这个程序时，病毒代码就会被执行，起到破坏作用。

（7）不可预见性

对于不同种类的病毒，其代码千差万别，并且病毒的制作技术也不断提高。病毒对于反病毒软件永远超前。因此从对病毒的检测方面来看，病毒具有不可预见性。这就要求人们不断提高对病毒的认识，增强防范意识。

**2. 计算机病毒的传播途径**

计算机病毒的传播主要通过复制文件、传送文件和运行程序等方式进行，主要的传播途径有以下几种：

（1）通过硬盘传播。这种病毒很少，但是破坏力极强，目前没有较好的检测手段。

（2）通过移动存储设备传播。移动存储设备包括 U 盘、光盘等。随着 U 盘和光盘的广泛使用，一些盗版 U 盘和光盘成为计算机病毒寄生的"温床"。

（3）通过网络传播。随着 Internet 的普及，以及手机和其他无线移动通信设备的广泛应用，计算机病毒可附加在正常文件中通过有线和无线网络进入一个又一个系统。主要包括 E-mail、WWW 浏览器、BBS、FTP 和网络聊天工具等。

**3. 计算机病毒的防范**

计算机病毒的防范是指通过建立合理的计算机病毒防范体系和制度，及时发现计算机病毒，并采取有效手段来阻止计算机病毒的传播和破坏，恢复受影响的计算机系统和数据。

防范计算机病毒从以下几个方面入手：

（1）安装正版反病毒软件。在 PC 上安装正版的反病毒软件，及时在线升级更新，保持病毒库的最新性。

（2）安装还原软件（卡）。在 PC 上安装系统还原软件或还原卡，每次启动计算机时还原成安装时的初始状态。这种方法特别适合于公共场合的计算机管理，如学校机房、网吧等。

（3）多层防御。除了安装反病毒软件外，还应进行实时扫描、备份数据等。

认识 PKI（公钥基础结构）

对称密钥加密技术
（传统加密技术）

非对称密钥加密技术
（公钥加密技术）

证书及证书颁发机构（CA）

### 10.2.3 密码与认证技术

**1. 密码技术**

密码技术是保障信息安全的核心技术。密码技术在古代就已经得到应用，但仅限于外交和军事等重要领域。随着现代计算机技术的飞速发展，密码技术正在不断向更多其他领域渗透。它是集数学、计算机科学、电子与通信等诸多学科于一身的交叉学科。

密码技术常用的术语有明文、密文、加密、解密及密钥。明文是指信息的原始形式（通常记为 P）；密文是明文经过变换加密后的形式（通常记为 C）；加密是将明文变成密文的过程（通常记为 E),加密由加密算法实现;解密是将密文还原成明文的过程(通常记为 D),解密由解密算法实现;密钥是为了有效控制加密和解密算法的实现,在其处理过程中由通信双方掌握的专门信息(通常记为 K)。加密、解密过程如图 10-3 所示。

图 10-3　加密、解密过程

加密算法是加密技术和计算机安全的基础,任何一种成熟的加密技术都综合运用了多种加密算法。随着密码技术的发展,出现了多种数据加密的算法和技术,可分为对称密钥算法和非对称密钥算法(公开密钥算法)。

(1)对称密钥算法(传统加密方法)

发送和接收数据的双方必须使用相同的密钥对明文进行加密和解密运算。即加密密钥也可以作为解密密钥。对称密钥技术的使用简单、快捷,密钥较短。但是使用对称密钥必须保证加密算法足够强大,并且发送方和接收方必须用安全的方式来获得密钥的副本,必须保证密钥的安全。常用的对称密钥算法有以下几种:

● 代换密码法:如单字母加密方法是用一个字母代替另一个字母,它把 A 变成 E,B 变成 F,C 变为 G,D 变为 H;多字母加密方法的密钥是简短且便于记忆的词组。

● 转换密码法:代换密码法的实质是保持明文的次序,而把明文字符隐藏起来。转换密码法不是隐藏它们,而是重新安排字母的次序。

● 变位加密法:把明文中的字母重新排列,字母本身不变,但位置变了。常见的有简单变位法、列变位法和矩阵变位法。

● 一次性密码簿加密法:就是用一页上的代码来加密一些词,再用另一页上的代码加密另一些词,直到全部的明文都被加密。

(2)非对称密钥算法(公开密钥算法,现代加密方法)

非对称密钥算法是指每个人都有一对唯一对应的密钥:公开密钥(公钥)和私有密钥(私钥)。公钥对外公开,私钥由个人保存;用其中一把密钥来加密,就只能用另一把密钥来解密。公开密钥加密技术解决了密钥的发布和管理问题,是目前商业密码的核心。使用公开密钥加密技术,进行数据通信的双方可以安全地确认对方身份和公开密钥,提供通信的可鉴别性。具体加密算法有:

● DES 加密算法:DES 加密算法是一种通用的现代加密方法,该标准是在 56 位密钥控制下,将每 64 位为一个单元的明文变成 64 位的密码。采用多层次复杂数据函数替换算法,密码被破译的可能性几乎为零。

● IDEA 加密算法:相对于 DES 的 56 位密钥,它使用 128 位的密钥,每次加密一个 64 位的块。这个算法被加强以防止一种特殊类型的攻击,该密钥被称为微分密码密钥。IDEA 的特点是使用了混乱和扩散等操作,主要有三种运算:异或、模加和模乘,并且容易用软件和硬件来实现。IDEA 算法被认为是现今最好的、最安全的分组密码算法,该算法可用于加密和解密。

● RSA 公开密钥算法:RSA 是迄今为止最著名、最完善、使用最广泛的一种公匙密码体制。RSA 算法的要点在于它可以产生一对密钥,一个人可以用密钥对中的一个加密消息,另一个人则可以用密钥对中的另一个解密消息。任何人都无法通过公钥确定私钥,只有密钥对中的另一把可以解密消息。

● Hash-MD5 加密算法:Hash 函数又名信息摘要(Message Digest)函数,是基于因子分解或离散对数问题的函数,可将任意长度的信息浓缩为较短的固定长度的数据。这组数据能够反映源信息的特征,因此又可称为信息指纹(Message Fingerprint)。Hash 函数具有很好的密码学性质,且满足单向、无碰撞基本要求。

● 量子加密系统:量子加密系统是加密技术的新突破。量子加密算法的先进之处在于这种方法依赖的是量子力学定律。传输的光量子只允许有一个接收者,如果有人窃听,窃听动作将会对通信系统造成干扰。通信系统一旦发现有人窃听,就立即结束通信,生成新的密钥。

**2. 认证技术**

认证是证实实体身份的过程,对传输内容进行审计、确认,是保证计算机网络系统安全的重要措施之一。目前,有关认证的使用技术主要有消息认证、身份认证以及数字签名。

(1)消息认证

消息认证是指接收者检验收到的消息是否真实的一种方法。目的是防止传输和存储的消息被篡改,包括消息的信源和信宿认证(身份认证),消息内容是否曾被篡改(消息完整性认证),消息的序号和时间性。

(2)身份认证

身份认证技术是在计算机网络中确认操作者身份真实、合法、唯一的一种方法。身份认证可以防止非法人员进入系统,进行违法操作。身份认证分为口令机制(如密码、账号等)、个人持证(如磁卡、智能卡等)、个人特征(如指纹、视网膜、手掌、人脸和声音等)。

(3)数字签名

数字签名就是通过一个单向函数对要传送的报文进行处理而得到验证用户认证报文来源并核实报文是否发生变化的一个字符串,通过字符串来代替书写签名或印章。数字签名与手写签名类似,不同之处是手写签名是模拟的,因人不同而不同;数字签名仅由"0"和"1"组成,因消息不同而不同。

数字签名必须满足三个条件:

● 签名者不能否认自己的签名。

● 接收者能够验证签名,而其他任何人不能伪造签名。

● 当关于签名的真伪发生争执时,存在一个仲裁机构或第三方能解决争执。

## 10.2.4　网络攻击与入侵检测技术

Internet 上安全漏洞被发现和利用的速度远远超过计算机网络本身的发展。因此,有人提出安全方面的定律:"网络攻击者肯定会发现并利用所有的漏洞。目标越有吸引力,漏洞被发现并利用的速度就越快。"在网络普及的今天,Internet 上存在大量扫描安全漏洞的工具,只要点击鼠标,就能轻易获得具有毁灭性的攻击工具。

**1. 网络攻击的定义和步骤**

所有试图破坏网络系统安全性的行为都叫网络攻击。

网络攻击的步骤一般包括:

(1)隐藏 IP。隐藏自己的位置,以免被发现。

（2）踩点扫描。通过各种途径对要攻击的目标进行了解，确保信息准确，确定攻击时间和地点。

（3）获得特权。即获得管理权限。

（4）种植后门。利用程序的漏洞进入系统后安装后门程序，以便日后可以不被察觉地再次进入系统。

（5）隐身退出。为了避免被发现，入侵完毕后及时清除登录日志，以及其他相关日志，不留痕迹地退出。

**2. 常见的攻击手段**

随着网络的迅猛发展，攻击手段也越来越复杂，常见的攻击手段有以下几种：

（1）密码攻击

密码攻击的方法有：通过网络监听非法得到用户口令、利用 Web 页面欺骗、强行破解用户口令、放置木马程序、密码分析攻击。

防范密码攻击的对策有：不要将密码写下来或保存在计算机文件中，不要选显而易见的信息做密码，不要告诉他人，不要在不同系统中使用同一密码，输入密码时请确保没有他人看见，2～5 个月更改一次密码。

（2）拒绝服务攻击

拒绝服务攻击指反复向某个 Web 站点的设备发送过多的信息请求，堵塞该站点上的系统，使合法用户无法得到服务的响应，直至瘫痪而无法提供正常的网络服务的攻击方式。从 2000 年开始，分布式拒绝服务攻击产生的通信量连规模最大的在线服务提供商都承受不了。如 2000 年 2 月，包括雅虎在内的几家在线服务平台均遇到分布式拒绝服务攻击而陷入了临时瘫痪状态。

防范拒绝服务攻击的对策有：尽早发现系统漏洞，打好补丁；经常检查系统的设置环境，禁止不必要的服务；利用网络安全设备（如防火墙）来提高网络的安全性；与网络服务提供商协调工作，帮助用户实现路由的访问控制和对带宽总量的限制。

（3）缓冲区溢出攻击

缓冲区溢出攻击是指当计算机向缓冲区内填充数据时，超过了缓冲区本身的容量，溢出的数据覆盖在合法的数据上。

防范缓冲区溢出攻击的对策有：改进编译器，利用人工智能方法检查输入字段，进行程序指针完整性检查。

（4）特洛伊木马攻击

特洛伊木马攻击是指将恶意代码伪装成实用工具或可爱游戏，隐藏在正常程序中，诱使用户将其安装在 PC 或服务器上，并进行破坏。其攻击分为六个步骤：配置木马；传播木马；运行木马；泄露信息；建立连接；远程控制。

防范特洛伊木马攻击的对策有：不要轻易运行来历不明的软件或从网上下载软件；不要轻易打开收到的 E-mail；不要将重要密码和资料存放在上网的计算机中。

其他的攻击方式还有 WWW 欺骗、E-mail 邮件攻击等。

**3. 入侵检测技术**

（1）入侵检测技术的概念

入侵检测系统是指对入侵行为进行自动检测、监控和分析的软件和硬件的组合系统。

入侵检测技术是指对入侵检测系统进行分析,以发现网络或系统中违反安全策略的行为和遭到袭击的迹象的技术。

(2)入侵检测系统的功能

入侵检测系统被认为是防火墙之后的第二道安全闸门,在不影响网络性能的情况下,能够对网络进行检测,从而提供对内部攻击、外部攻击和误操作的实时保护。其功能主要包括以下几个方面:

- 对网络流量的跟踪与分析。
- 对已知攻击特征的识别。
- 对异常行为的分析、统计与响应。
- 特征库的在线升级。
- 数据文件的完整性检验。
- 自定义特征的响应。
- 系统漏洞的预报警。

(3)常见的入侵检测方法

常见的入侵检测方法包括特征检测和异常检测。特征检测对已知的攻击或入侵方式做出确定性的描述,形成相应的事件描述。而异常检测假定入侵者活动异常于正常主体的活动。

### 10.2.5 防火墙技术与访问控制列表 ACL

防火墙技术是建立在现代通信网络技术和信息安全技术基础上的应用性安全技术,越来越多地被应用于专用网络与公用网络的互联环境中,特别是与 Internet 网络的连接。

**1. 防火墙的定义**

古时候,防火墙是指为了防止火灾的发生和蔓延,在房屋之间砌起的一道砖墙,以阻挡火势蔓延到其他房屋。在网络中,防火墙是指设置在不同网络(如可信任的企业内部网和不可信任的公共网)或网络安全域之间的一系列部件的组合,是不同网络或网络安全域之间信息的唯一出入口,能根据安全计划和安全策略中的定义控制(允许、拒绝、监测)出入网络的信息流,保证了内部网络的安全。典型的防火墙体系结构如图 10-4 所示。

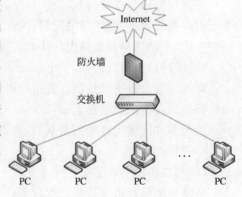

图 10-4　典型的防火墙体系结构

防火墙可以实现的功能有:

- 限定人们从一个特定的控制点进入。
- 限定人们从一个特定的控制点离开。
- 防止侵入者接近你的其他防御设施。
- 有效阻止破坏者对你的计算机系统进行破坏。

**2. 防火墙的作用**

防火墙是网络安全策略的组成部分,它通过控制和监测网络之间的信息交换和访问行为来实现对网络安全的有效管理,其安全作用主要表现在以下几个方面:

（1）防火墙是网络安全的屏障

防火墙能过滤不安全的服务，从而降低网络的风险。如防火墙可以禁止不安全的 NFS 协议进出受保护网络，这样外部的攻击者就不可能利用这些脆弱的协议来攻击内部网络。

（2）防火墙可以强化网络安全策略

以防火墙为中心的安全方案配置能将所有安全软件（如口令、加密、身份认证、审计等）配置在防火墙上。如在网络访问时，一次一密口令系统和其他的身份认证系统完全可以不必分散在各个主机上，而是集中在防火墙上。

（3）对网络存取和访问进行监控审计

防火墙能记录所有经过的访问并做出日志记录，同时也能提供网络使用情况的统计数据。当发现可疑动作时，防火墙能进行适当的报警，并提供网络是否受到监测和攻击的详细信息。

（4）防止内部信息外泄

利用防火墙对内部网络的划分，可实现内部网络重点网段的隔离，从而避免局部重点网段或敏感网络安全问题对全局网络造成影响。

**3. 防火墙的不足**

在互联网中防火墙对系统的安全起非常大的保护作用，但防火墙也有很多不足。

（1）不能防范恶意知情者

防火墙可以禁止系统用户经过网络连接发送专有信息，但用户可以将数据复制到其他介质中带出去。如果入侵者来自防火墙内部，那么防火墙就无能为力了。内部用户可以破坏防火墙体系，巧妙地修改程序从而避过防火墙。对于来自知情者的威胁只能加强内部管理，对用户进行安全教育。

（2）不能防范不通过它的连接

防火墙能够有效地阻止通过它进行传输的信息，然而不能阻止不通过它进行传输的信息。如果站点允许对防火墙后面的内部系统进行连接，那么防火墙就没有办法阻止入侵者的入侵行为。

（3）不能防范全部威胁

防火墙被用来防范已知的威胁，如果是一个很好的防火墙设计方案，可以防范新的威胁。但是没有一个防火墙能自动防御所有新的威胁。

总之，随着网络的不断发展，各种网络安全问题层出不穷，不能只依靠防火墙这种被动的防护手段来完全解决。

**4. 防火墙的种类**

从软、硬件形式，技术，结构，应用部署位置，性能及使用方法等不同的角度，防火墙可以有不同的分类方法。

（1）按防火墙的软、硬件形式分为软件防火墙、硬件防火墙和芯片级防火墙。

（2）按防火墙技术分为包过滤型防火墙和应用代理型防火墙两大类。

（3）按防火墙结构分为单一主机防火墙、路由器集成式防火墙和分布式防火墙三类。

（4）按防火墙的应用部署位置分为边界防火墙、个人防火墙和混合防火墙三类。

（5）按防火墙性能分为百兆级防火墙和千兆级防火墙两类。

（6）按防火墙使用方法分为网络层防火墙、物理层防火墙和数据链路层防火墙三类。

**5. 包过滤**

包(Packet)是 TCP/IP 协议通信传输中信息流动的数据单位,一般也称"数据报"。在网上传输的信息一般在发出端被划分成一串数据报,经过网上的中间站点,最终传到目的地,然后这些数据报中的数据又重新组成原来的信息。每个数据报有两个部分:数据部分和报头。报头中含有源地址和目的地址等信息。

包过滤(Packet Filtering)就是在网络层中对数据报实施有选择地通过。选择的依据是系统内事先设置的访问控制列表 ACL(Access Control Table),通过检查数据流中每个数据报的源地址、目的地址、所用的 TCP/UDP 端口号、协议状态及报头中的各种标志位等,或者它们的组合来确定是否允许该数据报通过。包过滤一直是一种简单而有效的方法。通过拦截数据报,读出并拒绝那些不符合标准的报头,过滤不应入站的信息。

例如,用于特定的 Internet 服务的服务器驻留在特定的端口号的事实(如 TCP 端口 23 用于 Telnet 连接),使包过滤器可以通过规定适当的端口号来达到阻止或允许一定类型的连接的目的,并可进一步组成一套数据报过滤规则。

包过滤技术作为防火墙的应用有三种实现方式:一是在路由器上设置包过滤;二是在工作站上使用软件进行包过滤;三是在硬件防火墙上启动和设置包过滤功能。

**6. 访问控制列表 ACL**

访问控制列表 ACL 是人为定义的一组或几组规则,是安全策略的具体承载形式。其目的是通过网络设备对数据流分类,以便执行用户规定的动作。这张表中包含了匹配关系、条件和查询语句,表只是一个框架结构,其目的是对某种访问进行控制。

基于路由器的访问控制列表 ACL 是应用在路由器接口的指令列表。该列表用来告诉路由器哪些数据报可以接收,哪些数据报应被拒绝。至于数据报是被接收还是被拒绝,是由数据报报头中的源地址、目的地址、端口号等状态来决定的。路由器中的访问控制列表不但可以起到控制网络流量、流向的作用,而且在很大程度上起到保护网络设备、服务器的关键作用。局域网的出口路由器上的访问控制列表成为保护内网安全的有效手段,而局域网内连接不同子网的路由器通过配置其相应接口的访问控制列表,则可满足不同子网对安全的不同要求。

## 10.3 项目实践

**任务 10-1** **使用加密软件实现文件内容的加密**

实现数据加密的软件有很多种,这里介绍一款 RSA 非对称加密、解密算法软件。

(1)下载 RSA 1.0 版本软件。单击 Setup. msi 进行软件安装,全部单击"下一步"按钮,直至安装完成。安装完成后显示如图 10-5 所示的界面。

(2)选择"生成密钥"选项卡,单击"输入密钥文件名"文本框后的"…"按钮,选择一个.txt 文件。单击"确定"按钮,如图 10-6 所示。

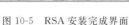

图 10-5   RSA 安装完成界面          图 10-6   输入密钥文件名

（3）生成如图 10-7 所示的两个文件：一个密钥.txt.pri 文件，一个密钥.txt.pub 文件。

（4）选择"加密文件"选项卡，如图 10-8 所示。在"输入公钥文件名"文本框中输入"E:\新建文件夹\密钥.txt.pub"。

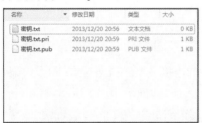

图 10-7   生成的公钥和私钥文件          图 10-8   加密文件设置

（5）在"输入明文文件名"文本框中，将要加密的文件输进去。如"E:\新建文件夹\明文.txt"，里面内容如图 10-9（a）所示。在"输入密文保存名"中，将加密的文件名称及保存路径写好，如：密文。单击"确定"按钮，将把明文加密成密文。用记事本打开"密文"，内容如图 10-9（b）所示。

（6）同理，如果要将加密的文件解密，选择"解密文件"选项卡，依次在"输入私钥文件名""输入密文文件名""输入解密后文件名"文本框中输入相应内容。单击"确定"按钮，即可将文件解密。如图 10-10 所示。

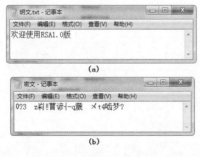

图 10-9   加密前、后的内容          图 10-10   使用 RSA 解密文件

 **任务 10-2**   **使用访问控制列表 ACL 进行网络安全管理**

假设学校的网络教研室、教务处和后勤处分属于三个不同的网段，它们之间用路由器进行信息传递，为了安全起见，学校要求后勤处不能对教务处进行访问，但网络教研室可以对

教务处进行访问。配置环境如图 10-11 所示。

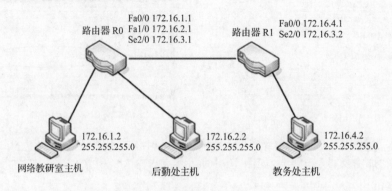

图 10-11　任务 10-2 配置环境

本任务在 Cisco Packet Tracer 8.0 中完成。

(1)新建 Packet Tracer 拓扑图。PC0 代表网络教研室主机,PC1 代表后勤处主机,PC2 代表教务处主机。路由器之间通过 V.35 电缆串口连接,DCE 端连接在 R1 上,配置其时钟速率为 64 000 bit/s;主机与路由器之间通过交叉线连接,如图 10-12 所示。

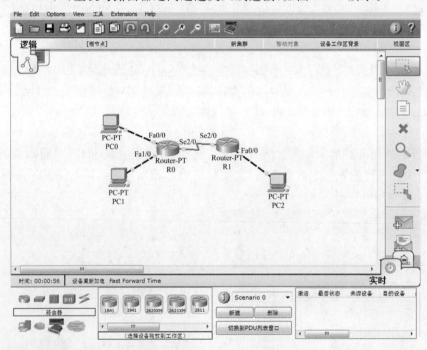

图 10-12　Packet Tracer 拓扑图

(2)在路由器 R0 上设置其相关端口的 IP 地址、子网掩码及时钟速率,并开启端口。

```
Router>enable
Router#configure terminal
Router(config)#host R0
R0(config)#interface fa0/0
R0(config-if)#ip address 172.16.1.1 255.255.255.0
R0(config-if)#no shutdown
```

R0(config-if)♯interface fa1/0

R0(config-if)♯ip address 172.16.2.1 255.255.255.0

R0(config-if)♯no shutdown

R0(config-if)♯interface se2/0

R0(config-if)♯ip address 172.16.3.1 255.255.255.0

R0(config-if)♯clock rate 64 000　//将 R0 的 Se2/0 时钟速率设置为 64 000 bit/s

R0(config-if)♯no shutdown

（3）在路由器 R1 上设置其相关端口的 IP 地址、子网掩码，并开启端口。

Router＞enable

Router♯configure terminal

Router(config)♯ host R1

R1(config)♯interface se2/0

R1(config-if)♯ip address 172.16.3.2 255.255.255.0

R1(config-if)♯no shutdown

R1(config-if)♯interface fa0/0

R1(config-if)♯ip address 172.16.4.1 255.255.255.0

R1(config-if)♯no shutdown

（4）在 R0 上添加静态路由，使得数据报能到达 PC2 所在的网段 172.16.4.0。

R0(config-if)♯exit

R0(config)♯ip route 172.16.4.0 255.255.255.0 172.16.3.2　//添加静态路由

（5）在 R1 上添加静态路由，使得数据报能到达任何地方。

R1(config-if)♯exit

R1(config)♯ip route 0.0.0.0 0.0.0.0 172.16.3.1

R1(config)♯end

R1♯show ip route　//查看路由表

（6）在 PC0 上测试与 PC2 的连通性，结果看出是可以通信的，如图 10-13 所示；在 PC1
上测试与 PC2 的连通性，看到也是可以通信的，如图 10-14 所示。

图 10-13　测试 PC0 与 PC2 的连通性　　　　图 10-14　测试 PC1 与 PC2 的连通性

（7）在 R0 上设置访问控制列表，使得 PC0 能访问 PC2，而 PC1 不能访问 PC2。

R0(config)♯ access-list 1 permit 172.16.1.0 0.0.0.255　　//建立编号为 1 的访问控制列表，允许

//PC0 所在的 172.16.1.0 网段通过

R0(config)♯access-list 1 deny 172.16.2.0 0.0.0.255　　//拒绝 PC1 所在的 172.16.2.0 网段通过

R0(config)♯end

R0♯conf t

R0(config)♯interface se2/0

R0(config-if)♯ip access-group 1 out   //调用访问控制列表1,针对的是从 se2/0 流出 R0 的流量

R0(config-if)♯exit

(8)再次在 PC0 上"ping"PC2,可以"ping"通,而在 PC1 上"ping"PC2 时,则不通。如图 10-15 所示。

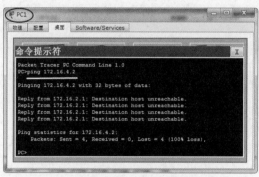

图 10-15　PC1"ping"不通 PC2

## 项目实训 10　维护网络的安全

【实训目的】

使用 RSA 1.0 对计算机中的一个.txt 文件进行加密,并使用解密功能对加密后的文件进行解密。使用 Packet Tracer 8.0 模拟器的访问控制列表,使分属于三个网段的三台计算机之间通过两台路由器进行信息传递,实现安全的访问。

【实训环境】

每人为一组,每组一台可接入 Internet 的计算机。

【实训内容】

1.使用 RSA 1.0 对计算机中的一个 txt 文件进行加密,并使用解密功能对加密后的文件进行解密。

2.假设某公司有 A、B、C 三台计算机,分属于三个不同的网段,三台计算机之间用两台路由器进行信息传递,为了安全起见,公司要求 A 计算机不能对 C 计算机进行访问,但 B 计算机可以对 C 计算机进行访问。请使用 Cisco Packet Tracer 8.0 模拟器的访问控制列表实现。

## 项目习作 10

一、填空题

1.网络安全的五个基本要素为_____、_____、_____、_____和_____。

2.计算机病毒的特征包括传染性、破坏性、_____、_____、_____、_____和_____。

3.密码技术中,_____是指信息的原始形式(通常记为 P);_____是经过变换加密后的形式(通常记为 C)。

4.网络攻击的一般步骤包括_____、_____、_____、_____和_____。

二、选择题

1.用户 A 通过计算机网络向用户 B 发消息,表示自己同意签订某个合同,随后用户 A 反悔,不承认自己发过该条消息。为了防止这种情况,应采用(　　)。

A.数字签名技术　　　B.消息认证技术　　　C.数据加密技术　　　D.身份认证技术

2.向有限的存储空间输入超长的字符串属于下列哪一种攻击手段?(　　)

A.缓冲区溢出　　　　　　　　　B.运行恶意软件

C.浏览恶意代码网页　　　　　　D.打开病毒附件

3.以下(　　)不是抵御拒绝服务攻击的手段。

A.部署入侵检测设备,提高对不断更新的攻击的识别和控制能力

B.封闭端口,屏蔽外部攻击

C.通过路由器配置访问控制列表过滤非法流量

D.部署防火墙,提高网络抵御网络攻击的能力

4.计算机病毒是(　　)。

A.一种芯片　　　　B.一段特制的程序　　C.一种生物病毒　　　D.一条命令

5.NAT 是指(　　)。

A.网络地址传输　　　　　　　　B.网络地址转换

C.网络地址跟踪　　　　　　　　D.以上都不对

6.下列(　　)不属于入侵检测系统的组成部件。

A.事件比较器　　　B.事件发生器　　　　C.事件分析器　　　D.响应单元

7.下列(　　)不是网络管理系统的主要功能。

A.实时监测网络活动　　　　　　B.数据报捕捉与发送

C.网络测试与性能分析　　　　　D.网络流量计费管理

8.属于被动攻击的恶意网络行为是(　　)。

A.缓冲区溢出　　　B.网络监听　　　　　C.端口扫描　　　　D.IP 欺骗

三、问答题

1.网络安全面临的主要威胁有哪些?

2.计算机病毒防范有哪些主要措施?

3.计算机病毒有什么特征?

4.网络攻击的主要步骤是什么?

5.防火墙有什么作用?

6.目前,主要的认证技术有哪些?

7.入侵检测的功能是什么?

# 参考文献

[1] 周鸿旋,李剑勇.计算机网络技术项目化教程[M].3 版.辽宁:大连理工大学出版社,2018.

[2] (美)刘易斯(Lewis,W.).CCNA 3 交换基础与中级路由[M].北京:人民邮电出版社,2012.

[3] 谢希仁.计算机网络教程[M].7 版.北京:电子工业出版社,2017.

[4] 张瑞生.无线局域网搭建与管理[M].北京:电子工业出版社,2011.

[5] (美)Steve Rackley 著,吴怡等译.无线网络技术原理与应用[M].北京:电子工业出版社，2012.

# 附录 认识网络新技术

## 一、三网合一技术

### 1.三网合一技术的概念

三网合一是指电信网、广播电视网和互联网的融合。三种网络目前分别向着宽带通信网、数字电视网、下一代互联网技术发展,在发展过程中其技术功能趋于一致,业务范围趋于相同,网络互联互通、资源共享,能为用户提供语音、数据和广播电视等多种服务,其中互联网是核心部分。如手机可以看电视、上网,电视可以打电话、上网,计算机也可以打电话、看电视。

### 2.基本技术介绍

在三网合一的过程中主要应用了如下几种技术:

#### (1)基础数字技术

由于数字技术的迅速发展和全面采用,音频信号、数据信号和图像信号都可以通过统一的编码进行传输和转换,所有信息可以编码成"1""0"符号进行传输,成为电信网、互联网和广播电视网的共同语言,从而使得音频、数据和视频信息都可以通过不同的网络来传输、交换、处理和提供,并通过数字终端存储起来或以视觉、听觉的方式呈现在人们的面前。

#### (2)宽带技术

宽带技术的主体是光纤通信技术。在融合网络中需要为各种业务提供支持,而这些业务的特点就是需求量大、数据量大,服务质量要求较高,因此在传输时一般都需要非常大的带宽。同时,对于普及性的用户使用而言,额外成本不宜太高。而容量巨大且可持续发展的大容量光纤通信技术正好能够满足用户的需要。作为当代通信领域的支柱技术,光纤通信技术正以每10年增长100倍的速度发展,具有巨大容量的光纤传输网是"三网"理想的传送平台和未来信息高速公路的主要物理载体。无论是电信网、互联网,还是广播电视网,大容量光纤通信技术都已经在其中得到了广泛的应用。

#### (3)软件技术

软件技术是信息传播网络的核心。软件技术的发展使得三大网络及其终端都能通过软件变更最终支持各种用户所需的特性、功能和业务。现代通信设备已成为高度智能化和软件化的产品。今天的软件技术已经具备三网业务和应用融合的实现条件。

#### (4)IP技术

在三网合一的技术中,如何才能识别终端设备是必须解决的问题,而IP技术(特别是IPv6技术)的采用就可以顺利地对各种信息数据、软硬件环境和通信协议进行集成、综合和统一,能够对各种网络资源进行综合调度和管理,使得各种以 IP 为基础的业务都能在不同的网络上实现互通,从技术上为三网融合奠定了最坚实的基础。

**3. 三网合一的优越性**

电信网、广播电视网和互联网的融合,带来的好处是显而易见的,主要表现在:

(1)极大地减少国家基础建设投入,简化网络管理,降低维护成本。

(2)使各种网络能够从各自独立的专业网络向综合性网络转变,提升网络性能,资源利用水平能够得到进一步提高。

(3)三网融合是各种业务的整合,不仅继承了原有的语音、数据和视频业务,而且通过网络的整合,衍生出了更加丰富的增值业务类型,如图文电视、VoIP、视频邮件和网络游戏等,极大地拓展了业务提供的范围。

**4. 三网合一的发展**

当前,三网融合已经上升到国家战略的高度,三网融合的推进对调整产业结构和发展电子信息产业有着重大的意义。

在产业的各个方面,三网融合都取得了很大的进步。其中,三大电信运营商相继实施宽带升级提速,推进全光纤网络建设,积极实施光纤入户工程。同时,广电运营商也加大了双向改造和光进铜退的网络改造力度。

根据规划,我国三网融合工作分两个阶段进行。其中,2010 年至 2012 年重点开展广电和电信业务双向进入试点;2013 年至 2015 年全面实现三网融合发展。从 2010 年以来国务院分别公布了两次三网融合试点地区(城市)名单,试点地区(城市)在全国各地广泛铺开,为三网融合的全面开展打下良好的基础。

## 二、云技术

**1. 云技术的概念**

云技术是指通过网络将计算处理程序自动分拆成无数个较小的子程序,再交给由多部服务器所组成的庞大网络系统,经搜寻、计算分析之后将处理结果回传给用户。通过这项技术,网络服务提供者可以在数秒之内处理数以千万计甚至亿计的信息,提供和"超级计算机"功能同样强大的网络服务。

目前大众比较熟知的就是"云计算(Cloud Computing)"。其实"云计算"只是一个很时尚的概念,它既不是一种技术,也不是一种理论,而是一种云技术商业模式的体现方式。

云计算是基于互联网的相关服务的增加、使用和交付模式,通过互联网来提供服务。"云"是网络、互联网的一种比喻说法。过去在图中往往用云来表示电信网,后来也用来作为互联网和底层基础设施的抽象示意。

狭义云计算指 IT 基础设施的交付和使用模式,指通过网络以按需、易扩展的方式获得所需资源;广义云计算指服务的交付和使用模式,指通过网络以按需、易扩展的方式获得所需服务。

"云计算"的概念被大量运用到生产环境中,国内的"阿里云"与云谷公司的 XenSystem,以及在国外已经非常成熟的 Intel 公司的云和 IBM 公司的云,各种"云计算"的应用服务范围正日渐扩大,影响力也无可估量。

云计算由一系列可以动态升级和被虚拟化的资源组成,这些资源被所有云计算的用户共享并且可以方便地通过网络访问,用户无须掌握云计算的技术,只需要按照个人或者团体的需要租赁云计算的资源即可。

**2.云计算的原理**

云计算实际上是分布式处理（Distributed Computing）、并行处理（Parallel Computing）和网格计算（Grid Computing）的发展，或者说是这些计算机科学概念的商业实现。

云计算的基本原理是将计算分布在大量的分布式计算机上，而非本地计算机或远程服务器中，使得企业能够将资源切换到需要的应用上，根据需求访问计算机和存储系统。这就好比是从古老的单台发电机模式转向了电厂集中供电的模式。它意味着计算能力也可以作为一种商品进行流通，就像天然气、水、电一样，取用方便，费用低廉。与其他应用最大的不同在于它是通过互联网进行传输的。云计算的演进过程如图 1 所示。

图 1　云计算的演进过程

**3.云计算的发展**

早在 2006 年 Google 公司首席执行官埃里克·施密特在搜索引擎大会上就提出了"云计算"（Cloud Computing）的概念。随后 Google 公司与 IBM 公司开始大力推广云计算的计划，IBM 公司于 2008 年宣布将在中国无锡太湖新城科教产业园为中国的软件公司建立全球第一个云计算中心。云计算如一阵飓风席卷整个 IT 界，随之而来的优势是非常明显的。

2012 年更是云计算快速发展的一年，随着 IT 界各大公司的大力推广，各种云技术、云方案层出不穷，纷纷出台各种具有云计算概念的产品，将云计算概念推上了发展的巅峰。

从整个云计算的发展来看，主要经历了如下三个阶段：

（1）准备阶段（2007—2010 年）：主要是技术储备和概念推广，解决方案和商业模式尚在尝试中。用户对云计算认知度较低，成功案例较少。初期以政府公共云建设为主。

（2）起飞阶段（2010—2015 年）：产业高速发展，生态环境建设和商业模式构建成为这一时期的关键词，进入云计算产业的"黄金机遇期"。在此时期，成功案例逐渐丰富，用户对云计算的了解和认可程度不断提高。越来越多的厂商开始介入，出现大量的应用解决方案，用户主动考虑将自身业务融入云。各种公共云、私有云、混合云的建设齐头并进。

（3）成熟阶段（2015 年至今）：云计算产业链和行业生态环境基本稳定；各厂商解决方案更加成熟稳定，提供丰富的 XaaS 产品。用户云计算应用取得良好的绩效，并成为 IT 系统不可或缺的组成部分，云计算成为一项基础设施。

**4.云计算的重要性**

随着云计算的应用，"网络就是计算机"逐步成为现实。在云计算中，只要用户能够访问网络并且有一台连接到网络的设备，就不需要大型硬件。用户能够在任何时间从任何地点访问数据，降低使用成本。用户数据保存在一个云计算平台上，不必再负责它的安全，同时用户的数据、程序和服务器在需要的时候都可以使用，没有基础设施或者资金的限制。

正因为如此，云计算可以称为继个人计算机变革和互联网变革之后的第三次 IT 浪潮，通过整合网络计算、存储、软件内容等资源,云计算可以实现随时获取、按需使用、随时扩展、按使用付费等功能。

**5.云计算的服务形式**

(1)基础设施即服务

基础设施即服务(Infrastructure-as-a-Service,IaaS),即用户通过 Internet 可以从完善的计算机基础设施获得服务。

IaaS通过网络向用户提供计算机(物理机和虚拟机)、存储空间、网络连接、负载均衡和防火墙等基本计算资源,用户在此基础上部署和运行各种软件,包括操作系统和应用程序。

(2)平台即服务

平台即服务(Platform-as-a-Service,PaaS),是指将软件研发的平台作为一种服务,以SaaS的模式提交给用户。因此,PaaS 也是 SaaS 模式的一种应用。但是,PaaS 的出现可以加快 SaaS 的发展,尤其是加快 SaaS 应用的开发速度。

平台通常包括操作系统、编程语言的运行环境、数据库和 Web 服务器,在此平台上部署和运行自己的应用。用户不能管理和控制底层的基础设施,只能控制自己部署的应用。

(3)软件即服务

软件即服务(Software-as-a-Service,SaaS),是指一种通过 Internet 提供软件的模式,用户无须购买软件,而是向提供商租用基于 Web 的软件,来管理企业经营活动。

云提供商在云端安装和运行应用软件,云用户通过云客户机(通常是 Web 浏览器)使用软件。云用户不能管理应用软件运行的基础设施和平台,只能做有限的应用程序设置。

**6.几款主流的云计算应用**

(1)微软云计算

微软的云计算发展迅速,微软推出的首批软件服务产品包括 Dynamics CRM Online、Exchange Online、Office Communications Online 以及 SharePoint Online。每种产品都具有多客户共享版本,其主要服务对象是中小型企业。针对普通用户,微软的在线服务还包括Windows Live、Office Live 和 Xbox Live 等。

(2)IBM 云计算

IBM 是最早进入中国的云计算服务提供商,中文服务方面做得比较理想。2007 年,IBM 公司发布了蓝云(Blue Cloud)计划,这套产品将"通过分布式的全球化资源让企业的数据中心能像互联网一样运行"。以后 IBM 的云计算将可能包括它所有的业务和产品线。

(3)亚马逊云计算

亚马逊公司作为首批进军云计算新兴市场的厂商之一,为尝试进入该领域的企业开创了良好的开端。亚马逊的云名为亚马逊网络服务(Amazon Web Services,AWS),主要由四个核心服务组成:简单存储服务(Simple Storage Service)、弹性计算云(Elastic Compute Cloud)、简单队列服务(Simple Queue Service)及非关系型数据库 SimpleDB。

(4)谷歌云计算

谷歌公司围绕 Internet 搜索创建了一种超动力商业模式,推出了谷歌应用软件引擎(Google App Engine,GAE),使开发人员可以编译基于 Python 的应用程序,并可免费使用谷歌的基础设施来进行托管。此外,谷歌还公布了提供可由企业自定义的托管企业搜索服务计划。

(5)红帽云计算服务

红帽公司是云计算领域的后起之秀,提供了类似于亚马逊弹性云技术的纯软件云计算平台。它的云计算基础架构平台选用的是自己的操作系统和虚拟化技术,可以搭建在各种硬件工业标准服务器和各种存储与网络环境之中,表现为与硬件平台完全无关的特性,可以实现各种功能服务器实例。

**7. 云计算的问题**

由于云计算是通过网络对用户提供服务,因此存在如下几个主要问题:

(1)数据隐私问题

由于用户是从网络上获得数据,同时数据也是保存在网络上,因此如何保证存放在云服务提供商那里的数据不被非法利用,不仅需要技术的改进,也需要法律的进一步完善。

(2)数据安全性问题

有些数据是企业的商业机密数据,安全性关系到企业的生存和发展。云计算数据的安全性会严重影响云计算在企业中的应用。

(3)网络传输问题

用户获得的云计算服务都依赖于网络,如果网速低且不稳定,将使云计算的应用性能大幅降低。因此网络技术的发展对云计算的普及起到关键的支持作用。

(4)技术标准问题

云计算概念虽然较为热门,但是统一的技术标准还不够完善,尤其是接口标准,各厂商在开发各自产品和服务的过程中"各自为政",这为不同服务之间的互联互通带来严峻挑战。

**8. 云安全**

毫无疑问,云计算的应用使得用户无须投入大量的人力、物力建设自己的网络就可以获得需要的服务,仅仅需要支付一定的租赁费用即可。但是,将自己的数据存放在云端是否安全,用户从云端获得的数据是否安全却是无法回避的问题。

计算机技术以及网络技术的发展带给了人们工作与生活的极大便利,同时由于网络的不安全也带给了人们惨痛的教训和极大的损失。云时代的 IT 架构改变了 IT 资源的存在形式和组织形式,但是随着大量数据的聚积,安全问题的影响也必然经历从量变到质变的过程,云计算的美好前景让大家向往,然而信息安全问题的严重性又让很多人望而却步。影响云计算发展的首要关键无疑是安全问题,即云安全。

云安全其实也是云技术的一种应用,在云安全技术中识别和查杀病毒不再仅仅依靠本地硬盘中的病毒库,而是依靠庞大的网络服务,实时进行采集、分析以及处理。整个互联网就是一个巨大的"杀毒软件",参与者越多,每个参与者就越安全,整个互联网就越安全。

## 三、大数据技术

**1. 大数据的概念**

2012 年以来,大数据(Big Data,BD)一词越来越多地被提及,人们用它来描述和定义信息爆炸时代产生的海量数据,并命名与之相关的技术发展与创新。美国《纽约时报》在 2012 年的一篇专栏中宣称"大数据"时代已经来临。那么究竟什么是大数据,大数据技术对人们的生活和工作到底有什么影响?

大数据或称巨量资料,指的是所涉及的资料量规模巨大到无法通过目前主流软件工具,在合理时间内撷取、管理、处理并整理成帮助企业做经营决策的信息。

大数据技术是指能从大量的各种各样类型的数据中快速获得有价值信息的技术。

大数据到底有多大?一组名为"互联网上一天"的数据告诉我们:一天之中,互联网上所产生的全部内容可以刻满 1.68 亿张 DVD;发出的邮件有 2940 亿封之多;发出的社区帖子达 200 万个。

**2. 大数据的特点**

大数据的特点可以归纳为 4V,即:

(1)数据量大(Volume)

大数据的起始计量单位是 PB、EB 或 ZB。它们代表的含义如下:

| 1 Byte = 8 bit | 1 KB = 1024 Bytes | 1 MB = 1024 KB |
|---|---|---|
| 1 GB = 1024 MB | 1 TB = 1024 GB | 1 PB = 1024 TB |
| 1 EB = 1024 PB | 1 ZB = 1024 EB | 1 YB = 1024 ZB |
| 1 NB = 1024 YB | 1 DB = 1024 NB | |

(2)类型多(Variety)

数据类型包括文字、音频、视频、图片和地理位置信息等,多类型的数据对数据的处理能力提出了更高的要求。

(3)价值密度低(Value)

数据价值密度相对较低。随着网络信息量的不断增加以及云计算的广泛应用,信息量呈现几何级数的增加,但价值密度较低,如何通过强大的算法更迅速准确地提取有价值的数据,是大数据时代亟待解决的难题。例如在连续不间断监控过程中,可能有用的数据仅仅有一两秒,如何在大量视频信息中找到需要的这一两秒信息是关键所在。

(4)速度快,时效性强(Velocity)

大数据的处理要求速度快,时效性强。这是大数据区分于传统数据挖掘最显著的特征。

**3. 大数据技术的作用**

大数据技术的真正作用是从大量各种类型的信息数据中获取有价值的数据。从其工作的过程理解主要包含如下几个方面:

(1)数据采集

将大量的、分布的、各种数据源中的数据进行抽取、加工、转换、集成,最后加载到数据仓库中,成为联机分析处理、数据挖掘的基础。

(2)数据存储

利用各种数据库技术、云存储技术、分布式文件存储技术等保存海量的数据。

(3)数据处理和统计分析

通过多种数据处理技术,信息能够为计算机所识别;通过各种统计分析方法能够从海量数据中找出信息的相关性。

(4)数据挖掘

通过使用多种分析法,从海量数据中挖掘有价值的数据。

(5)预测结果

通过预测模型、机器学习、建模仿真、云计算等技术从数据中得到相关信息的发展趋势。

**4. 大数据技术的价值**

关于大数据技术的价值,我们可以从以下几个案例中得到启示:

(1)"谷歌流感趋势"的工具的应用

谷歌公司有一个名为"谷歌流感趋势"的工具,它通过跟踪搜索词相关数据来判断全美地区的流感情况(比如患者会搜索"流感"两个字)。据图书《大数据时代》称,这个工具曾经发出警告,全美的流感已经进入"紧张"级别。事实也证明,通过海量搜索词的跟踪获得的趋势报告是很有说服力的,当时仅波士顿地区,就有 700 例流感得到确认,该地区宣布进入公共健康紧急状态。

这个工具工作的原理大致是这样的:设计人员设置了一些关键词(如温度计、流感症状、肌肉疼痛、胸闷等),只要用户输入这些关键词,系统就会展开跟踪分析,创建地区流感图表和流感地图。

患者一旦自觉有流感症状,在网络搜索相关信息和去医院就诊这两件事上,通常会选择前者。就医很麻烦而且价格不菲,如果能通过搜索来找到一些自我救助的方案,人们就会第一时间使用搜索引擎。在本案例中,正是由于相关关键词搜索的大量增加,流感流行的趋势迅速得到了重视。

(2)大数据在能源方面的应用

在德国,鼓励人们利用太阳能。在家庭中安装太阳能后,通过电网每隔五分钟或十分钟收集一次数据,收集来的数据可以用来预测客户的用电习惯等,从而推断出在未来 2～3 个月时间里,整个电网大概需要多少度电。有了这个预测后,就可以向发电或者供电企业购买一定数量的电。通过这个预测后,就可以降低采购成本。

(3)美国华尔街根据采集到的民众情绪数据抛售股票。

(4)美国疾病控制和预防中心依据网民搜索,分析全球范围内流感等病疫的传播状况。

**5.大数据技术的发展前景**

大数据是继云计算、物联网之后 IT 产业又一次颠覆性的技术变革。云计算主要是为数据资产提供了保管、访问的场所和渠道,而数据才是真正有价值的资产。企业内部的经营交易信息、物联网世界中的商品物流信息、互联网世界中的人与人交互信息、位置信息等,其数量将远远超过现有企业 IT 架构和基础设施的承载能力,实时性要求也将大大超过现有的计算能力。如何盘活这些数据资产,使其为国家治理、企业决策乃至个人生活服务,是大数据的核心议题,也是云计算内在的灵魂和必然的升级方向。

由于大数据的重要性,越来越多的政府、企业等机构开始意识到数据正在成为组织最重要的资产,数据分析能力正在成为组织的核心竞争力。

在国际上,有关大数据技术就发生了如下几个重要事件:

(1)2013 年 3 月 22 日,美国政府宣布投资 2 亿美元拉动大数据相关产业发展,将"大数据战略"上升为国家意志。美国政府将数据定义为"未来的新石油",并表示一个国家拥有数据的规模、活性及解释运用的能力将成为综合国力的重要组成部分。未来,对数据的占有和控制甚至将成为陆权、海权、空权之外的另一种国家核心资产。

(2)联合国在 2012 年发布了大数据政务白皮书,指出大数据对于联合国和各国政府来说是一个历史性的机遇。

(3)在我国,2011 年工信部发布的物联网"十二五"规划中就把信息处理技术作为四项关键技术创新工程之一提出来,其中包括了海量数据存储、数据挖掘、图像视频智能分析,这都是大数据的重要组成部分。而另外三项关键技术创新工程,包括信息感知技术、信息传输技术和信息安全技术,也都与"大数据"密切相关。

在企业方面,百度致力于开发自己的大数据处理和存储系统;腾讯也提出 2013 年已经到了数据化运营的黄金时期,如何整合这些数据成为未来的关键任务。

## 四、5G 技术

### 1.什么是 5G 技术

5G 技术是第五代移动通信技术的缩写,是 LTE(Long Term Evolution,长期演进)技术的下一代技术。

**2. 移动通信技术的发展**

移动通信技术自 20 世纪 80 年代诞生以来,经过三十多年的爆炸式增长,已成为连接人类社会的基础信息网络。移动通信技术的发展不仅深刻改变了人们的生活方式,而且已成为推动国民经济发展、提升社会信息化水平的重要引擎。

互联网改变了世界,移动互联网重新塑造了生活,"在家不能没有网络,出门不能忘带手机"已成为很多人的共同感受。人们对移动互联网的要求是更高速、更便捷、更强大、更便宜,这促使移动互联网技术突飞猛进地发展,技术体制的更新换代也随之越来越快。

从移动通信技术的发展来看,每一代移动通信系统都可以通过标志性能力指标和核心关键技术来定义,其中,1G 采用频分多址(FDMA),只能提供模拟语音业务;2G 主要采用时分多址(TDMA),可提供数字语音和低速数据业务;3G 以码分多址(CDMA)为技术特征,用户峰值速率在 2 Mbit/s 至数十 Mbit/s,可以支持多媒体数据业务;4G 以正交频分多址(OFDMA)技术为核心,用户峰值速率在 100 Mbit/s 至 1 Gbit/s,能够支持各种移动宽带数据业务。

随着物联网的发展,接入网络的终端越来越多,人们对数据传输实时性的要求也越来越高,4G 技术的传输速率已经不能够满足人们的要求,5G 技术应运而生。

**3. 对 5G 技术的要求**

(1)网络性能更优质

要求提供更高的接入速率、更低的时延、更高的可靠性,满足超高流量密度、超高连接密度。

(2)网络功能更灵活

支持接入层基站的即插即用和自组织组网,实现接入层易部署、易维护;简化核心层结构,提供高效灵活的网络控制和数据转发功能。

(3)网络运营更智能

全面提升智能感知能力,通过地理位置、终端状态等信息实现数据的精细化网络功能、资源动态伸缩和自动化运营。

(4)网络生态更友好

通过网络能力开发向第三方提供灵活的业务部署环境,提供按需定制服务,提升网络服务价值。

**4. 5G 关键技术介绍**

5G 关键技术主要包括以下内容:

(1)大规模天线技术

通过大规模天线技术,基站提供更灵活的空间复用能力。

(2)超密集组网技术

通过部署更加密集化的无线网络,基础设施获得更高的频率复用效率。

(3)全频谱接入技术

采用低频和高频混合组网,发挥低频和高频的优势,满足无缝覆盖、高速率、大容量的要求。

(4)新型多址技术

通过新型多址技术提高系统频谱效率,增加系统接入容量。

5.5G 技术的发展状况

2014 年 5 月 13 日,三星电子宣布已率先开发出了首个基于 5G 核心技术的移动传输网络,并表示将在 2020 年之前进行 5G 网络的商业推广。

2016 年 8 月 4 日,诺基亚与电信传媒公司贝尔在加拿大完成了 5G 信号的测试。在测试中诺基亚使用了 73 GHz 范围内的频谱,数据传输速率达到了现有 4G 网络的 6 倍。

2017 年 8 月 22 日,德国电信联合华为在商用网络中成功部署基于最新 3GPP 标准的 5G 连接,速率直达 Gbit/s 级,时延低至毫秒级。

2017 年 12 月 21 日,在国际电信标准组织 3GPP RAN 第 78 次全体会议上,5G NR 首发版本正式发布,这是全球第一个可商用部署的 5G 标准。

2018 年 6 月 14 日,3GPP 全会批准了第五代移动通信技术标准(5G NR)独立组网功能冻结。加之已完成的非独立组网 NR 标准,5G 已经完成第一阶段全功能标准化工作,进入了产业全面冲刺新阶段。

华为在 3GPP RAN 第 187 次会议的 5G 短码讨论方案中,以极化码(Polar Code)战胜了高通主推的 LDPC 及法国的 Turbo 2.0 方案,拿下 5G 时代的话语权。

2018 年 4 月 23 日,重庆首张 5G 试验网正式开通,将推动 5G 产品走向成熟,标志着重庆 5G 网络商用化之路的正式起步。

2019 年 6 月 6 日,对于中国通信技术领域来说,注定是被载入史册的一天,工业和信息化部正式向中国移动、中国联通、中国电信和中国广电发放 5G 商用牌照。这代表着,我国正式进入 5G 商用元年。

2021 年 11 月,据工信部最新截止数据显示,我国已建成 139.6 万座 5G 基站,成为全球范围内 5G 网络覆盖最广的国家。

2022 年我国稳妥有序开展 5G 和千兆光网建设,预计到 2022 年底,我国 5G 基站将超过 200 万个,5G 的终端连接数将达到 6 亿。

## 五、工业互联网

工业互联网是新一代信息技术与工业经济深度融合的全新工业生态、关键基础设施和新型应用模式。它以网络为基础、平台为中枢、数据为要素、安全为保障,通过对人、机、物全面连接,变革传统制造模式、生产组织方式和产业形态,构建起全要素、全产业链、全价值链、全面连接的新型工业生产制造和服务体系,对支撑制造强国和网络强国建设,提升产业链现代化水平,推动经济高质量发展和构建新发展格局,都具有十分重要的意义。

2021 年,为深入贯彻习近平总书记对工业互联网的一系列重要指示精神,落实党中央、国务院决策部署,进一步巩固提升发展成效,更好地谋划推进未来一个阶段发展工作,工业互联网专项工作组印发《工业互联网创新发展行动计划(2021—2023 年)》(工信部信管〔2020〕197 号,以下简称《三年行动计划》)。2021—2023 年是工业互联网的快速成长期,到 2023 年,新型基础设施进一步完善,融合应用成效进一步彰显,技术创新能力进一步提升,产业发展生态进一步健全,安全保障能力进一步增强。工业互联网新型基础设施建设量质并进,新模式、新业态将大范围推广,产业综合实力显著提升。

《三年行动计划》提出了五方面、十一项重点行动和十大重点工程,着力解决工业互联网发展中的深层次难点、痛点问题,推动产业数字化,带动数字产业化。这五方面分别是:

1.在基础设施建设方面,一是实施网络体系强基行动,推进工业互联网网络互联互通工程,推动IT与OT网络深度融合,在10个重点行业打造30个5G全连接工厂。二是实施标识解析增强行动,推进工业互联网标识解析体系增强工程,完善标识体系构建,引导企业建设二级节点不少于120个、递归节点不少于20个。三是实施平台体系壮大行动,推进工业互联网平台体系化升级工程,推动工业设备和业务系统上云上平台数量比2020年翻一番。

2.在持续深化融合应用方面,一是实施数据汇聚赋能行动,制定工业大数据标准,促进数据互联互通。二是实施新型模式培育行动,推进工业互联网新模式推广工程,培育推广智能化制造、网络化协同、个性化定制、服务化延伸、数字化管理等新模式。三是实施融通应用深化行动,推进工业互联网融通应用工程,持续深化"5G+工业互联网"融合应用。

3.在强化技术创新能力方面,一是实施关键标准建设行动,推进工业互联网标准化工程,实施标准引领和标准推广计划,完成60项以上关键标准研制。二是实施技术能力提升行动,推进工业互联网技术产品创新工程,加强工业互联网基础支撑技术攻关,加快新型关键技术与产品研发。

4.在培育壮大产业生态方面,一是实施产业协同发展行动,推进工业互联网产业生态培育工程,培育技术创新企业和运营服务商,再建设5个国家级工业互联网产业示范基地,打造10个"5G+工业互联网"融合应用先导区。二是实施开放合作深化行动,营造开放、多元、包容的发展环境,推动多边、区域层面政策和规则协调,支持在自贸区等开展新模式新业态先行先试。

5.在提升安全保障水平方面,实施安全保障强化行动,推进工业互联网安全综合保障能力提升工程,完善网络安全分类分级管理制度。加强技术创新突破,实施保障能力提升计划,推动中小企业"安全上云",强化公共服务供给,培育网络安全产业生态。

此外,结合重点任务和突出问题,从组织实施、数据管理、资金保障、人才保障四方面明确了支撑要素和政策措施。

一是推动企业内网由"单环节改造"向"体系化互联"转变。推动工业生产装备和仪器仪表的数字化、网络化改造,让哑设备"活起来";运用先进适用的网络技术建设IT-OT融合网络,把工业全流程的都"连起来";建立标准化的网络信息模型,让以前难交互、难集成的异构数据都"动起来"。

二是推动企业外网由"建网"向"用网"转变。在继续强调提升高质量外网承载能力和互通水平的同时,进一步引导工业企业、工业互联网平台、标识解析节点等接入高质量外网,让企业外网真正"用起来",提升企业外网应用效能。

三是拓展"5G+工业互联网"发展新空间。持续实施"5G+工业互联网"512工程,深化核心应用,推动应用领域从工业外围环节向生产制造核心环节拓展;优化应用模式,推动应用重心从单点孵化向5G全连接工厂拓展;强化产业支撑,加强5G工业模组研发、5G工业互联网专用频率研究、5G专网建设方案落地。

四是探索央地协同发展新模式。充分调动地方积极性,支持各地建设具有地方特色、产业特点的工业互联网园区网络;依托工业互联网产业示范基地遴选和建设工作,引导产业聚集好、带动作用强的地区积极创建"5G+工业互联网"先导区。

我国将进一步夯实工业互联网网络基础,网络领域继续着眼构筑支撑工业全要素、全产业链、全价值链互联互通的网络基础设施,加快企业外网和企业内网建设与改造,提升基础支撑能力,使工业互联网发展进入快车道。